高职高专"十三五"规划教材

建筑结构基础与识图

主　编　赵　静　郭　力

副主编　刘余强　周　梅

北　京

冶金工业出版社

2018

内 容 提 要

本书共计 12 个项目，主要内容包括建筑力学的基本知识、计算建筑结构荷载和支座反力、计算构件内力及荷载效应组合值、分析静定结构体系、建筑结构材料的选用、设计钢筋混凝土受弯构件并识读施工图、识读受扭构件的配筋图、设计钢筋混凝土拉压构件并识读施工图、预应力结构配构造钢筋、认识多高层房屋结构体系、认识砌体结构以及认识建筑基础并识读基础施工图等。

本书可作为高职高专院校建筑工程造价、工程管理、工程监理等专业的教材（配有教学课件），以及高等院校土木工程与建筑类及相关专业的少学时课程教材，也可作为有关工程技术人员的参考书。

图书在版编目（CIP）数据

建筑结构基础与识图/赵静，郭力主编. —北京：冶金工业出版社，2018.1

高职高专"十三五"规划教材

ISBN 978-7-5024-7676-2

Ⅰ.①建… Ⅱ.①赵… ②郭… Ⅲ.①建筑结构—高等职业教育—教材 ②建筑结构—建筑制图—识图—高等职业教育—教材 Ⅳ.①TU3 ②TU204

中国版本图书馆 CIP 数据核字（2017）第 310674 号

出 版 人 谭学余
地　　址 北京市东城区嵩祝院北巷 39 号　邮编　100009　电话　(010)64027926
网　　址 www.cnmip.com.cn　电子信箱 yjcbs@cnmip.com.cn
责任编辑 俞跃春　杜婷婷　美术编辑 杨　帆　版式设计 禹　蕊
责任校对 石　静　责任印制 李玉山
ISBN 978-7-5024-7676-2
冶金工业出版社出版发行；各地新华书店经销；三河市双峰印刷装订有限公司印刷
2018 年 1 月第 1 版，2018 年 1 月第 1 次印刷
787mm×1092mm　1/16；16.25 印张；391 千字；248 页
43.00 元

冶金工业出版社　投稿电话　(010)64027932　投稿信箱　tougao@cnmip.com.cn
冶金工业出版社营销中心　电话　(010)64044283　传真　(010)64027893
冶金书店　地址　北京市东四西大街 46 号(100010)　电话　(010)65289081(兼传真)
冶金工业出版社天猫旗舰店　yjgycbs.tmall.com
（本书如有印装质量问题，本社营销中心负责退换）

前　言

近年来，随着高职高专教育教学改革不断深入，课程内容改革趋于实用化，注重以能力为本位，边学边做。这就要求教学内容既要充分体现知识的先进性和全面性，又要着重能力培养和职业素质的提升，使课程教学与岗位工作内容相对接。

建筑结构基础与识图作为高职高专工程造价、工程管理、工程监理等专业的职业基础课程，旨在培养学生应用力学原理、结构设计原理，分析、研究和解决工程中的承载问题和稳定问题，提高识读结构施工图纸的能力。

本书通过具体工作任务和实例，将知识学习和实践应用相结合，将力学知识与混凝土结构设计原理相融合，划分为 12 个项目，知识点深入浅出，易于理解和掌握，任务实施贯穿全书，易教易学，学做结合。

本书根据现行高职高专建筑类专业教学要求，基于吉林省级课题、四位一体"建筑结构基础与识图"教学改革实践研究（2016ZCY188）编写，主要包括建筑力学的基本知识、计算建筑结构荷载和支座反力、计算构件内力及荷载效应组合值、分析静定结构体系以及建筑结构材料的选用等内容。

本书由辽源职业技术学院、辽宁工程技术大学、辽宁交通高等专科学校和天津科技大学等多家院校教师共同编写。由赵静、郭力担任主编，刘余强、周梅担任副主编，白金婷、王慧博、赵华民参编。具体编写分工为：辽源职业技术学院赵静编写项目4、项目6~项目8，辽源职业技术学院郭力编写项目2和项目3，辽宁工程技术大学周梅编写项目5，辽源职业技术学院刘余强编写项目10，辽宁交通高等专科学校白金婷编写项目12，辽源职业技术学院王慧博编写项目1和项目11，天津科技大学赵华民编写项目9，全书由赵静统稿。感谢在编写过程中为本书多次提出宝贵意见和建议的刘余强教授、周梅教授及辽源市设计院的工程师贾元元。

本书配套教学课件读者可在冶金工业出版社官网（http：//www.cnmip.com.cn）输入书名搜索资源并下载。

由于编者水平和经验所限，书中不足之处，敬请读者批评指正。

编　者

2017 年 7 月

目 录

项目1　建筑力学的基本知识

【知识目标】理解建筑力学的研究对象及任务；掌握工程中常见的几种约束类型的约束作用、简图及其反力；掌握选择结构计算简图的原则和方法，熟悉结构计算简图的选取。

【能力目标】能够识别工程中常见的几种约束类型的约束，能够绘制结构的计算简图。

【素质目标】培养学生将力学、结构基本理论联系工程实际的能力。

任务1.1　明确学习任务

1.1.1　建筑力学的研究对象

1.1.1.1　荷载

任何建筑物在施工过程中和建成后的使用过程中，都要受到各种各样的力的作用。例如，建筑物各部分的自重、人和设备的重力、风力、地震力等，这种力在工程上称为荷载（也称为主动力）。

（1）根据荷载作用时间的久暂，荷载可分为恒荷载和活荷载（也称可变荷载）。恒荷载是指长期作用在结构上的大小和方向不变的荷载，如结构的自重等。活荷载是指随着时间的推移，其大小、方向或作用位置发生变化的荷载，如雪荷载、风荷载、人的重量等。

（2）根据荷载的分布范围，荷载可分为集中荷载和分布荷载。集中荷载是指分布面积远小于结构尺寸的荷载，如吊车的轮压，由于这种荷载的分布面积较集中，因此在计算简图上可把这种荷载看成是作用于结构上的某一点处。分布荷载是指连续分布在结构上的荷载，当连续分布在结构内部各点上时称为体分布荷载，当连续分布在结构表面上时称为面分布荷载，当沿着某条线连续分布时称为线分布荷载，当为均匀分布时称为均布荷载。

（3）根据荷载位置的变化情况，荷载可分为固定荷载和移动荷载。固定荷载是指荷载的作用位置固定不变的荷载，如所有恒载、风载、雪载等。移动荷载是指在荷载作用期间，其位置不断变化的荷载，如吊车梁上的吊车荷载、钢轨上的火车荷载等。

（4）根据荷载的作用性质，荷载可分为静力荷载和动力荷载。静力荷载的数量、方向和位置不随时间变化或变化极为缓慢，因而不使结构产生明显的运动，如结构的自重和其他恒载。动力荷载是随时间迅速变化的荷载，使结构产生显著的运动，如锤头冲击锻坯时的冲击荷载、地震作用等。

1.1.1.2　结构

一般将建筑物中承受和传递荷载而起骨架作用的部分称为结构，而组成结构的部件称为构件或杆件，如板、梁、柱等都属于构件。图1-1是一栋教学楼的结构（骨架），图1-2是一栋住宅的各个基本构件。

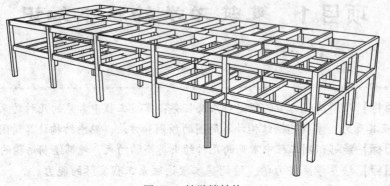

图1-1 教学楼结构

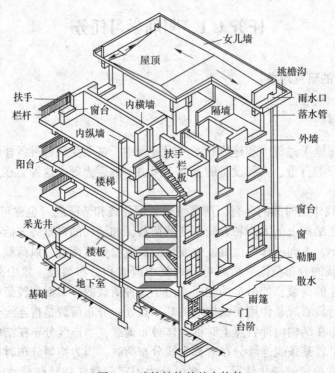

图1-2 建筑结构的基本构件

图1-3是一个单层工业厂房结构的示意图，它由屋面板、屋架、吊车梁、柱子及基础等构件组成，每一个构件都起着承受和传递荷载的作用。如屋面板承受着屋面上的荷载并通过屋架传给柱子，吊车荷载通过吊车梁传给柱子，柱子将其受到的各种荷载传给基础，最后传给地基。

根据构件的几何特征，可以将各种各样的构件归纳为如下4类：（1）杆件。当构件在一个方向上的尺寸远大于另外两个方向上的尺寸，如长度远大于宽度和厚度，这类构件就称为杆件，如图1-4所示。建筑构件中，梁、柱都属于这一类，是建筑力学主要的研究对象。（2）板和壳。当构件两个方向上尺寸远大于另外一个方向上的尺寸，如长度和宽度均远大于厚度，这类构件就称为板或壳，如图 1-4 所示。建筑构件中，楼板、墙都属于这一类。这类构件分析和计算比较麻烦，通常将它们简化成杆件进行分析和计算。（3）块体。当构件三个方向上的尺寸都比较接近，这类构件就称为块体，如图 1-5 所示。这类构件分析和计算都很麻烦，工程构件中应用比较少。

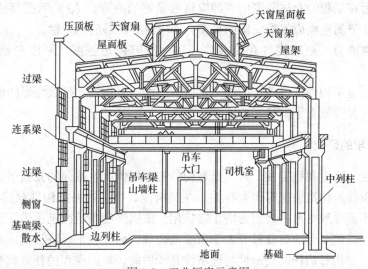

图 1-3　工业厂房示意图

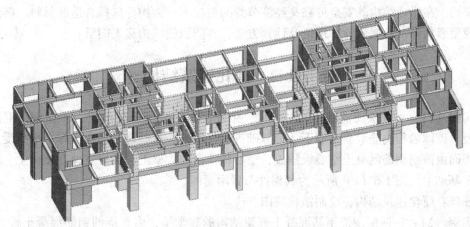

图 1-4　框架剪力墙结构示意图

1.1.1.3　强度、刚度和稳定性

无论是工业厂房还是民用建筑、公共建筑，它们的结构及组成结构的各构件相对于地面保持着静止状态，这种状态工程上称为平衡状态。当结构承受和传递荷载时，各构件都必须能够正常工作，这样才能保证整个结构的正常使用。为此，首先要求构件在受荷载作用时不发生破坏。如当吊车起吊重物时荷载过大，会使吊车梁发生弯曲断裂。但只是不发生破坏并不能保证构件的正常工作。例如，吊车梁的变形如果超过一定的限度，吊车就不能在它上面正常地行驶；楼板变形过大，其上的抹灰

图 1-5　独立基础示意图

就会脱落。此外，有一些构件在荷载作用下，其原来形状的平衡可能丧失稳定性。例如，细长的中心受压柱，当压力超过某一定值时，会突然地改变原来的直线平衡状态而发生弯曲，以致构件倒塌，这种现象称为失稳。由此可见，要保证构件的正常工作必须满足 3 个要求：(1) 在荷载作用下构件不发生破坏，即应具有足够的强度。(2) 在荷载作用下构件所产生的变形在工程的允许范围内，即应具有足够的刚度。(3) 承受荷载作用时，构件在其原有形状下的平衡应保持稳定的平衡，即应具有足够的稳定性。

构件的承载能力，是指构件在荷载作用下，能够满足强度、刚度和稳定性要求的能力。

所谓强度，是指构件抵抗破坏的能力；所谓刚度，是指构件抵抗变形的能力；所谓稳定性，是指构件保持原有平衡状态的能力。

1.1.2　建筑力学的研究任务

构件的强度、刚度和稳定性，其高低与构件的材料性质、截面的几何形状及尺寸、受力性质、工作条件及构造情况等因素有关。在结构设计中，如果把构件截面设计得过小，构件会因刚度不足导致变形过大而影响正常使用，或因强度不足而迅速破坏；如果构件截面设计得过大，其能承受的荷载过分大于所受的荷载，则又会不经济，造成人力、物力上的浪费。因此，结构和构件的安全性与经济性是矛盾的。本门课程的任务就在于力求合理地解决这种矛盾，即通过研究结构的强度、刚度、稳定性，材料的力学性能，结构的几何组成规则，在保证结构既安全可靠又经济节约的前提下，为构件选择合适的材料、确定合理的截面形状和尺寸提供计算理论及计算方法，并能识读结构施工图纸。

任务 1.2　简化建筑结构

实例 (1)： 一两层砖混结构的办公楼，由现浇钢筋混凝土楼面梁、预制钢筋混凝土空心板、砌体墙和钢筋混凝土墙下条形基础等构件组成，这些构件相互支撑，形成受力骨架。楼面由预制钢筋混凝土空心板铺成，空心板支撑在大梁上，大梁支撑在墙体上，墙体支撑在基础上。图 1-6 (a) 所示为其构件布置示意图。

任务： 简化建筑结构，绘制结构简图。

实例 (2)： 一两层现浇钢筋混凝土框架结构的教学楼，由现浇的钢筋混凝土梁、板、柱和基础等构件组成，这些构件浇筑成一个整体。楼面是现浇的钢筋混凝土板，由现浇的钢筋混凝土框架梁支撑着，现浇钢筋混凝土柱支撑着梁，柱固结于现浇钢筋混凝土基础上。图 1-6 (b) 所示为其构件布置示意图。

任务： 简化建筑结构，绘制结构简图。

1.2.1　常见约束和支座

1.2.1.1　约束和约束反力

实例 (2) 中的框架梁受到框架柱的支撑而稳定，框架柱由于受到基础的支撑而被固定；实例 (1) 中的楼面大梁受到墙的支撑，空心板受到楼面大梁的支撑，这些支撑均称

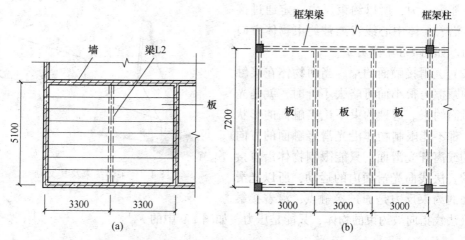

图 1-6　实例（1）和实例（2）中的楼面

（a）办公楼中某办公室构件布置示意图；（b）教学楼中某教室构件布置示意图

为约束。

　　在工程结构中，每一个构件都和周围的其他构件相互联系着，并且由于受到这些构件的限制不能自由运动。一个物体的运动受到周围物体的限制时，这些周围物体称为该物体的约束，如图 1-7 所示。柱就是梁的约束，基础是柱子的约束。

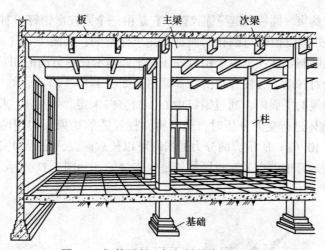

图 1-7　钢筋混凝土框架结构房屋示意图

　　如果没有柱子的限制，梁就会掉下来。柱子要阻止梁的下落，就必须给梁施加向上的力，这种约束给被约束物体的力，称为约束反力，简称反力。约束反力的方向总是与约束所能限制的运动方向相反。运用这个准则，可确定约束反力的方向和作用点的位置。

　　在一般情况下物体总是同时受到主动力和约束反力的作用。主动力常常是已知的，约束反力是未知的。这需要利用平衡条件来确定未知反力。

　　工程中常见的几种约束类型及其约束反力如下：

　　（1）柔体约束。用柔软的皮带、绳索、链条阻碍物体运动而构成的约束称为柔体约束。这种约束只能限制物体沿着柔体中心线使柔体张紧方向的移动，且柔体约束只能受拉

力，不能受压力，所以约束反力一定通过接
触点，沿着柔体中心线背离被约束物体方向
的拉力。如图 1-8 中的力 T。

（2）光滑接触面约束。当两物体在接触
面处的摩擦力很小而可略去不计时，就是光
滑接触面约束。这种约束不论接触面的形状
如何，都不能限制物体沿光滑接触面的方向
的运动或离开光滑面，只能限制物体沿着接
触面的公法线向光滑面内的运动，所以光滑
接触面的约束反力是通过接触点，沿着接触

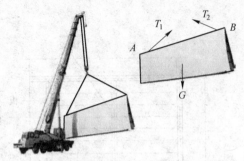

图 1-8　柔体约束及其反力

面的公法线指向被约束的物体，只能是压力，如图 1-9 中的 F_N。

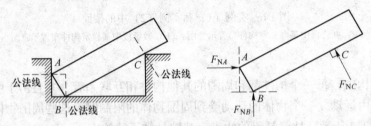

图 1-9　光滑接触面约束及其反力

（3）圆柱铰链约束。圆柱铰链简称铰链，它是由一个圆柱形销钉 C 插入两个物体 A 和
B 的圆孔中构成，并假设销钉与圆孔的面都是完全光滑的，如图 1-10（a）和（b）所示。
圆柱铰链约束只能限制物体在垂直于销钉轴线的平面内沿任意方向的相对移动，而不能限
制物体绕销钉做相对转动。圆柱铰链的计算简图，如图 1-10（c）所示。圆柱铰链的约束
反力垂直于销钉轴线的平面内，通过销钉中心，而方向未定，可用 F_C 来表示，如图 1-10
（d）所示。在对物体进行受力分析时，通常将圆柱铰链的约束反力用两个相互垂直的分
力来表示，如图 1-10（e）所示，两分力的指向可以任意假设，是否为实际指向则要根据
计算的结果来判断。订书器也是通过圆柱铰链来连接的，如图 1-11 所示。

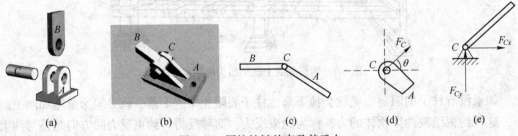

(a)　　　　　　　(b)　　　　　　　(c)　　　　　　　(d)　　　　　　　(e)

图 1-10　圆柱铰链约束及其反力

（4）链杆约束。两端用光滑销钉与其他物体连接而中
间没有外力的直杆，称为链杆。图 1-12（a）所示为建筑物
中放置空调用的三脚架，其中杆 BC 即为链杆约束。链杆约
束计算简图如图 1-12（c）所示。由于链杆只能限制物体沿
着链杆中心线的运动，而不能限制其他方向的运动，所以，

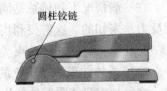

图 1-11　订书器的铰接

链杆的约束反力沿着链杆中心线，指向未定，如图 1-12 （b） 和 （d） 所示。图中反力的指向是假设的。

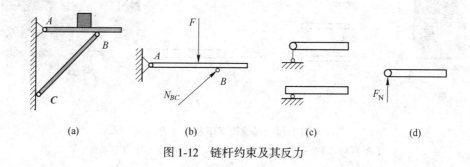

图 1-12　链杆约束及其反力

1.2.1.2　工程上常见的几种支座和支座反力

工程上将结构或构件连接在支撑物上的装置称为支座。在工程上常常通过支座将构件支撑在基础或另一静止的构件上一支座对构件就是一种约束。支座对它所支撑的构件的约束反力也称支座反力。支座的构造是多种多样的，其具体情况也是比较复杂的，因此加以简化，归纳成几个类型，以方便分析计算。建筑结构的支座通常分为固定铰支座、可动铰支座和固定端支座三类。

（1）固定铰支座。将构件用光滑的圆柱形销钉与固定支座连接，则该支座成为固定铰支座，如图 1-13 （a） 所示。构件与支座用光滑的圆柱铰链连接，构件不能产生沿任何方向的移动，但可以绕销钉转动，可见固定铰支座的约束反力与圆柱铰链相同，即约束反力一定作用于接触点，垂直于销钉轴线，并通过销钉中心，而方向未定。固定铰支座的简图如图 1-13 （b） 所示。约束反力如图 1-13 （c） 所示，用一个水平力和垂直分力来表示。工程实例如图 1-13 （d） 所示。建筑结构中这种理想的支座是不多见的，通常把不能产生移动，将只可能产生微小转动的支座视为固定铰支座。

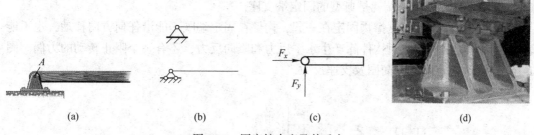

图 1-13　固定铰支座及其反力

（a）固定铰支座；（b）简图；（c）支座反力；（d）工程实例

（2）可动铰支座。如果在固定铰支座下面加上辊轴，则该支座称为可动铰支座，如图 1-14 （a） 和 （d） 所示。可动铰支座的计算简图如图 1-14 （b） 所示。这种支座只能限制构件垂直于支撑面方向的移动，而不能限制物体沿支撑面的移动和绕销钉轴线的转动，其支座反力通过销钉中心，垂直于支撑面，指向未定，如图 1-14 （c） 所示，图中反力 F_N 的指向假定。

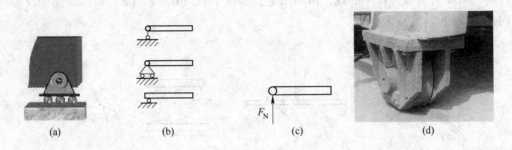

图 1-14　可动铰支座及其反力

（a）可动铰支座；（b）支座简图；（c）支座反力；（d）工程实例

在图 1-15（a）中，实例（1）中的楼面梁 L1 搁置在砖墙上，砖墙就是梁的支座，如略去梁与砖墙之间的摩擦力，则砖墙只能限制梁向下运动，而不能限制梁的转动与水平方向的移动。这样，就可以将砖墙简化为可动铰支座，如图 1-15（b）所示。

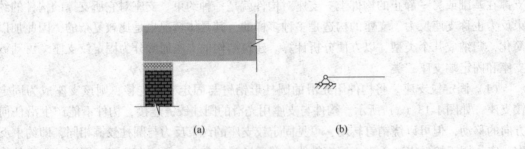

图 1-15　楼面梁 L1 的支座简化

（a）支撑在墙的梁 L1；（b）支座简图

（3）固定端支座。实例（1）中屋面挑梁 WTL1 和楼面挑梁 XTL1 等固结于墙中，如图 1-16（a）所示；实例（2）中固结于独立基础 JC2 的钢筋混凝土柱 KZ1，如图 1-16（b）所示。它们的固结端就是典型的固定端支座。

固定端支座构件与支撑物固定在一起，构件在固定端既不能沿任何方向移动，也不能转动，因此，这种支座对构件除产生水平反力和竖向反力，还有一个阻止转动的力偶。图 1-16（c）为固定端支座简图及支座反力。

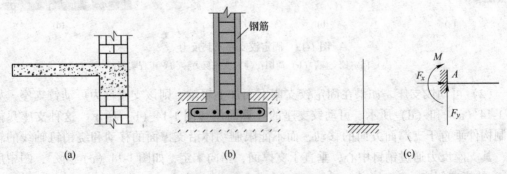

图 1-16　固定端支座及其反力

1.2.2　结构的计算简图

如图 1-17 所示，建筑结构的受力和变形情况非常复杂，影响因素也很多，完全按实际情况进行结构计算是不可能的，而且计算过分精确，在工程实际中也是不必要的。为此，在进行结构力学分析之前，应首先将实际结构进行简化，略去某些次要的影响因素，突出反映结构主要的特征，用一个简化了的结构图形来代替实际的结构，这种图形称为结构的计算简图，这样的力学模型称为结构的计算简图。

在建筑力学中，是以计算简图为依据进行力学分析和计算的，因此实际结构的计算简图的选取是一项十分重要的工作。选取结构计算简图应遵循以下两条原则：（1）正确反映结构的实际情况，使计算结果精确可靠。（2）略去次要因素，突出结构的主要特征，以便分析和计算。

图 1-17　施工中的房屋建筑

工程中的结构都是空间结构，各构件互相连接成一个空间整体，以便承受各个方向可能出现的荷载。但是，在土建、水利等工程中，大量的空间杆系结构，在一定的条件下，根据结构的受力状态和特点，常可以简化为平面杆系结构进行计算。

例如，图 1-3 所示的厂房结构是一个复杂的空间杆系结构。沿横向，柱子和屋架组成排架；沿纵向，各排架按一定的间距均匀地排列，中间有吊车梁、屋面板等纵向构件相联系，作用在结构上的荷载，通过屋面板和吊车梁等传递到横向排架上。如果略去排架间纵向构件的影响，每一个排架所受的荷载，便可以看做是处于排架所在的平面内，此时，各排架便可以按平面结构来分析，本节主要是以平面杆系结构为研究对象的。

对于一个实际结构，选取平面杆系结构的计算简图时，需要做以下 3 方面的简化。

1.2.2.1　构件及结点的简化

实际结构中，杆件截面的大小及形状虽千变万化，但它的尺寸总远远小于杆件的长度。在结构的计算简图中，截面以它的形心来替代，而整个杆件则以其轴线来代表。

在结构中，杆件之间相互连接的部分称为结点（节点）。尽管杆件之间的连接方法各不相同，构造形式多种多样，差异很大，但在结构的计算简图中，只把结点简化成两种极端理想化的基本形式：铰结点和刚结点。

铰结点是指杆件与杆件之间用圆柱铰链约束连接，连接后杆件之间可以绕结点中心自由地做相对转动而不能产生相对移动。在工程实际中，完全用理想铰来连接杆件的实例是非常少见的。但是，从结点的构造来分析，把它们近似地看成铰结点所造成的误差并不显著。如图 1-18（a）所示的木屋铰结点，一般认为各杆件之间可以产生比较微小的转动，所以其杆件与杆件之间的连接方式，在计算简图中常简化成如图 1-18（b）所示的铰结点。又如图 1-19（a）所示的桥梁板的企口结合或木结构的斜搭结合处，在计算时也可以简化为铰结点，得到如图 1-19（b）所示的计算简图。即在计算简图中，铰结点用杆件交点处的小圆圈来表示。

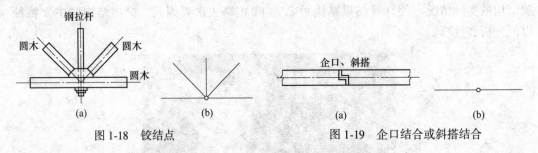

图 1-18　铰结点　　　　　　　　　　图 1-19　企口结合或斜搭结合

刚结点是指杆件之间的连接是采用焊接（如钢结构的连接）或者是现浇（如钢筋混凝土梁与柱子现浇在一起）的连接方式，则杆件之间相互连接后，在连接处的任何相对运动都受到了限制，既不能产生相对移动，也不能产生相对转动，即使结构在荷载的作用下发生了变形，在结点处各杆端之间的夹角也仍然保持不变。在计算简图中，刚结点用杆件轴线的交点来表示，如图 1-20 所示。

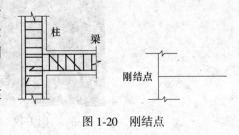

图 1-20　刚结点

1.2.2.2　支座的简化

在实际结构中，各种支撑的装置随着结构形式或材料的差异而各不相同。在选取计算简图时，可根据实际构造和约束情况，参照上述所讲支座内容进行恰当的简化。

1.2.2.3　荷载的简化

荷载的简化是指将实际结构构件上所受到的各种荷载简化为作用在构件纵轴上的线荷载、集中荷载或力偶。在简化时应注意力的作用点、方向和大小。

任务实施 1-1　简化建筑结构

（1）任务引领。如图 1-21 所示为某排架结构单层厂房的剖面图及平面布置图，屋面板为大型预应力屋面板，基础为预制杯形基础，并用细石混凝土灌缝，试确定该排架结构的计算简图。

（2）任务实施：1）结构体系的简化。将该空间结构简化为一平面体系的结构，即取一平面排架作为研究对象，而不考虑相邻排架对它的影响。2）结构构件的简化。柱用其

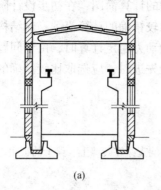
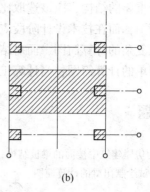

(a)   (b)

图 1-21 排架结构单层厂房

(a) 剖面图；(b) 平面布置图

轴线表示，屋架因其平面内刚度很大，故也可用一直杆表示。3) 结点的简化。在该平面排架内的结点只有屋架与柱的连接结点，一般该结点均为螺栓连接或焊接，结点对屋架转动的约束较弱，故可简化为铰结点。4) 支座的简化。由于柱插入基础后，用细石混凝土灌缝嵌固，限制了柱在竖直方向和水平方向的移动及转动，因此柱子按固定支座考虑。5) 荷载的简化。如图 1-22 所示，P_1、P_2 为上部墙体的压力，P_3、P_4 为吊车梁对牛腿柱的压力，q 为风荷载。

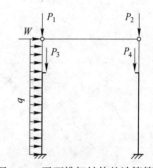

图 1-22 平面排架结构的计算简图

该平面排架结构的计算简图如图 1-22 所示。

实例（1）砖混结构施工图中钢筋混凝土梁 L2，如图 1-23（a）所示。该梁承受预制混凝土板的荷载和梁的自重。将梁的支座做如下处理：通常在一端墙宽的中点设置固定铰支座，在另一端墙宽的中点设置可动铰支座，用梁的轴线代替梁，所以对梁 L2 简化就得到了如图 1-23（b）所示的计算简图。它属于简支梁。

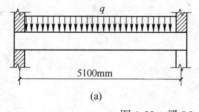
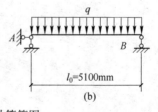

(a)   (b)

图 1-23 梁 L2 的计算简图

一端是固定端，另一端是自由端的梁称为悬臂梁。实例（1）中的 XTL1 计算简图如图 1-24 所示，属于悬臂梁。

（3）总结提高。恰当地选取实际结构的计算简图，是结构设计中十分重要的问题。为此，不仅要掌握上面所述的基本原则，还要有丰富的实践经验。对于一些新型结构，往往还要通过反复试验和实践，才能获得比较合理的计算简图。另外，由于结构的重要性、设计进行的阶段、计算问题的性质以及计算工具等因素的不同，即使是同样一个结构，也可以取得不同的

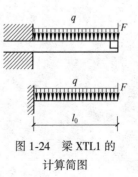

图 1-24 梁 XTL1 的
计算简图

计算简图。对于重要的结构，应该选取比较精确的计算简图；在初步设计阶段，可选取比较粗略的计算简图，而在技术设计阶段应选取比较精确的计算简图；对结构进行静力计算时，应选取比较复杂的计算简图，而对结构进行动力稳定计算时，由于问题比较复杂，则可以选取比较简单的计算简图；当计算工具比较先进时，应选取比较精确的计算简图等。

 习　题

图 1-25 所示为房屋建筑中楼面的梁板结构，梁的两端支撑在砖墙上，梁上的板用以支撑楼面上的人群、设备重量等。试绘制出梁的计算简图。

图 1-25　习题

项目2 计算建筑结构荷载和支座反力

【知识目标】理解力和力偶的性质；理解合力投影定理及合力矩定理，能熟练计算力在坐标轴上的投影和力对点的矩；掌握力偶及力偶矩的概念，理解平面力系的简化理论，了解结构上荷载的分类及其代表值的确定。

【能力目标】能够运用力的合成与分解求解合力和分力，能够求解力对点之矩，能够进行简单结构构件荷载的计算，能运用平面力系平衡方程求解单个构件和简单结构的反力计算问题，能确定作用建筑物上的荷载。

【素质目标】在计算荷载、支座反力过程中，培养学生严谨细致的职业工作态度。

任务2.1 计算平面一般力系

2.1.1 力的投影基本知识

2.1.1.1 力在平面直角坐标轴上的投影

由于力是矢量，为了方便运算，在力学计算中常将矢量运算转化为代数运算。力在直角坐标轴上的投影就是转化的基础。

设力 F 作用在物体上某点 A 处，用 AB 表示。通过力 F 所在平面的任意点。作直角坐标系 xOy，如图 2-1 所示。从力 F 的起点 A、终点 B 分别作垂直于 x 轴的垂线，得垂足 a 和 b，并在 x 轴上得线段 ab，线段 ab 的长度加以正负号称为力 F 在 x 轴上的投影，用 F_x 表示。同样方法也可以确定力 F 在 y 轴上的投影为线段 a_1b_1，用 F_y 表示。并且规定：从投影的起点到终点的指向与坐标轴正方向一致时，投影取正号；从投影的起点到终点的指向与坐标轴正方向相反时，投影取负号。

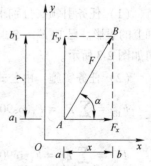

图 2-1 直角坐标系 xOy

从图中的几何关系得出投影的计算公式为

$$\begin{cases} F_x = \pm F\cos\alpha \\ F_y = \pm F\sin\alpha \end{cases}$$

式中，α 为力 F 与 x 轴所夹的锐角；F_x 和 F_y 的正负可按上面提到的规定判断。

反之，力 F 在直角坐标系的投影 F_x 和 F_y 已知，则可以求出这个力的大小和方向。由图 2-1 中的几何关系可知

$$\begin{cases} F = \sqrt{F_x^2 + F_y^2} \\ F_y = \arctan \dfrac{|F_y|}{|F_x|} \end{cases}$$

任务实施 2-1　计算力的投影，即求分力

（1）任务引领。试分别求出图 2-2 中各力在 x 轴和 y 轴上的投影。已知 $F_1 = 100\text{N}$，$F_2 = 150\text{N}$，$F_3 = F_4 = 200\text{N}$，各力方向如图 2-2 所示。

（2）任务实施。由公式得各力在 x 轴和 y 轴上的投影分别为

$$F_{1x} = F_1\cos45° = 100 \times 0.707 = 70.7\text{N}$$
$$F_{1y} = F_1\sin45° = 100 \times 0.707 = 70.7\text{N}$$
$$F_{2x} = -F_2\sin60° = -150 \times 0.866 = -129.9\text{N}$$
$$F_{2y} = -F_2\cos60° = -150 \times 0.5 = -75\text{N}$$
$$F_{3x} = F_3\cos90° = 0\text{N}$$
$$F_{3y} = -F_3\sin90° = -200 \times 1 = -200\text{N}$$
$$F_{4x} = F_4\sin30° = 200 \times 0.5 = 100\text{N}$$
$$F_{4y} = -F_4\cos30° = -200 \times 0.866 = -173.2\text{N}$$

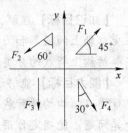

图 2-2　各力方向（1）

2.1.1.2　合力投影定理

合力在任一轴上的投影，等于其分力在同一轴上投影的代数和，用公式表示为

$$\begin{cases} F_{Rx} = F_{1x} + F_{2x} + \cdots + F_{nx} = \displaystyle\sum_{i=1}^{n} F_{ix} \\ F_{Ry} = F_{1y} + F_{2y} + \cdots + F_{ny} = \displaystyle\sum_{j=1}^{n} F_{jy} \end{cases}$$

任务实施 2-2　计算合力在 x 轴、y 轴的投影

（1）任务引领。分别求出图 2-3 所示各力的合力在 x 轴和 y 轴上的投影。已知 $F_1 = 20\text{kN}$，$F_2 = 40\text{kN}$，$F_3 = 50\text{kN}$，各力方向如图 2-3 所示。

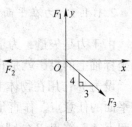

图 2-3　各力方向（2）

（2）任务实施。由公式得各力的合力在 x 轴和 y 轴上的投影分别为

$$F_{Rx} = \sum F_x = F_1\cos90° - F_2\cos0° + F_3 \cdot \frac{3}{\sqrt{3^2 + 4^2}} = 0 - 40 + 50 \times \frac{3}{5} = -10\text{kN}$$

$$F_{Ry} = \sum F_y = F_1\sin90° - F_2\sin0° - F_3 \cdot \frac{4}{\sqrt{3^2 + 4^2}} = 20 + 0 - 50 \times \frac{4}{5} = -20\text{kN}$$

（3）总结提高。用合力投影定理求解平面汇交力系的合力的投影最为方便。

2.1.2　力矩和力偶

2.1.2.1　力矩

从实践中知道，力对物体的作用效果除了能使物体移动外，还能使物体转动。力矩就

是度量力使物体转动效应的物理量。

　　用扳手拧螺母（见图 2-4）、用钉锤拔钉子（见图 2-5）及用手推车（见图 2-6）等都是物体在力的作用下产生转动效应（见图 2-7）的案例。

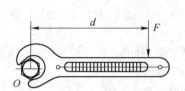

图 2-4　用扳手拧螺母

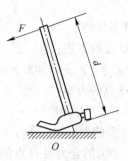

图 2-5　用钉锤拔钉子

图 2-6　用手推车

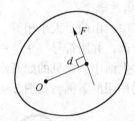

图 2-7　力对点之矩

　　用乘积 Fd 加上正号或负号作为度量力 F 使物体绕 O 点转动效应的物理量，该物理量称为力 F 对 O 点之矩，简称力矩。O 点称为矩心，矩心 O 到力 F 的作用线的垂直距离 d 称为力臂。力 F 对 O 点之矩通常用符号 $M_O(F)$ 表示。若力使物体产生逆时针方向转动，取正号；反之，取负号。力对点的矩是代数量，即

$$M_O(F) = \pm Fd$$

　　力矩的单位是力与长度的单位的乘积。在国际单位制中，力矩的单位为牛顿·米（N·m）或千牛顿·米（kN·m）。

　　力矩在下列情况下为零：（1）力等于零；（2）力臂等于零，即力的作用线通过矩心。

2.1.2.2　合力矩定理

　　在计算力对点的力矩时，往往力臂不易求出，因而直接按定义求力矩难以计算。此时，通常采用的方法是将这个力分解为两个或两个以上便于求出力臂的分力，再由多个分力力矩的代数和求出合力的力矩。这一有效方法的理论根据是合力矩定理，即有 n 个平面汇交力作用于 A 点，则平面汇交力系的合力对平面内任一点之矩，等于力系中各分力对同一点力矩的代数和。表示为

$$M_O(F_R) = M_O(F_1) + M_O(F_2) + \cdots + M_O(F_n) = \sum_{i=1}^{n} M_O(F_i)$$

　　该定理不仅适用于平面汇交力系，而且可以推广到任意力系。

任务实施 2-3　计算杆件上的力对点之矩

（1）任务引领。如图 2-8 所示，$F_1 = 400\text{N}$，$F_2 = 200\text{N}$，$F_3 = 300\text{N}$。试求各力对 O 点的矩以及合力对 O 点的力矩。

（2）任务实施。

F_1 对 O 点的力矩：

$$M_O(F_1) = F_1 d_1 = 400 \times 1 = 400\text{N} \cdot \text{m} \,(\curvearrowleft)$$

F_2 对 O 点的力矩：

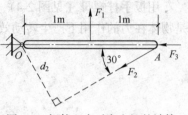

图 2-8　杆件上力对点之矩的计算

$$M_O(F_1) = -F_2 d_2 = -200 \times 2\sin 30° = -200\text{N} \cdot \text{m} \,(\curvearrowright)$$

F_3 对 O 点的力矩：$M_O(F_3) = F_3 d_3 = 300 \times 0 = 0\text{N} \cdot \text{m}$

上述 3 个力的合力对 O 点的力矩：$M_O = 400 - 200 + 0 = 200\text{N} \cdot \text{m} \,(\curvearrowleft)$

2.1.2.3　力偶

A　力偶的概念

在力学中，由两个大小相等、方向相反、作用线平行而不重合的力 F 和 F' 组成的力系，称为力偶，并用符号 (F, F') 来表示。力偶的作用效果是使物体转动。

在日常生活中，常见的如开水龙头、汽车司机用双手转动转向盘、钳工用丝锥攻螺纹等都是力偶作用的案例，如图 2-9 所示。

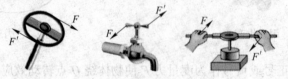

图 2-9　生活中的力偶

力偶中两力作用线间的垂直距离 d 称为力偶臂，如图 2-10 所示。力偶所在的平面称为力偶作用面。

在力学中用力 F 的大小与力偶臂 d 的乘积 Fd 加上正号或负号作为度量力偶对物体转动效应的物理量，该物理量称为力偶矩，并用符号 $M(F, F')$ 或 M 表示，即

$$M(F, F') = \pm Fd$$

式中，正负号的规定是：若力偶的转向是逆时针，取正号；反之，取负号，如图 2-11 所示。在国际单位制中，力偶矩的单位为牛顿·米（N·m）或千牛顿·米（kN·m）。

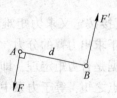

图 2-10　力偶

图 2-11　力偶的转向

B　力偶的性质

（1）力偶在任一坐标轴上的投影等于零。力偶不能用一个力来代替，即力偶不能简

化为一个力，因而力偶也不能和一个力平衡，力偶只能与力偶平衡。（2）力偶对其作用面内任一点 O 之矩恒等于力偶矩，而与矩心的位置无关。（3）力偶的等效性。在同一平面内的两个力偶，如果它们的力偶矩大小相等，力偶的转向相同，则这两个力偶是等效的。这一性质称为力偶的等效性。图 2-12 所示的各力偶均为等效力偶。

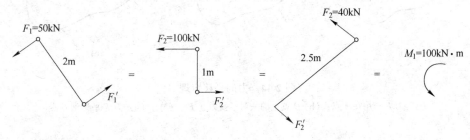

图 2-12　等效力偶

根据力偶的等效性，可以得出以下两个推论：（1）推论 1。力偶可以在其作用面内任意移转而不改变它对物体的转动效应。即力偶对物体的转动效应与它在作用面内的位置无关。（2）推论 2。只要保持力偶矩的大小、转向不变，可以同时改变力偶中的力和力偶臂的大小，而不改变它对物体的转动效应。

在平面问题中，由于力偶对物体的转动效应完全取决于力偶矩的大小和力偶的转向，所以，力偶在其作用面内除可用两个力表示外，通常还可用带箭头的弧线来表示，如图 2-13 所示。其中箭头表示力的转向，M 表示力偶矩的大小。

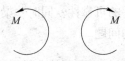

图 2-13　力偶的表示方法

C　平面力偶系的合成

在物体的某一平面内同时作用有两个或两个以上的力偶时，这群力偶就称为平面力偶系。平面力偶系合成的结果为一合力偶，其合力偶矩等于各分力偶矩的代数和。即

$$M = M_1 + M_2 + \cdots + M_n = \sum_{i=1}^{n} M_i$$

2.1.3　力的平移定理

由力的性质可知：在刚体内，力沿其作用线平移，其作用效应不改变。如果将力的作用线平行移动到另一个位置，其作用效应将发生改变，原因是力的转动效应与力的位置是直接的关系。生活中用力开门的实际效应与力的大小、方向和位置都有关系。

在图 2-14（a）中，物体上 A 点作用一个力 F，如将此力平移到物体的任意一点 O，而又不改变物体的运动效果，则应根据加减平衡力系公理，在 O 点加上一对平衡力 F' 和 F''，使它们的大小与力 F 相等，作用线与力 F 平行，如图 2-14（b）所示。显然，力 F 与 F'' 组成了一个力偶（F，F''），其力偶矩为 $M = Fd = M_O(F)$。于是，原作用于 A 点的力 F 就与现在作用在 O 点的力 F' 和力偶（F，F''）等效，即相当于将力 F 平移到 O 点，如图 2-14（c）所示。

由此可以得出力的平移定理：作用于刚体上的力 F，可以平移到刚体上任意一点 O，但必须附加一个力偶才能与原力等效，附加的力偶矩等于原力 F 对新作用点 O 的矩。

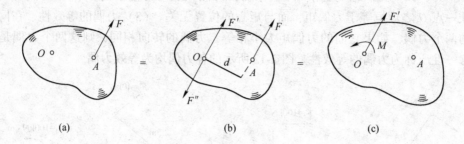

图 2-14　力的平移定理

(a) 力 F 作用在 A 点；(b) O 点上的一对平衡力（F'，F''）；(c) 力 F 平移到 O 点

任务 2.2　确定结构上的荷载

在实例（1）和实例（2）中，教室的楼盖，由梁和板组成，其上有桌椅家具和人群等荷载，其自身重量和外加荷载由梁和板承受，并通过梁、板传递到墙上，墙就是梁的支座。那么梁和板上的荷载是多少？由于荷载总是变化的，怎样取值才能保证结构及结构构件的可靠性？同时，梁和板传到支座的压力是多少？支座反力又是多少？这些都是要解决的问题。

2.2.1　荷载的分类

建筑结构在施工与使用期间要承受各种作用，如人群、风、雪及结构构件自重等，这些外力直接作用在结构物上；还有温度变化、地基不均匀沉降等间接作用在结构上，称直接作用在结构上的外力为荷载。

荷载按作用时间的长短和性质，可分为 3 类：永久荷载、可变荷载和偶然荷载。（1）永久荷载是指在结构设计使用期间，其值不随时间变化，或其变化与平均值相比可以忽略不计，或其变化是单调的并能趋于限值的荷载，如结构的自重、土压力、预应力等荷载。永久荷载又称恒荷载。（2）可变荷载是指在结构设计使用期内其值随时间而变化，其变化与平均值相比不可忽略的荷载，如楼面活荷载、吊车荷载、风荷载、雪荷载等，可变荷载又称活荷载。（3）偶然荷载是指在结构设计使用期内不一定出现，一旦出现，其值很大且持续时间很短的荷载，如爆炸力、撞击力等。

2.2.2　荷载的分布形式

2.2.2.1　材料的重度

某种材料单位体积的重量（kN/m^3）称为材料的重度，即重力密度，用 γ 表示。表 2-1 列出部分常用材料和构件自重，供学习时查用。

如工程中常用的水泥砂浆的重度是 $20kN/m^3$，石灰砂浆的重度是 $17kN/m^3$，钢筋混凝土的重度是 $25kN/m^3$，砖的重度是 $19kN/m^3$。

表 2-1　部分常用材料和构件自重

序号	名称	单位	自重	备注
1	素混凝土	kN/mm³	22~24	振捣或不振捣
2	钢筋混凝土	kN/mm³	24~25	—
3	水泥砂浆	kN/mm³	20	—
4	石灰砂浆	kN/mm³	17	—
5	混合砂浆	kN/mm³	17	—
6	浆砌普通砖	kN/mm³	18	—
7	浆砌机砖	kN/mm³	19	—
8	水磨石地面	kN/mm³	0.65	10mm 面层、20mm 水泥砂浆打底
9	贴瓷砖墙面	kN/mm³	0.5	包括水泥砂浆打底，共厚 25mm

2.2.2.2　均布面荷载

在均匀分布的荷载作用面上，单位面积上的荷载值称为均布面荷载，其单位为 kN/m² 或 N/m²。如图 2-15 所示为板的均布面荷载。

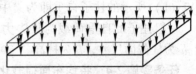

图 2-15　板的均布面荷载

一般板上的自重荷载为均布面荷载，其值为重度乘以板厚。如一矩形截面板，板长为 $L(\mathrm{m})$，板宽度为 $B(\mathrm{m})$，截面厚度为 $h(\mathrm{m})$，重度为 $\gamma(\mathrm{kN/m^3})$，则此板的总重量 $G = \gamma BLh$；板的自重在平面上是均匀分布的，所以单位面积的自重 $g_\mathrm{k} = \dfrac{G}{BL} = \dfrac{\gamma BLh}{BL} = \gamma h\ (\mathrm{kN/m^2})$。$g_\mathrm{k}$ 值就是板自重简化为单位面积上的均布荷载标准值。

2.2.2.3　均布线荷载

沿跨度方向单位长度上均匀分布的荷载，称为均布线荷载，其单位为 kN/m 或 N/m。梁上的均布线荷载如图 2-16 所示。

图 2-16　梁上的均布线荷载

一般梁上的自重荷载为均布线荷载，其值为重度乘以横截面面积。

如一矩形截面梁，梁长为 $L(\mathrm{m})$，其截面宽度为 $b(\mathrm{m})$，截面高度为 $h(\mathrm{m})$，重度为 $\gamma(\mathrm{kN/m^3})$，则此梁的总重量 $G = \gamma bhL$；梁的自重沿跨度方向是均匀分布的，所以沿梁轴每米长度的自重 $g_\mathrm{k} = \dfrac{G}{L} = \dfrac{\gamma bhL}{L} = \gamma bh\ (\mathrm{kN/m})$。$g_\mathrm{k}$ 值就是梁自重简化为沿梁轴方向的均布荷载标准值，均布线荷载值也称线荷载集度。

2.2.2.4　非均布线荷载

沿跨度方向单位长度上非均匀分布的荷载，称为非均布线荷载，其单位为 kN/m 或

N/m。图 2-17（a）所示挡土墙的土压力即为非均布线荷载。

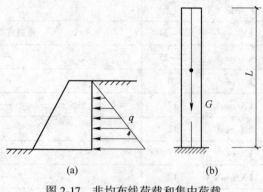

图 2-17　非均布线荷载和集中荷载

（a）挡土墙的土压力；（b）柱子的自重

2.2.2.5　集中荷载（集中力）

集中地作用于一点的荷载称为集中荷载，其单位为 kN 或 N，通常用 G 或 F 表示，图 2-17（b）所示的柱子自重即为集中荷载。

一般柱子的自重荷载为集中力，其值为重度乘以柱子的体积，即 $G = \gamma bhL$。其中，b、h 为柱截面尺寸，L 为柱高。

任务实施 2-4　将均布面荷载化为均布线荷载

（1）任务引领。在工程计算中，板面上受到均布面荷载 q'（kN/m^2）时，它传给支撑梁为线荷载，梁沿跨度（轴线）方向均匀分布的线荷载如何计算？

（2）任务实施。设板上受到均匀的面荷载 q'（kN/m^2）作用，板跨度为 3.3m（受荷宽度），梁 L2 跨度为 5.1m，如图 2-18 所示。那么，梁 L2 上受到的全部荷载 $q = 3.3q' +$ 梁 L2 自重（kN/m），而荷载 q 是沿梁的跨度方向均匀分布的。

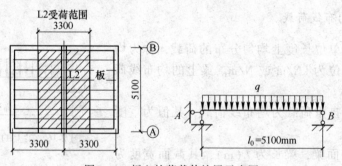

图 2-18　板上的荷载传给梁示意图

2.2.3　荷载的代表值

在后续进行结构设计时，对荷载应赋予一个规定的量值，该量值即所谓荷载代表值。永久荷载采用标准值为代表值，可变荷载采用标准值、组合值、频遇值或准永久值为代表值。

2.2.3.1 荷载的标准值

荷载标准值是荷载的基本代表值，为设计基准期内（50年）最大荷载统计分布的特征值。

A 永久荷载标准值（G_k）

永久荷载标准值是永久荷载的唯一代表值。对于结构自重可以根据结构的设计尺寸和材料的重度确定，《建筑结构荷载规范》（GB 50009—2012）中列出了常用材料和构件自重。

任务实施 2-5 计算实例（1）中梁、板自重荷载

（1）任务引领。实例（1）中矩形截面钢筋混凝土梁 L2，计算跨度为 5.1m，截面尺寸为 $b = 250mm$，$h = 500mm$；楼面做法为 30mm 水磨石地面，120mm 钢筋混凝土空心板（折算为 80mm 厚的实心板），板底石灰砂浆粉刷厚 20mm，求该梁自重（即永久荷载）标准值；以及楼板自重标准值。

（2）任务实施：

1）梁自重为均布线荷载的形式，梁自重标准值应按照 $g_k = \gamma b h$ 计算。其中钢筋混凝土的重度 $\gamma = 25kN/m^3$，$b = 250mm = 0.25m$，$h = 500mm = 0.5m$，故梁自重标准值为

$$g_k = \gamma b h = 25 \times 0.25 \times 0.5 = 3.125kN/m$$

2）板自重为均布面荷载的形式，其楼面做法中每一层标准值均应按照 $g_k = \gamma h$ 计算，然后把 3 个值加在一起就是楼板的自重标准值。

查表 2-1 得：30mm 水磨石地面的面荷载 $0.65kN/m^2$，钢筋混凝土的重度 $25kN/m^3$，石灰砂浆的重度 $17kN/m^3$。

楼面做法：30mm 水磨石地面	$0.65kN/m^2$
120mm 空心板自重	$25 \times 0.08 = 2kN/m^2$
板底粉刷	$17 \times 0.02 = 0.34kN/m^2$

板每平方米总重力（面荷载）标准值　　　　　　　　　　$g_k = 2.99kN/m^2$

（3）总结提高。计算过程中应注意物理量单位的换算。梁的自重标准值用 g_k 表示。

任务实施 2-6 计算梁上的永久荷载标准值

（1）任务引领。实例（1）中钢筋混凝土梁 L5(7)，截面尺寸 $b = 200mm = 0.2m$，$h = 300mm = 0.3m$，且梁上放置 120mm 厚、1.2m 高的 120mm 厚砌体栏板，栏板两侧 20mm 厚石灰砂浆抹面，求作用在梁上的永久荷载标准值。

（2）任务实施。经分析，梁 L5(7) 的自重及作用在梁上的栏杆、石灰砂浆抹面为梁的永久荷载，荷载计算如下。

查表 2-1 得：钢筋混凝土的重度 $25kN/m^3$，石灰砂浆的重度 $17kN/m^3$，砖重度 $19kN/m^3$，故：

梁 L5(7) 的自重	$25 \times 0.2 \times 0.3 = 1.5kN/m$
梁上的栏杆及石灰砂浆抹面	$1.2 \times (0.12 \times 19 + 0.02 \times 17 \times 2) = 3.552kN/m$

梁上的永久荷载标准值　　　　　　　　　　$g_k = 5.052kN/m$

B　可变荷载标准值（Q_k）

可变荷载标准值由设计基准期内最大荷载概率分布的某个分位值确定，是可变荷载的最大荷载代表值，由统计所得。《建筑结构荷载规范》（GB 50009—2012）对于楼（屋）面活荷载、雪荷载、风荷载、吊车荷载等可变荷载标准值，规定了具体的数值，设计时可直接查用。

（1）楼（屋）面可变荷载标准值见表 2-2。

表 2-2　部分民用建筑楼面均布可变荷载标准值及其组合值、频遇值和准永久值系数

项次	类　别	标准值 /kN·m^{-2}	组合值系数 ψ_c	频遇值系数 ψ_f	准永久值系数 ψ_q
1	（1）住宅、宿舍、旅馆、办公楼、医院病房、托儿所、幼儿园；	20	0.7	0.5	0.4
	（2）教室、试验室、阅览室、会议室、医院门诊室			0.6	0.5
2	食堂、餐厅、一般资料档案室	2.5	0.7	0.6	0.5
3	（1）礼堂、剧院、影院、有固定座位的看台；	3.0	0.7	0.5	0.3
	（2）公共洗衣房	3.0	0.7	0.5	0.3
4	（1）商店、展览室、车站、港口、机场大厅及旅客候车室；	3.5	0.7	0.6	0.5
	（2）无固定座位的看台	3.5	0.7	0.5	0.3
5	（1）健身房、演出舞台；	4.0	0.7	0.6	0.5
	（2）舞厅	4.0	0.7	0.6	0.3
6	（1）书柜、档案库、贮藏室；	5.0	0.9	0.9	0.8
	（2）密集柜书库	12.0	0.9	0.9	0.8
7	厨房：（1）一般的；	2.0	0.7	0.6	0.5
	（2）餐厅的	4.0	0.7	0.7	0.7
8	洗浴、厕所、盥洗室：				
	（1）第 1 项中的民用建筑；	2.0	0.7	0.5	0.4
	（2）其他民用建筑	2.5	0.7	0.6	0.5
9	走廊、门厅、楼梯：				
	（1）宿舍、旅馆、医院病房、托儿所、幼儿园、住宅；	2.0	0.7	0.5	0.4
	（2）办公楼、教室、餐厅、医院门诊部	2.5	0.7	0.6	0.5

根据表 2-2，查得实例（2）教学楼教室的楼面活荷载标准值为 2.5kN/m^2；楼梯上的楼面活荷载标准值为 3.5kN/m^2。

（2）风荷载标准值（ω_k）。风受到建筑物的阻碍和影响时，速度会改变，并在建筑物表面上形成压力和吸力，即建筑物所受的风荷载。根据《建筑结构荷载规范》（GB 50009—2012）相关规定，计算主要受力结构时，垂直于建筑物表面上的风荷载标准值（ω_k）计算式为

$$\omega_k = \beta_z \mu_s \mu_z \omega_0$$

式中，ω_k 为风荷载标准值，kN/m^2；β_z 为高度 z 处的风振系数，考虑风压脉动对结构产生

的影响；μ_s 为风荷载体型系数；μ_z 为风压高度变化系数；ω_0 为基本风压（kN/m²）是以当地平坦空旷地带，10 m 高处统计得到的 50 年一遇 10 min 平均最大风速为标准确定的，按《建筑结构荷载规范》（GB 50009—2012）中"全国基本风压分布图"查用。

（3）雪荷载标准值、施工及检修荷载标准值见《建筑结构荷载规范》（GB 50009—2012）相关规定取值。

2.2.3.2　可变荷载组合值（Q_c）

当结构上同时作用有两种或两种以上可变荷载时，由于各种可变荷载同时达到其最大值（标准值）的可能性极小，因此计算时采用可变荷载组合值，用 Q_c 表示：

$$Q_c = \psi_c Q_k$$

式中，Q_c 为可变荷载组合值；Q_k 为可变荷载标准值；ψ_c 为可变荷载组合值系数，一般雪荷载取 0.7，风荷载取 0.6，取值见表 2-2。

2.2.3.3　可变荷载频遇值（Q_f）

可变荷载频遇值是指结构上时而出现的较大荷载。对可变荷载，在设计基准期内，其超越的总时间为规定的较小比率或超越频率为规定频率的荷载值。可变荷载频遇值总是小于荷载标准值，其值取可变荷载标准值乘以小于 1 的荷载频遇值系数，用 Q_f 表示：

$$Q_f = \psi_f Q_k$$

式中，Q_f 为可变荷载频遇值；ψ_f 为可变荷载频遇值系数，见表 2-2。

2.2.3.4　可变荷载准永久值（Q_q）

可变荷载准永久值是指可变荷载中在设计基准期内经常作用（其超越的时间约为设计基准期一半）的可变荷载。在规定的期限内有较长的总持续时间，也就是经常作用于结构上的可变荷载。其值取可变荷载标准值乘以小于 1 的荷载准永久值系数，用 Q_q 表示：

$$Q_q = \psi_q Q_k$$

式中，Q_q 为可变荷载准永久值；ψ_q 为可变荷载准永久值系数，按《建筑结构荷载规范》（GB 50009— 2012）的规定取值，见表 2-2。

2.2.4　荷载分项系数

2.2.4.1　荷载分项系数

荷载分项系数用于结构承载力极限状态设计中，目的是保证在各种可能的荷载组合出现时，结构均能维持在相同的可靠度水平上。荷载分项系数又分为永久荷载分项系数 γ_G 和可变荷载分项系数 γ_Q，其值见表 2-3。

2.2.4.2　荷载的设计值

一般情况下，荷载标准值与荷载分项系数的乘积为荷载设计值，也称设计荷载，其数值大体上相当于结构在非正常使用情况下荷载的最大值，它比荷载的标准值具有更大的可靠度。永久荷载设计值为 $\gamma_G G_k$；可变荷载设计值为 $\gamma_Q Q_k$。

表 2-3　基本组合的荷载分项系数

永久荷载分项系数 γ_G				可变荷载分项系数 γ_Q	
其效应对结构不利时		其效应对结构有利时			
由可变荷载效应的控制的组合	1.2	一般情况	1.0	一般情况	1.4
由永久荷载效应控制的组合	1.35	对结构的倾覆、滑移或漂浮验算	0.9	对标准值大于 4kN/m²	1.3

任务实施 2-7　确定楼面可变荷载、永久荷载设计值

（1）任务引领。实例（2）中，现浇钢筋混凝土楼面板板厚 $h = 100\text{mm}$，板面做法选用：8~10mm 厚地砖，25mm 厚干硬水泥砂浆，素水泥浆，其面荷载标准值合计为 0.7kN/m²；板底为 20mm 厚石灰砂浆粉刷。永久荷载及可变荷载分项系数分别为 1.2 和 1.4，确定楼面永久荷载设计值和可变荷载设计值。

（2）任务实施：

1）永久荷载标准值。

$$\begin{aligned}
&\text{现浇板自重} &&25 \times 0.10 = 2.5\text{kN/m}^2 \\
&\text{楼面做法} &&0.7\text{kN/m}^2 \\
&\text{板底粉刷} &&17 \times 0.02 = 0.34\text{kN/m}^2
\end{aligned}$$

板每平方米总重力（面荷载）标准值：$g_k = 3.54\text{kN/ m}^2$

2）永久荷载设计值。

$$g = \gamma_G g_k = 1.2 \times 3.54 = 4.248\text{kN/m}^2$$

3）可变荷载标准值。查表 2-2 知，办公楼楼面可变荷载标准值为 $q_k = 2\text{kN/m}^2$（面荷载）。

4）可变荷载设计值。

$$g = \gamma_Q q_k = 1.4 \times 2.5 = 3.5\text{kN/m}^2$$

任务 2.3　分析静力平衡条件，计算构件支座反力

物体在力系的作用下处于平衡时，力系应满足一定的条件，这个条件称为力系的平衡条件。

2.3.1　平面力系的平衡条件

2.3.1.1　平面任意力系的平衡条件

由力学概念知道，一般情况下平面力系与一个力及一个力偶等效。若与平面力系等效的力和力偶均等于零，则原力系一定平衡。平面任意力系平衡的重要条件是：力系中所有各力在两个坐标轴上的投影的代数和等于零。力系中所有各力对于任意一点 O 的力矩代数和等于零。

由此得平面任意力系的平衡方程：

$$\sum F_x = 0$$

$$\sum F_y = 0$$

$$\sum M_O(F) = 0$$

$\sum F_x = 0$，即力系中所有力在 x 方向的投影代数和等于零；$\sum F_y = 0$，即力系中所有力在 y 方向的投影代数和等于零；$\sum M_O(F) = 0$，即力系中所有力对任意一点 O 的力矩代数和等于零。

平面任意力系的平衡方程，还有另外两种形式：

（1）二矩式。

$$\sum F_x = 0 \,(\text{或} \sum F_y = 0)$$

$$\sum M_A(F) = 0$$

$$\sum M_B(F) = 0$$

其中，A、B 两点之间的连线不能垂直于 x 轴或 y 轴。

（2）三矩式。

$$\sum M_A(F) = 0$$

$$\sum M_B(F) = 0$$

$$\sum M_C(F) = 0$$

其中，A、B、C 三点不能共线。

2.3.1.2 几种特殊情况的平衡方程

（1）平面汇交力系。若平面力系中的各力的作用线汇交于一点，则此力系称为平面汇交力系。根据力系的简化结果知道，汇交力系与一个力（力系的合力）等效。由平面任意力系的平衡条件知，平面汇交力系平衡的充分必要条件是：力系的合力等于零，即

$$\sum F_x = 0$$

$$\sum F_y = 0$$

（2）平面平行力系。若平面力系中的各力的作用线均相互平行，则此力系为平面平行力系。显然，平面平行力系是平面力系的一种特殊情况。由平面力系的平衡方程推出，由于平面平行力系在某一坐标轴 x 轴（或 y 轴）上的投影均为零，因此，平衡方程为

$$\sum F_y = 0 \,(\text{或} \sum F_x = 0)$$

$$\sum M_O(F) = 0$$

当然，平面平行力系的平衡方程也可写成二矩式：

$$\sum M_A(F) = 0$$

$$\sum M_B(F) = 0$$

其中，A、B 两点之间的连线不能与各力的作用线平行。

2.3.2　构件的支座反力计算

求解构件支座反力的基本步骤如下：（1）以整个构件为研究对象进行受力分析，绘制受力图。（2）建立 xOy 直角坐标系。（3）依据静力平衡条件，根据受力图建立静力平衡方程，求解方程得支座反力。

xOy 直角坐标系，一般假定 x 轴以水平向右为正，y 轴以竖直向上为正；绘制受力图时，支座反力均假定为正方向；求解出支座反力后，应标明其实际受力方向。

任务实施 2-8　计算简支梁的支座反力

（1）任务引领。简支梁——一端为固定铰支座，另一端为可动铰支座的梁。如图 2-19 所示为简支梁，计算跨度为 l_0，承受的均布载 q，计算梁的支座反力。

（2）任务实施：1）以梁为研究对象进行受力分析，绘制受力图，如图 2-19（b）所示。2）建立如图 2-19（b）所示的直角坐标系。3）建立平衡方程，求解支座反力：

$$\sum F_x = 0 , F_{Ax} = 0$$

$$\sum F_y = 0 , F_{Ay} - ql_0 + F_{By} = 0$$

$$\sum M_A = 0 , F_{By}l_0 - \frac{ql_0^2}{2} = 0$$

解得

$$F_{Ax} = 0 ; F_{Ay} = F_{By} = \frac{ql_0}{2} (\uparrow)$$

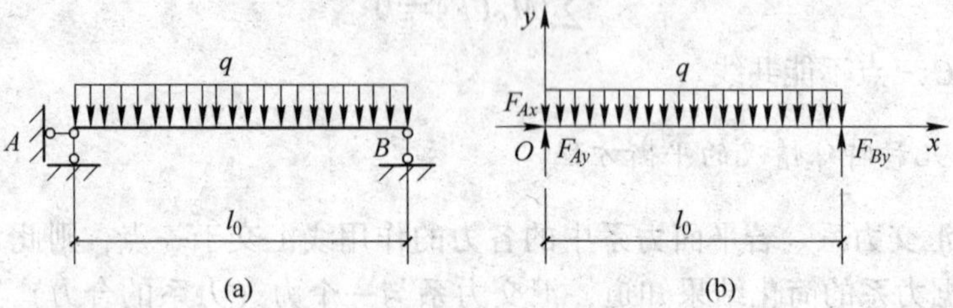

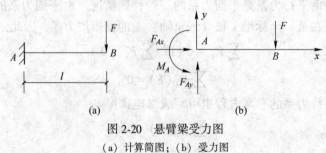

图 2-19　梁的支座反力计算

（a）计算简图；（b）受力图

任务实施 2-9　计算悬臂梁的支座反力

（1）任务引领。悬臂梁——一端为固定端，另一端为自由端的梁。图 2-20 所示悬臂梁，计算跨度为 l，承受的集中荷载设计值为 F，求支座反力。

图 2-20　悬臂梁受力图

（a）计算简图；（b）受力图

（2）任务实施：1）以梁为研究对象进行受力分析，绘制受力图，如图 2-20（b）所示。2）建立如图 2-20（b）所示的直角坐标系。3）建立平衡方程，求解支座反力：

$$\sum F_x = 0 , F_{Ax} = 0$$

$$\sum F_y = 0 , F_{Ay} - F = 0$$

$$\sum M_A(F) = 0 , M_A - Fl = 0$$

解得 $F_{Ax} = 0 , F_{Ay} = 0 , M_A = Fl (\curvearrowleft)$

任务实施 2-10   计算外伸梁的支座反力

（1）任务引领。外伸梁——梁的一端或两端伸出支座的简支梁。如图 2-21（a）所示的伸臂梁，受到荷载 $P = 2kN$，三角形分布荷载 $q = 1kN/m$ 作用。如果不计梁重，试计算支座 A、B 的反力。

（2）任务实施

1）取梁 CD 为研究对象，受力图如图 2-21（b）所示。

2）根据平面一般力系的平衡条件，列方程：

$$\sum X = 0 , X_A = 0$$

$$\sum Y = 0 , Y_A + R_B - P - \frac{1}{2} \times q \times 3 = 0$$

$$Y_A = P + \frac{3}{2}q - R_B = 2 + \frac{3}{2} \times 1 - (-0.25) = 3.75kN$$

$$\sum M_A = 0 , P \times 1 - \frac{1}{2} \times q \times 3 \times 1 + 2R_B = 0$$

$$R_B = \frac{1}{2} \times \left[\frac{3}{2} \times 1 - (-2) \times 1 \right] = -0.25kN$$

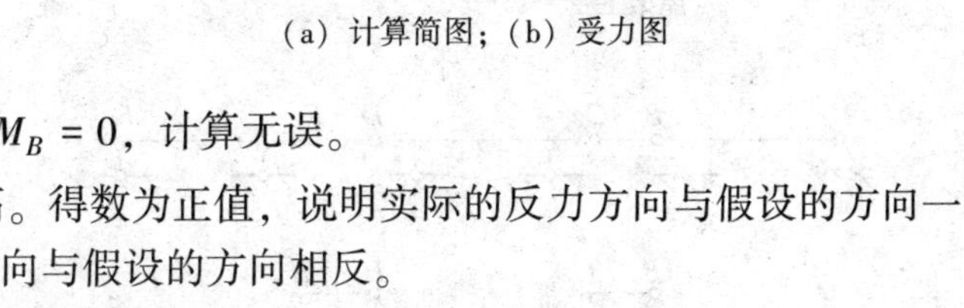

图 2-21 外伸梁受力图

（a）计算简图；（b）受力图

3）校核：$\sum M_B = 0$，计算无误。

（3）总结提高。得数为正值，说明实际的反力方向与假设的方向一致；得数为负值，说明实际的反力方向与假设的方向相反。

2.3.3 多跨静定梁反力的计算

若干根梁用中间铰连接在一起，并以若干支座与基础相连，或者搁置于其他构件上而组成的静定梁，称为多跨静定梁。在实际的建筑工程中，多跨静定梁常用来跨越几个相连的跨度。连接单跨梁的一些中间铰，在钢筋混凝土结构中，其主要形式常采用企口结合，而在木结构中常采用斜搭接并用螺栓连接。

图 2-22（a）所示为一公路桥梁中常采用的多跨静定梁结构形式之一，其计算简图如图 2-22（b）所示。

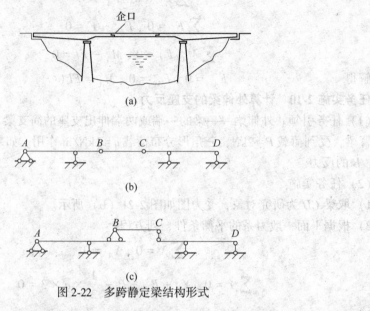

图 2-22 多跨静定梁结构形式

在房屋建筑结构中的木檩条，也是多跨静定梁的结构形式，如图 2-23（a）所示为木檩条的构造图，其计算简图如图 2-23（b）所示。

从结构组成上可以看出，图 2-23（b）中梁 AB 直接由链杆支座与地基相连，是可以独立工作的，梁 AB 本身不依赖梁 BC 和 CD 就可以独立承受荷载，所以称为基本部分。如果仅受竖向荷载作用，CD 梁也能独立承受荷载维持平衡，同样可视为基本部分。短梁 BC 依靠基本部分的支撑才能承受荷载并保持平衡，所以称为附属部分。同样道理，在图 2-23（b）中梁 AB、CD 和梁 EF 均为基本部分，梁 BC 和梁 DE 为附属部分。为了更清楚地表示各部分之间的支撑关系，把基本部分画在下层，将附属部分画在上层，分别如图 2-22（c）和图 2-23（c）所示，我们称它为关系图或层叠图。

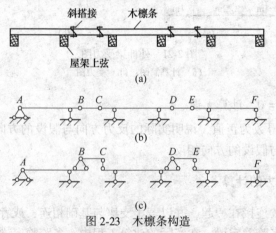

图 2-23 木檩条构造

从受力分析来看，当荷载作用于基本部分时，只有该基本部分受力，而与其相连的附属部分不受力；当荷载作用于附属部分时，则不仅该附属部分受力，且通过铰接部分将力传至与其相关的基本部分上去。因此，计算多跨静定梁时，必须先从附属部分计算，再计算基本部分，按组成顺序的逆过程进行。例如图 2-22（c），应先从附属梁 *BC* 计算，再依次考虑梁 *CD*、*AB*。这样便把多跨梁化为单跨梁，分别进行计算，从而可避免解算联立方程。

任务实施 2-11　计算多跨静定梁支座反力

（1）任务引领。如图 2-24（a）所示，先确定多跨静定梁基本部分和附属部分，然后绘制层叠图，最后计算支座反力。

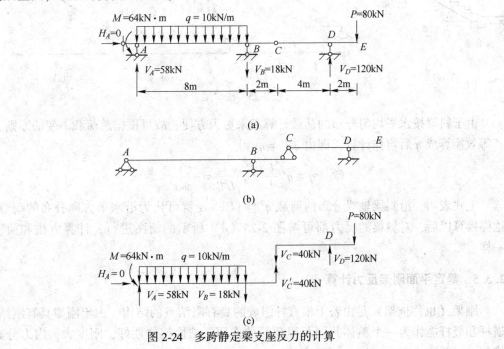

图 2-24　多跨静定梁支座反力的计算

（2）任务实施：

1）作层叠图。如图 2-24（b）所示，梁 *AC* 为基本部分，梁 *CE* 通过铰 *C* 连接在梁 *AC* 上，要依靠梁 *AC* 才能保证其正常工作，所以梁 *CE* 为附属部分。

2）计算支座反力。从层叠图看出，应先从附属部分 *CE* 开始取隔离体，如图 2-24（c）所示。

$$\sum M_C = 0, \quad -80 \times 6 + 4V_D = 0, \quad V_D = 120\text{kN}(\uparrow)$$

$$\sum M_D = 0, \quad -80 \times 2 + 4V_C = 0, \quad V_C = 40\text{kN}(\downarrow)$$

将 V_C 反向，作用于梁 *AC* 上，计算基本部分。

$$\sum X = 0, \quad H_A = 0$$

$$\sum M_A = 0, \quad -40 \times 10 + 8V_B + 10 \times 8 \times 4 - 64 = 0, \quad V_B = 18\text{kN}(\downarrow)$$

$$\sum M_B = 0, \quad -40 \times 2 - 10 \times 8 \times 4 + 8V_A - 64 = 0, \quad V_A = 58\text{kN}(\uparrow)$$

3）校核。由整体平衡条件得 $\sum Y = -80 + 120 - 18 + 58 - 10 \times 8 = 0$，计算无误。

2.3.4　斜梁的反力计算

在建筑工程中，常遇到杆轴为倾斜的斜梁，如图 2-25（a）所示的楼梯梁。斜梁通常承受两种形式的均布荷载。（1）沿水平方向均布的荷载 q，如图 2-25（b）所示。楼梯斜梁承受的人群荷载就是沿水平方向均匀分布的荷载。（2）沿斜梁轴线均匀分布的荷载 q'，如图 2-25（c）所示。等截面斜梁的自重就是沿梁轴均匀分布的荷载。

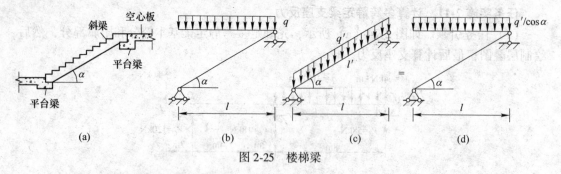

图 2-25　楼梯梁

由于斜梁按水平均匀分布的荷载计算起来更为方便，故可根据总荷载不变的原则，将 q' 等效换算成 q 后再作计算，即由 $q'l' = ql$ 得

$$q = q' \frac{l}{l} = q' \frac{1}{l/l'} = \frac{q'}{\cos\alpha}$$

上式表明，沿斜梁轴线分布的荷载 q' 除以 $\cos\alpha$ 就可化为沿水平方向分布的荷载 q。这样换算以后，对斜梁的反力都可按图 2-25（d）所示的简图进行，计算方法和简支梁一样。

2.3.5　静定平面刚架反力计算

刚架（也称框架）是由若干根直杆组成的具有刚结点的结构。由于刚架具有刚结点，横杆和竖杆能作为一个整体共同承担荷载的作用，结构整体性好，刚度大，内力分布较均匀。

在大跨度、重荷载的情况下，是一种较好的承重结构，所以刚架结构在工业与民用建筑中被广泛采用。

任务实施 2-12　计算刚架支座反力

（1）任务引领。一厂房结构简化为钢筋混凝土刚架，所受荷载及支撑情况如图 2-26（a）所示。已知 $q = 4\text{kN/m}$，$P = 10\text{kN}$，$m = 2\text{kN·m}$，$Q = 20\text{kN}$。确定支座处的反力。

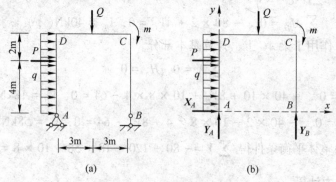

图 2-26　刚架支座反力的计算

（2）任务实施。取刚架为研究对象，画其受力图如图 2-26（b）所示，图中各支座反力指向都是假设的。本任务有一个力偶荷载，由于力偶在任一轴上的投影为零，故写投影方程时不必考虑力偶；由于力偶对平面内任一点的矩都等于力偶矩，故写力矩方程时，可直接将力偶矩 m 列入。

设坐标系如图 2-26（b）所示，列 3 个平衡方程：

$$\sum X = 0, \ X_A + P + 6q = 0$$

$$X_A = -P - 6q = -10 - 6 \times 4 = -34 \text{kN}(\leftarrow)$$

$$\sum Y = 0, \ Y_A + R_B - Q = 0$$

$$Y_A = Q - Y_B = 20 - 29 = -9 \text{kN}(\downarrow)$$

$$\sum M_A = 0, \ 6Y_B - 4P - 3Q - m - 6q \times 3 = 0$$

$$Y_B = \frac{4P + 3Q + m + 18q}{6} \times 6 = \frac{4 \times 10 + 3 \times 20 + 2 + 18 \times 4}{6} = 29 \text{kN}(\uparrow)$$

3）校核。

$$\sum M_C = 6X_A - 6Y_A + 2P + 3Q - m + 6q \times 3$$
$$= 6 \times (-34) - 6 \times (-9) + 2 \times 10 + 3 \times 20 - 2 + 6 \times 4 \times 3 = 0$$

说明计算无误。

2.3.6　起重设备的验算

实例（3）：某日，某公馆 2 号楼工地，塔吊在进行顶升作业时，突然顶部倒塌，造成 3 人死亡，直接经济损失约 300 万元。事发后经过调查认定，这是一起严重违反安全生产和建筑施工安全管理法律法规造成的责任事故。塔吊驾驶员及安装公司人员在工地，对塔吊进行第三次附着、顶升作业。在完成第二节标准节加装后，进行第三节顶升、加节作业时，塔吊起重臂、平衡臂、塔帽、回转支撑、顶升套架等上部结构重心偏移，突然失稳并坠落地面，致 3 人从 70 米左右高度坠落。图 2-27 为事故现场照片。

图 2-27　事故现场

点评：起重机在工作中运用了力的平衡原理。一边是起重臂，上面有小车可以在起重臂上来回移动，用来起吊重物；另一边是平衡臂，装上配重，来平衡起重臂上的力矩，防止起重机的翻倒。在实际安装和操作过程中，一旦打破了此平衡状态，将会引起严重的后果。

任务实施 2-13　验算塔式起重机的稳定性

（1）任务引领。如图 2-28 所示为塔式起重机。已知轨距 $b=4m$，机身重 $G=260kN$，其作用线到右轨的距离 $e=1.5m$，起重机平衡重 $Q=80kN$，其作用线到左轨的距离 $a=6m$，荷载 P 的作用线到右轨的距离 $l=12m$。求：1）验算空载时（$P=0$ 时）起重机是否会向左倾倒；2）计算起重机不向右倾倒的最大荷载 P。

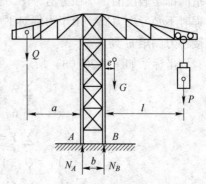

（2）任务实施。以起重机为研究对象，作用于起重机上的力有主动力 G、P、Q 及约束力 N_A 和 N_B，它们组成一个平行力系。

图 2-28　塔式起重机

1）使起重机不向左倾倒的条件是 $N_B \geqslant 0$。当空载时，取 $P=0$，列平衡方程

$$\sum M_A = 0, \quad Qa + N_B b - G(e+b) = 0$$

$$N_B = \frac{1}{b}[G(e+b) - Qa] = \frac{1}{4}[260 \times (1.5+4) - 80 \times 6] = 237.5kN > 0$$

所以起重机不会向左倾倒。

2）使起重机不向右倾倒的条件是 $N_A \geqslant 0$，列平衡方程

$$\sum M_B = 0, \quad Q(a+b) - N_A b - Ge - Pl = 0$$

$$N_A = \frac{1}{b}[Q(a+b) - Ge - Pl]$$

欲使 $N_A \geqslant 0$。则需

$$Q(a+b) - Ge - Pl \geqslant 0$$

$$P \leqslant \frac{1}{l}[Q(a+b) - Ge] = \frac{1}{12} \times [80 \times (6+4) - 260 \times 1.5] = 34.17kN$$

因此，当荷载 $P \leqslant 34.17kN$ 时，起重机是稳定的。

 ## 习　题

（1）选择题。

1）永久荷载的代表值是（　　）。

　　A　标准值　　　　B　组合值　　　　C　设计值　　　　D　准永久值

2）当两种或两种以上的可变荷载同时出现在结构上时，应采用的荷载代表值是（　　）。

　　A　标准值　　　　B　组合值　　　　C　设计值

3）办公楼楼梯上的可变荷载标准值是（　　）。

　　A　$2kN/m^2$　　　B　$2.5kN/m^2$　　　C　$3kN/m^2$　　　D　$4kN/m^2$

4）可变荷载的设计值是（　　）。

　　A　$\gamma_Q Q_k$　　　　B　Q_k　　　　C　$\gamma_G G_k$　　　　D　G_k

5）当楼面上的可变荷载标准值大 $4kN/m^2$，可变荷载分项系数 γ_Q 应取（　　）。

　　A　1.2　　　　　B　1.3　　　　　C　1.4　　　　　D　1.35

（2）填空题。

1）平面任意力系平衡的重要条件是：力系中所有各力在_____的代数和等于零，力系中所有各力对于_____的力矩代数和等于零。

2）平面汇交力系平衡的重要条件是：_____。

3）若平面力系中各力的作用线均相互平行，则此力系为_____。

4）能够直接利用平衡方程求解出全部未知量，这类问题称为_____；结构或构件的未知量的数目超过了独立的平衡方程数目，无法直接利用平衡方程求解出全部未知量，这类问题称为_____。

5）荷载标准值是荷载的代表值，是指其在结构使用期间可能出现的_____荷载值。

6）一般情况下，荷载标准值与荷载分项系数的乘积为_____，也称设计荷载。

（3）应用案例题。

1）某办公楼走廊平板，现浇钢筋混凝土板板厚120mm，30mm厚水磨石楼面，板底20mm厚石灰砂浆抹灰，求该走廊板上的面荷载标准值。

2）某办公楼钢筋混凝土简支梁，计算跨度为6m，梁的截面尺寸为200mm×500mm，作用在梁上的恒载标准值$g_k=10$kN/m（未考虑梁自重），活载标准值$q_k=5$kN/m，试计算：①该梁上的恒荷载标准值；②该梁恒荷载和活荷载标准值共同作用下的支座反力。

3）求图2-29所示的悬臂梁的支座反力。

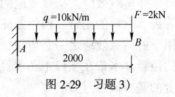

图2-29　习题3）

4）求图2-30中各计算简图的支座反力。

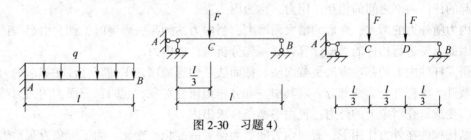

图2-30　习题4）

项目3 计算构件内力及荷载效应组合值

【知识目标】 掌握截面法求内力的基本方法，了解内力及应力的基本概念；掌握运用截面法计算内力；熟悉梁的内力图的规律；掌握梁的强度条件，了解压杆稳定。

【能力目标】 能够运用截面法计算指定截面上的轴力、剪力和弯矩；能够绘制简单梁的剪力图和弯矩图，并能够通过内力图判定梁控制截面的位置，能够校核梁的强度。

【素质目标】 在校核梁强度的过程中，培养"安全第一"的安全生产责任意识

实际工程中，所有建筑物都要依靠其建筑结构来承受荷载和其他间接作用（如温度变化、地基不均匀沉降等），结构是建筑的重要组成部分。结构构件在外荷载及其他作用下必定在其内部引起内力和变形，即荷载效应。荷载效应的大小决定了后续的结构设计工作中选择的材料、材料的强度等级、材料的用量、构件截面形状及尺寸等内容。以钢筋混凝土结构为例，构件在荷载作用下的荷载效应之一是弯矩，截面的弯矩大小决定了截面纵向受力钢筋的多少及钢筋所处的位置。本章在项目1和项目2的基础上主要介绍构件内力计算的基本方法及荷载效应组合的基本概念与方法。

杆件在外力作用下产生变形，从而杆件内部各部分之间就产生相互作用力，这种由外力引起的杆件内部之间的相互作用力，称为内力。

内力随外力的增大、变形的增大而增大，当内力达到某一限度时，就会引起构件的破坏。因此，要进行构件的强度计算就必须先分析构件的内力。

研究杆件内力的基本方法是截面法。截面法是假想地用一平面将杆件在需求内力的截面处截开，将杆件分为两部分。取其中一部分作为研究对象，此时，截面上的内力被显示出来，变成研究对象上的外力；再由平衡条件求出内力。

结构构件在外力作用下，截面内力随截面位置的变化而变化，为了形象直观地表达内力沿截面位置变化的规律，通常绘出内力随横截面位置变化的图形，即内力图。根据内力图可以找出构件内力最大值及其所在截面的位置。

内力图在结构设计中有重要的作用，构件的承载力计算是以构件在荷载作用下控制截面的内力作为依据。对于等截面结构构件，若控制截面是指内力最大的截面；对于变截面结构构件，其控制截面除了内力最大的截面外，还有尺寸突变的截面。不同的结构构件，不同的荷载作用下，其控制截面的位置和数量是不一样的，可以通过绘制结构构件内力图的方法来达到这一目的。

截面法可归纳为如下步骤：(1) 支反力。按项目2中介绍的方法求解支座反力。(2) 截、取。沿所需求内力的截面处假想切开，选择其中一部分为脱离体，另一部分留置不顾。(3) 受力分析。绘制脱离体的受力图，应包括原来在脱离体部分的荷载和反力，以及切开截面上的待定内力。(4) 求解。根据脱离体受力图建立静力平衡方程，求解方程

得截面内力，并绘制内力图。

任务 3.1 计算杆件轴向内力、解决工程中杆的轴向强度问题

3.1.1 轴向拉伸和压缩杆的内力计算

3.1.1.1 工程中的轴向拉伸和压缩

在建筑物和机械等工程结构中，经常使用受拉伸或压缩的构件。如图 3-1 所示为拔桩机在工作时，油缸顶起吊臂，将桩从地下拔起，油缸杆受压缩变形，桩在拔起时受拉伸变形，钢丝绳受拉伸变形。图 3-2 所示桥墩承受桥面传来的荷载，以压缩变形为主。

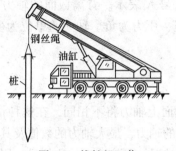

图 3-1 拔桩机工作

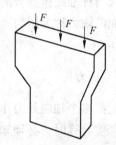

图 3-2 桥墩承受的荷载

图 3-3 所示钢木组合桁架中的竖杆、斜杆和上下弦杆，以拉伸和压缩变形为主。图 3-4 所示厂房用的混凝土立柱就是以压缩变形为主。

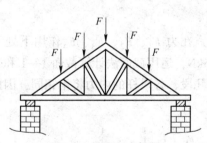

图 3-3 钢木组合桁架

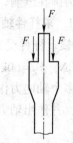

图 3-4 混凝土立柱

在工程中以拉伸或压缩为主要变形的杆件，称为拉杆或压杆，若杆件所受的外力或外力合力作用线与杆轴线重合，称为轴向拉伸或轴向压缩。

3.1.1.2 轴向拉伸和压缩杆的内力——轴力

在轴向外力 F 作用下的等直拉杆，如图 3-5 所示，利用截面法，可以确定 m—m 横截面上的内力。假想用一横截面将杆沿截面 m—m 截开，取左段为研究对象。

由于整个杆件是处于平衡状态的，所以左段也保持平衡，由平衡条件 $\sum X = 0$ 可知，截面 m—m 上的分布内力的合力必是与杆轴相重合的一个力，且 $N=F$，其指向背离截面。同样，若取右段为研究对象，可得出相同的结果。

对于压杆，也可通过上述方法求得其任一横截面 m—m 上的轴力 N，其指向如图 3-6 所示。

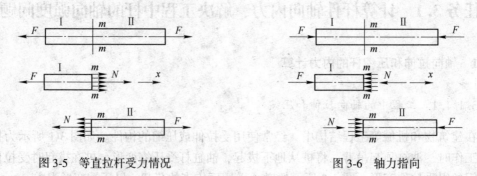

图 3-5　等直拉杆受力情况　　　　　　图 3-6　轴力指向

把作用线与杆轴线相重合的内力称为轴力，用符号 N 表示。背离截面的轴力称为拉力，指向截面的轴力称为压力。通常规定：拉力为正，压力为负。轴力的单位为牛（N）或千牛（kN）。

3.1.1.3　轴力图

当杆件受到多个轴向外力作用时，在杆的不同截面上轴力将不相同，在这种情况下，对杆件进行强度计算时，必须知道杆的各个横截面上的轴力，最大轴力的数值及其所在截面的位置。为了直观地看出轴力沿横截面位置的变化情况，可按选定的比例尺，用平行于轴线的坐标表示横截面的位置，用垂直于杆轴线的坐标表示各横截面轴力的大小，绘出表示轴力与截面位置关系的图线，该图线就称为轴力图。画图时，习惯上将正值的轴力画在上侧，负值的轴力画在下侧。

任务实施 3-1　求杆件轴力并作出轴力图

（1）任务引领。杆件受力如图 3-7（a）所示，在力 F_1、F_2、F_3、F_4 作用下处于平衡。已知 $F_1 = 20kN$，$F_2 = 60kN$，$F_3 = 40kN$，$F_4 = 25kN$，运用截面法计算截面 1—1 和 2—2 上的轴力。承受多个轴向力作用时，外力将杆分为几段，各段杆的内力将不相同，因此要分段求出杆的力，并作出轴力图。

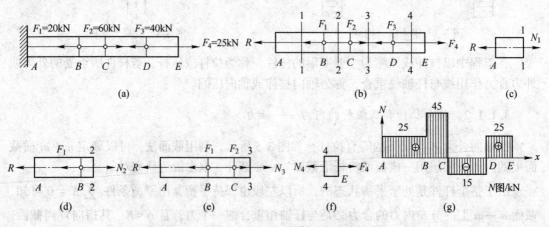

图 3-7　轴向受力杆件的内力

（2）任务实施：

1）为了运算方便，首先求出支座反力。根据平衡条件可知，轴向拉压杆固定端的支座反力只有 R，如图 3-7（b）所示，取整根杆为研究对象，列平衡方程

$$\sum X = 0, \quad -R - F_1 + F_2 - F_3 + F_4 = 0$$

$$R = -F_1 + F_2 - F_3 + F_4 = 20 + 60 - 40 + 25 = 5\text{kN}(拉力)$$

2）求各段杆的轴力。在计算中，为了使计算结果的正负号与轴力规定的符号一致，在假设截面轴力指向时，一律假设为拉力。如果计算结果为正，表明内力的实际指向与假设指向相同，轴力为拉力；如果计算结果为负，表明内力的实际指向与假设指向相反，轴力为压力。

如图 3-7 所示，杆件在 5 个集中力作用下保持平衡，分四段：AB 段、BC 段、CD 段、DE 段。

求 AB 段的轴力：用截面 1—1 将杆件截断，取左段为研究对象，如图 3-7（c）所示，以 N_1 表示截面上的轴力，由平衡方程

$$\sum X = 0, \quad -R + N_1 = 0$$

$$R = N_1 = 25\text{kN}(拉力)$$

求 BC 段的轴力：用截面 2—2 将杆件截断，取左段为研究对象，如图 3-7（d）所示，由平衡方程

$$\sum X = 0, \quad -R + N_2 - F_1 = 0$$

$$N_2 = R + F_1 = 20 + 25 = 45\text{kN}(拉力)$$

求 CD 段的轴力：用截面 3—3 将杆件截断，取左段为研究对象，如图 3-7（e）所示，由平衡方程

$$\sum X = 0, \quad -R + N_3 + F_2 - F_1 = 0$$

$$N_3 = R + F_1 - F_2 = 20 + 25 - 60 = -15\text{kN}(压力)$$

求 DE 段的轴力：用截面 4—4 将杆件截断，取右段为研究对象，如图 3-7（f）所示，由平衡方程

$$\sum X = 0, \quad F_4 - N_4 = 0$$

$$N_4 = 25\text{kN}(拉力)$$

3）画轴力图。以平行于杆轴的 x 轴为横坐标，以垂直于杆轴的坐标轴为 N 轴，按一定比例将各段轴力标在坐标轴上，可作出轴力图，如图 3-7（g）所示。

（3）总结提高：1）不难看出，AB 段任一截面的轴力与 1—1 截面上的轴力相等，BC 段任一截面的轴力与 2—2 截面上的轴力相等，故对于两个集中力之间的杆件，任一截面处的内力均相等。2）在计算中，为了使计算结果的正负号与轴力规定的符号一致，在假设截面轴力指向时，一律假设为拉力。如果计算结果为正，表明内力的实际指向与假设指向相同，轴力为拉力；如果计算结果为负，表明内力的实际指向与假设指向相反，轴力为压力。3）BC 段截面上的拉力值最大，为轴拉杆件设计的控制段；同时 CD 段上的压力值最大，也为轴压杆件设计的控制段。

3.1.2　计算轴向拉压杆横截面上的应力与工程应用

3.1.2.1　应力的概念

用截面法可求出拉压杆横截面上分布内力的合力，它只表示截面上总的受力情况。单凭内力的合力的大小，还不能判断杆件是否会因强度不足而破坏。例如，两根材料相同、截面面积不同的杆，受同样大小的轴向拉力 F 作用，显然两根杆件横截面上的内力是相等的，随着外力的增加，截面面积小的杆件必然先断。这是因为轴力只是杆横截面上分布内力的合力，而要判断杆的强度问题，还必须知道内力在截面上分布的密集程度（简称内力集度）。

内力在一点处的集度称为应力。为了说明截面上某一点 E 处的应力，可绕 E 点取一微小面积 ΔA，作用在 ΔA 上的内力合力记为 ΔF，如图 3-8（a）所示，则比值 $p = \dfrac{\Delta F}{\Delta A}$，称为 ΔA 上的应力。

应力 p 也称为 E 点的总应力。通常，应力 p 与截面既不垂直也不相切，力学中总是将它分解为垂直于截面和相切于截面的两个分量，如图 3-8（b）所示。与截面垂直的应力分量称为正应力（或法向应力），用 σ 表示；与截面相切的应力分量称为剪应力（或切向应力），用 τ 表示，应力的单位是帕斯卡，简称为帕，符号为 Pa。

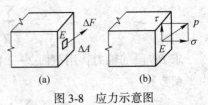

图 3-8　应力示意图

$$1\mathrm{Pa} = 1\mathrm{N/m^2}$$

工程实际中应力数值较大，常用千帕（kPa）、兆帕（MPa）及吉帕（GPa）作为单位。

$$1\mathrm{kPa} = 10^3\,\mathrm{Pa},\ 1\mathrm{MPa} = 10^6\,\mathrm{Pa},\ 1\mathrm{GPa} = 10^9\,\mathrm{Pa}$$

工程图纸上，长度尺寸常以 mm 为单位，则

$$1\mathrm{MPa} = 10^6\,\mathrm{N/m^2} = 1\mathrm{N/mm^2}$$

3.1.2.2　横截面上的应力计算

轴力是轴向拉压杆横截面上的唯一内力分量，但是，轴力不是直接衡量拉压杆强度的指标，因此必须研究拉压杆横截面上的应力，即轴力在横截面上分布的集度。轴向拉伸（压缩）时，杆件横截面上的应力为正应力。根据材料的均匀连续假设，可知正应力在其截面上是均匀分布的。若用 A 表示杆件的横截面面积，N 表示该截面的轴力，则等直杆轴向拉伸（压缩）时横截面的正应力计算公式为

$$\sigma = \frac{N}{A}$$

经试验证实，上式也适用于轴向压缩杆。正应力与轴力有相同的正负号，即拉应力为正，压应力为负。

图 3-9（a）为等截面轴心受压柱的简图，其横截面面积为 A，荷载竖直向下且大小为

N。通过截面法求得 1—1 截面的轴力为 N，负号说明轴力为压力，正应力 σ 为压应力，大小为 $\dfrac{N}{A}$，其分布如图 3-9（b）所示。

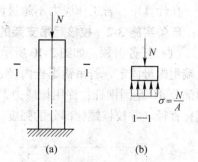

图 3-9　轴向压杆横截面上的应力分布
(a) 轴心受压柱；(b) 1—1 截面处应力分布面

3.1.2.3　轴向拉伸和压缩杆的强度条件

A　安全因数与许用应力

建筑材料课程的学习中，做各种材料的力学性能试验时，测得了两个重要的强度指标：屈服极限 σ_s 和强度极限 σ_b。对于塑性材料，当应力达到屈服极限时，构件已发生明显的塑性变形，影响其正常工作，称之为失效，因此把屈服极限作为塑性材料的极限应力。

对于脆性材料，直到断裂也无明显的塑性变形，断裂是失效的唯一标志，因而把强度极限作为脆性材料的极限应力。

根据失效的准则，将屈服极限与强度极限通称为极限应力，用 σ^0 表示。

为了保障构件在工作中有足够的强度，构件在荷载作用下的工作应力必须低于极限应力。为了确保安全，构件还应有一定的安全储备。在强度计算中，把极限应力 σ^0 除以一个大于 1 的因数，得到的应力值称为许用应力，用 $[\sigma]$ 表示，即

$$[\sigma] = \frac{\sigma^0}{n}$$

式中，大于 1 的因数 n 称为安全因数。

许用拉应力用 $[\sigma_t]$ 表示，许用压应力用 $[\sigma_c]$ 表示。在工程中安全因数 n 的取值范围由国家标准规定，一般不能任意改变。对于一般常用材料的安全因数及许用应力数值，在国家标准或有关手册中均可以查到。

B　轴向拉伸和压缩杆的强度条件

为了保障构件安全工作，构件内最大工作应力必须小于许用应力，表示为

$$\sigma_{\max} = \left(\frac{N}{A}\right)_{\max} \leqslant [\sigma]$$

上式称为拉压杆的强度条件。对于等截面拉压杆，表示为

$$\sigma_{\max} = \frac{N_{\max}}{A} \leqslant [\sigma]$$

在计算中，若工作应力不超过许用应力的 5%，在工程中仍然是允许的。

3.1.2.4　轴向拉伸和压缩杆的强度计算与工程应用

在实际工程中，利用强度条件可以解决以下 3 类强度问题：（1）强度校核。在已知拉压杆的形状、尺寸和许用应力及受力情况下，检验构件能否满足上述强度条件，以判别构件能否安全工作。(2) 设计截面。已知拉压杆所受的荷载及所用材料的许用应力，根据强度条件设计截面的形状和尺寸。(3) 计算许可荷载。已知拉压杆的截面尺寸及所用材料的许用应力，计算杆件所能承受的许可轴力，再根据此轴力计算许可荷载。

在计算中，若工作应力不超过许用应力的5%，在工程中仍然是允许的。

任务实施 3-2　校核起吊支架的安全性

（1）任务引领。如图 3-10 所示，为施工现场一起吊支架，起重吊钩（见图 3-11）的上端用螺母固定，若吊钩螺栓内径 $d=55$mm，$F=60$kN，材料许用应力 $[\sigma]=160$MPa；支架部分 AC 是圆钢杆，许用拉应力 $[\sigma]=160$MPa，BC 是方木杆，为保证施工安全，选定钢杆直径 d 并校核螺栓部分的强度。

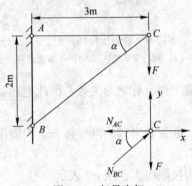

图 3-10　起吊支架

图 3-11　起重吊钩

（2）任务实施：

1）计算螺栓内径处的面积，判定螺栓部分安全性。

$$A = \frac{\pi d^2}{4} = \frac{55^2 \pi}{4} = 2375\text{mm}^2$$

$$\sigma = \frac{N}{A} = \frac{F}{A} = \frac{60 \times 10^3}{2375} = 25.3\text{MPa} < [\sigma] = 160\text{MPa}$$

吊钩螺栓部分安全。

2）为保证支架安全，选定钢杆直径 d。

①轴力分析。取结点 C 为研究对象，并假设钢杆的轴力 N_{AC} 为拉力，木杆轴力 N_{BC} 为压力，由静力平衡条件

$$\sum Y = 0, \quad N_{BC}\sin\alpha - F = 0$$

$$N_{BC} = \frac{F}{\sin\alpha} = \frac{60}{\dfrac{2}{\sqrt{2^2 + 3^2}}} = 108 \text{ kN}$$

$$\sum X = 0, \quad -N_{AC} + N_{BC}\cos\alpha = 0$$

$$N_{AC} = N_{BC}\cos\alpha = 108 \times \frac{3}{\sqrt{2^2 + 3^2}} = 90 \text{ kN}$$

②设计截面。

钢杆
$$A = \frac{\pi d^2}{4} \geqslant \frac{N_{AC}}{[\sigma_t]}$$

$$d \geqslant \sqrt{\frac{4N_{AC}}{\pi[\sigma_t]}} = \sqrt{\frac{4 \times 90 \times 10^3}{160\pi}} = 26.8\text{mm}$$

取 $d = 27\text{mm}$。

若支架 AB 换用直径 $d = 16\text{mm}$ 的圆截面钢杆，许用应力 $[\sigma]_1 = 160\text{MPa}$，$CD$ 杆为边长 $a = 12\text{cm}$ 的正方形截面杆，$[\sigma]_2 = 10\text{MPa}$，尺寸如图 3-12 所示，则计算在安全许可条件下的最大载重量。

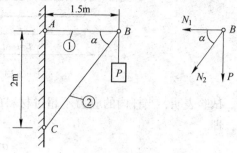

3）计算杆的轴力。取结点 B 为研究对象（见图 3-12），列平衡方程

$$\sum X = 0, \quad -N_1 - N_2\cos\alpha = 0$$

$$\sum Y = 0, \quad -P - N_2\sin\alpha = 0$$

图 3-12 支架尺寸

式中 α 由几何关系得：$\tan\alpha = \dfrac{2}{1.5} = 1.333$，则 $\alpha = 53.13°$。

解方程得

$$N_1 = 0.75P\,(\text{拉力})$$

$$N_2 = -1.25P\,(\text{压力})$$

4）计算许可荷载。先根据①杆的强度条件计算①杆能承受的许可荷载 $[P]$。

$$\sigma_1 = \frac{N_1}{A_1} = \frac{0.75P}{A_1} \leqslant [\sigma]_1$$

所以

$$[P] \leqslant \frac{A_1[\sigma]_1}{0.75} = \frac{\frac{1}{4} \times 3.14 \times 16^2 \times 160}{0.75} = 4.29 \times 10^4\,\text{N} = 42.9\text{kN}$$

再根据②杆的强度条件计算②杆能承受的许可荷载 $[P]$。

所以

$$[P] \leqslant \frac{A_2[\sigma]_2}{1.25} = 11.25 \times 10^4\,\text{N} = 112.5\text{kN}$$

比较两次所得的许可荷载，取其较小者，则整个支架的许可荷载为 $[P] \leqslant 42.9\text{kN}$。

3.1.3 轴向拉（压）杆的变形

等截面 A 杆在轴向外力作用下，其主要变形为轴向伸长或缩短，同时横向缩短或伸长。若规定伸长变形为正，缩短变形为负，在轴向外力作用下，等截面直杆轴向变形和横向变形恒为异号。

3.1.3.1 轴向变形与胡克定律

如图 3-13 所示的长为 l 的等截面直杆，在轴向力 F 作用下，伸长了 $\Delta l = l_1 - l$，杆件横截面上的正应力为

$$\sigma = \frac{N}{A} = \frac{F}{A}$$

轴向线应变为

$$\varepsilon = \frac{\Delta l}{l}$$

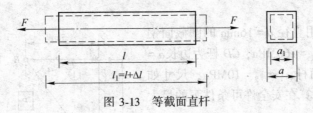

图 3-13　等截面直杆

试验表明，当杆内的应力不超过材料的某一极限值时，正应力和应变呈线性正比关系，即

$$\sigma = E\varepsilon$$

式中，E 称为材料的弹性模量，其常用单位为 GPa，各种材料的弹性模量在设计手册中可以查到。该式为胡克定律，是英国科学家胡克（Robert Hooke，1635~1703 年）于 1678 年首次用试验方法论证了这种线性关系后提出的。胡克定律的另一种表达式为

$$\Delta l = \frac{Nl}{EA}$$

式中，EA 称为杆的拉压刚度。该式只适用于杆长为 l 长度内，N、E、A 均为常值的情况，即在杆为 l 长度内变形是均匀的情况。

3.1.3.2　横向变形和泊松比

横截面为正方形的等截面直杆，在轴向外力 F 作用下，边长由 a 变为 a_1，$\Delta a = a_1 - a$，则横向线应变为

$$\varepsilon' = -\frac{\Delta a}{a}$$

试验结果表明，当应力不超过一定限度时，横向线应变与轴向线应变之比的绝对值是一个常数，即

$$\mu = \left| \frac{\varepsilon'}{\varepsilon} \right|$$

式中，μ 称为横向变形系数或泊松比，是法国科学家泊松（Simon Denis Poisson，1781~1840 年）于 1829 年从理论上推演得出的结果，后又经试验验证。考虑到杆件轴向线应变和横向线应变的正负号恒相反，上式可以表达为

$$\varepsilon' = -\mu\varepsilon$$

3.1.3.3　拉压杆的位移

等截面直杆在轴向外力作用下发生变形，会引起杆上某点处在空间位置的改变，即产生了位移。位移与变形密切相关，一根轴向拉压杆的位移可以直接用变形来度量。在建筑行业，由于构件的自重较大，在求其变形和位移时往往要考虑自重的影响。

任务实施 3-3　校核钢杆的变形

（1）任务引领。如图 3-14（a）所示阶梯形钢杆，所受荷载 $F_1 = 30\text{kN}$，$F_2 = 10\text{kN}$。AC 段的横截面面积 $A_{AC} = 500\text{mm}^2$，CD 段的横截面面积 $A_{CD} = 200\text{mm}^2$，弹性模量 $E = 200\text{GPa}$，按结构使用要求该杆的变形量不得超过 0.02mm。确定：1）各段杆横截面上的

内力和应力；2）杆件内最大正应力；3）杆件总变形是否符合结构使用要求。

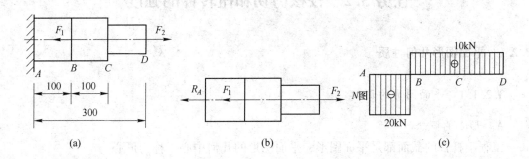

图 3-14　阶梯形钢杆（单位：mm）

（2）任务实施：

1）计算支座反力。以杆件为研究对象，受力图如图 3-14（b）所示。由平衡方程

$$\sum X = 0 , F_2 - F_1 - R_A = 0$$

$$R_A = F_2 - F_1 = 10 - 30 = -20\text{kN}$$

2）计算各段杆件横截面上的轴力。

AB 段　　　　　　　　　　$N_{AB} = R_A = -20$ kN（压力）

BD 段　　　　　　　　　　$N_{BD} = F_2 = 10$ kN（拉力）

3）画出轴力图，如图 3-14（c）所示。

4）计算各段应力。

AB 段　　　　$\sigma_{AB} = \dfrac{N_{AB}}{A_{AC}} = \dfrac{-20 \times 10^3}{500} = -40$ MPa（压应力）

BC 段　　　　$\sigma_{BC} = \dfrac{N_{BD}}{A_{AC}} = \dfrac{10 \times 10^3}{500} = 20\text{MPa}$（拉应力）

CD 段　　　　$\sigma_{CD} = \dfrac{N_{BD}}{A_{CD}} = \dfrac{10 \times 10^3}{200} = 50$ MPa（拉应力）

5）计算杆件内最大应力。最大正应力发生在 CD 段，其值为

$$\sigma_{max} = \frac{10 \times 10^3}{200} = 50\text{MPa}$$

6）计算杆件的总变形。由于杆件各段的面积和轴力不一样，则应分段计算变形，再求代数和。

$$\Delta l = \Delta l_{AB} + \Delta l_{BC} + \Delta l_{CD} = \frac{N_{AB}l_{AB}}{EA_{AC}} + \frac{N_{BD}l_{BC}}{EA_{AC}} + \frac{N_{BD}l_{CD}}{EA_{CD}}$$

$$= \frac{1}{200 \times 10^3} \times \left(\frac{-20 \times 10^3 \times 100}{500} + \frac{10 \times 10^3 \times 100}{500} + \frac{10 \times 10^3 \times 100}{200} \right)$$

$$= 0.015\text{mm}$$

整个杆件伸长 0.015mm。

任务 3.2　校核剪切和扭转杆的强度

3.2.1　平面图形几何性质

3.2.1.1　平面图形的形心

A　形心的概念

工程中杆件的截面都是平面图形，平面图形的几何中心，称为形心。

B　杆件横截面的类型及形心的位置

（1）具有两个以上对称轴的平面图形，如图 3-15 所示。对称轴的交点，即对称中心，就是该平面图形的形心 c。（2）具有两个对称轴的平面图形，如图 3-16 所示。对称轴的交点，即是该平面图形的形心 c。（3）只有一个对称轴的平面图形，如图 3-17 所示。平面图形的形心 c 在对称轴上。

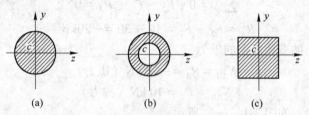

(a)　　　　　　(b)　　　　　　(c)

图 3-15　具有两个以上对称轴的平面图形

(a) 圆形；(b) 圆环形；(c) 正方形

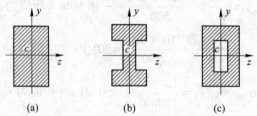

(a)　　　　　　(b)　　　　　　(c)

图 3-16　具有两个对称轴的平面图形

(a) 矩形；(b) 工字形；(c) 箱形

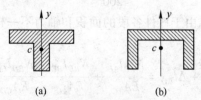

(a)　　　　　　(b)

图 3-17　具有一个对称轴的平面图形

(a) T 形；(b) 槽形

从这些图形可以看出，圆形和矩形是杆件横截面的最简单图形，其他形状的平面图形均可看成是最简单图形的组合。因此，在介绍平面图形的几何性质时，主要介绍圆形和矩形的几何性质。

3.2.1.2　平面图形形心坐标和静矩的计算

A　静矩的定义

如图 3-18 所示，任意平面图形上所有微面积 dA，与其坐标 y（或 z）乘积的总和，称为该平面图形对 z 轴（或 y 轴）的静矩（又称为面积矩），用 S_z（或 S_y）表示，即

图 3-18　静矩示意图

$$S_z = \int_A y dA , \quad S_y = \int_A z dA$$

由上式可知，静矩为代数量，它可为正，可为负，也可为零。静矩常用单位为 m^3 或 mm^3。

B　简单图形静矩的计算

简单图形的面积 A 与其形心坐标 y_c（或 z_c）的乘积，称为简单图形对 z 轴（或 y 轴）的静矩，即

$$S_z = A y_c , \quad S_y = A z_c$$

从上式可知，当坐标轴通过截面图形的形心时，其静矩为零；反之，截面图形对某轴的静矩为零，则该轴一定通过截面图形的形心。

C　组合图形形心坐标和静矩的计算

组合图形是由若干个简单图形组合而成的图形，根据静矩的定义可知：组合图形对某坐标轴的静矩等于组成组合图形的各简单图形对同一个坐标轴静矩的代数和。

假设组合图形是由 n 个简单图形组成的，且面积分别为 A_1、A_2、…、A_i、…、A_n，形心坐标分别为 (y_{c1}, z_{c1})、(y_{c2}, z_{c2})、…、(y_{ci}, z_{ci})、…、(y_{cn}, z_{cn})，则

$$S_z = A_1 y_{c1} + A_2 y_{c2} + \cdots + A_n y_{cn} = \sum A_i y_{ci}$$

$$S_y = A_1 z_{c1} + A_2 z_{c2} + \cdots + A_n z_{cn} = \sum A_i z_{ci}$$

假设组合图形的面积为 A，形心坐标为 (y_c, z_c)，则根据简单图形静矩的结论可得

$$S_z = A y_c , \quad S_y = A z_c$$

所以，组合图形的静矩

$$S_z = A y_c = \sum A_i y_{ci} , \quad S_y = A z_c = \sum A_i z_{ci}$$

组合图形的形心坐标

$$y_c = \frac{\sum A_i y_{ci}}{A} , \quad z_c = \frac{\sum A_i z_{ci}}{A}$$

3.2.2　惯性矩、极惯性矩、惯性积的计算

3.2.2.1　惯性矩、极惯性矩、惯性积的定义

A　惯性矩的定义

如图 3-19 所示，任意平面图形上所有微面积 dA 与其坐标 y（或 z）平方乘积的总和，称为该平面图形对 z 轴（或 y 轴）的惯性矩，用 I_z（或 I_y）表示，即

$$I_z = \int_A y^2 \mathrm{d}A$$
$$I_y = \int_A z^2 \mathrm{d}A$$

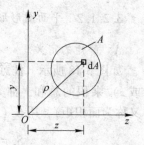

图 3-19　惯性矩示意图

上式表明,惯性矩恒为正值,常用单位为 m⁴ 或 mm⁴。

B　极惯性矩的定义

如图 3-19 所示,任意平面图形上所有微面积 $\mathrm{d}A$ 与其到坐标原点的距离 ρ 平方乘积的总和,称为该平面图形对坐标原点的极惯性矩,用 I_ρ 表示,即

$$I_\rho = \int_A \rho^2 \mathrm{d}A$$

上式表明,极惯性矩恒为正值,常用单位为 m⁴ 或 mm⁴。

C　惯性积的定义

如图 3-19 所示,任意平面图形上所有微面积 $\mathrm{d}A$ 与其坐标 z、y 乘积的总和,称为该平面图形对 z、y 两轴的惯性积,用 I_{zy} 表示,即

$$I_{zy} = \int_A zy\,\mathrm{d}A$$

上式表明,惯性积为代数量,可为正,可为负,也可为零。在两坐标轴中,只要 z、y 两轴之一为平面图形的对称轴,该平面图形对 z、y 两轴的惯性积一定等于零。惯性积常用单位为 m⁴ 或 mm⁴。

D　惯性半径的定义

在工程中为了计算方便,将平面图形的惯性矩表示为图形面积与某一长度平方的乘积,即

$$I_z = i_z^2 A, \quad I_y = i_y^2 A$$

式中,i_z、i_y 称为平面图形对 z、y 轴的惯性半径。惯性半径常用单位为 m 或 mm。

3.2.2.2　简单图形对形心轴的惯性矩、极惯性矩、惯性积的计算

过形心的坐标轴,称为形心轴,如图 3-20 所示。根据惯性矩、极惯性矩、惯性积的定义,通过积分计算可得。

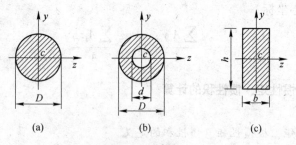

图 3-20　形心轴

(a) 圆形;(b) 环形;(c) 矩形

(1) 圆形 [见图 3-20 (a)]:

圆形对形心轴的惯性矩 　　　　　$I_z = I_y = \dfrac{\pi D^4}{64}$

圆形对形心的极惯性矩 　　　　　$I_\rho = \dfrac{\pi D^4}{32}$

圆形对形心轴的惯性积 　　　　　$I_{zy} = 0$

圆形对形心轴的惯性半径 　　　　　$i_z = i_y = \dfrac{D}{4}$

（2）环形［见图 3-20（b）］：

环形对形心轴的惯性矩 　　　　　$I_z = I_y = \dfrac{\pi(D^4 - d^4)}{64}$

环形对形心的极惯性矩 　　　　　$I_\rho = \dfrac{\pi(D^4 - d^4)}{32}$

环形对形心轴的惯性积 　　　　　$I_{zy} = 0$

环形对形心轴的惯性半径 　　　　　$i_z = i_y = \dfrac{\sqrt{D^2 + d^2}}{4}$

（3）矩形［见图 3-20（c）］：

矩形对形心轴的惯性矩 　　　　　$I_z = \dfrac{bh^3}{12}$，$I_y = \dfrac{hb^3}{12}$

矩形对形心的极惯性矩 　　　　　$I_\rho = \dfrac{bh^3 + hb^3}{12}$

矩形对形心轴的惯性积 　　　　　$I_{zy} = 0$

矩形对形心轴的惯性半径 　　　　　$i_z = \dfrac{h}{\sqrt{12}}$，$i_y = \dfrac{b}{\sqrt{12}}$

3.2.3　剪切强度计算

3.2.3.1　剪切的概念

剪切变形是杆件的基本变形之一。它是指杆件受到一对垂直于杆轴方向的大小相等、方向相反、作用线相距很近的外力作用所引起的变形，如图 3-21（a）所示。此时，截面 cd 相对于 ab 将发生相对错动，即剪切变形。若变形过大，杆件将在两个外力作用面之间的某一截面 m—m 处被剪断，被剪断的截面称为剪切面，如图 3-21（b）所示。

工程中遇到的剪切变形常常发生在一些连接零件中，例如铆钉连接中的铆钉［见图 3-22（a）］及销轴连接中的销钉［见图 3-22（b）］等都是以剪切变形为主的构件。

3.2.3.2　剪切强度的实用计算

剪切面上的内力可用截面法求得。假想将铆钉沿剪切面截开分为上、下两部分，任取其中一部分为研究对象［见图 3-23（c）］，由平衡条件可知，剪切面上的内力 V 必然与外力方向相反，大小由 $\sum x = 0$，$F - V = 0$，得 $V = F$。

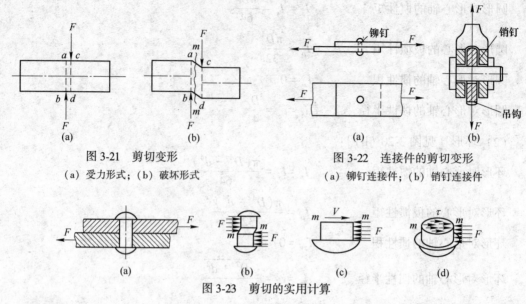

图 3-21　剪切变形　　　　　　　　　　图 3-22　连接件的剪切变形

（a）受力形式；（b）破坏形式　　　　　　（a）铆钉连接件；（b）销钉连接件

图 3-23　剪切的实用计算

这种平行于截面的内力 V 称为剪力。与剪力 V 相应，在剪切面上有剪应力 τ 存在，如图 3-23（d）所示。剪应力在剪切面上的分布情况十分复杂，工程上通常采用一种以试验及经验为基础的实用计算方法来计算，假定剪切面上的剪应力 τ 是均匀分布的。因此，平均剪应力为

$$\tau = \frac{V}{A}$$

式中，A 为剪切面的面积；V 为剪切面上的剪力。

为保证构件不发生剪切破坏，就要求剪切面上的平均剪应力不超过材料的许用剪应力，即剪切时的强度条件为

$$\tau = \frac{V}{A} \leqslant [\tau]$$

式中，$[\tau]$ 为许用剪应力。许用剪应力由剪切试验测定。

各种材料的许用剪应力可在有关手册中查得。

3.2.4　圆截面杆扭转时的强度计算

3.2.4.1　圆截面杆扭转时的内力

A　扭转的概念

扭转变形是杆件的基本变形之一。在垂直于杆件轴线的两个平面内，作用一对大小相等、方向相反的力偶时，杆件就会产生扭转变形。扭转变形的特点是各横截面绕杆的轴线发生相对转动。将杆件任意两横截面之间相对转过的角度 φ 称为扭转角，如图 3-24 所示。

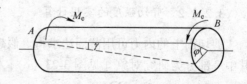

图 3-24　扭转角

在工程中以扭转变形为主的杆件称为轴，有很多以扭转变形为主的杆件。如图 3-25 所示的建筑安装用手电钻钻孔，钻头都是受扭的杆件。图 3-26 所示的挖掘机的传动轴。

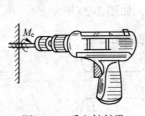

图 3-25　手电钻钻孔

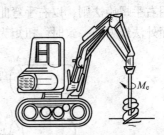

图 3-26　挖掘机的传动轴

又如雨篷由雨篷梁和雨篷板组成［见图 3-27（a）］，雨篷梁每米长度上承受由雨篷板传来的均布力矩，根据平衡条件，雨篷梁嵌固的两端必然产生与之大小相等、方向相反的反力矩［见图 3-27（b）］，雨篷梁处于受扭状态。

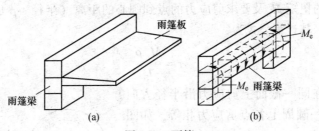

图 3-27　雨篷

B　圆截面杆扭转时横截面上的内力——扭矩

如图 3-28（a）所示的圆截面杆，在垂直于轴线的两个平面内，受一对外力偶矩 M_e 作用，现求任一截面 $m—m$ 上的内力。

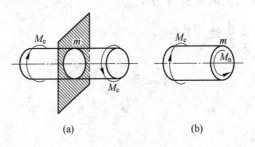

图 3-28　圆截面杆

求内力的基本方法仍是截面法，用一个假想横截面在杆件的任意位置 $m—m$ 处将杆件截开，取左段为研究对象，如图 3-28（b）所示，由于左端作用一个外力偶 M_e，为了保持左段轴的平衡，在左截面 $m—m$ 的平面内，必然存在一个与外力偶相平衡的内力偶，其内力偶矩 M_n 称为扭矩，大小由 $\sum M_x = 0$ 得

$$M_n = M_e$$

若取截面 $m—m$ 右段为研究对象，也可得到同样的结果，但扭矩的转向相反。扭矩的

单位与力矩相同，常用 N·m 或 kN·m。

　　为了使由截面的左、右两段求得的扭矩具有相同的正负号，对扭矩的正、负作如下规定：采用右手螺旋法则，以右手弯曲的四指表示扭矩的转向，当与四指相垂直的拇指的指向与截面外法线方向一致时，扭矩为正号，反之为负号，如图 3-29 所示。

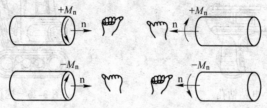

图 3-29　右手螺旋法则

3.2.4.2　圆截面杆扭转时的应力

　　经过理论研究得知，圆截面杆扭转时横截面上任意点只存在着剪应力，其剪应力 τ 的大小与横截面上的扭矩 M_n 及要求剪应力的点到圆心的距离（半径）ρ 成正比，剪应力的方向垂直于半径，其计算公式为

$$\tau = \frac{M_n \rho}{I_\rho}$$

　　可以看出，在同一截面上剪应力沿半径方向呈直线变化，同一圆周上各点剪应力相等，如图 3-30 所示。

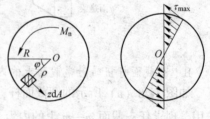

3.2.4.3　圆截面杆扭转时的强度计算

A　最大剪应力

　　由应力公式可以看出，最大剪应力 τ_{max} 发生在最外圆周处，即 $\rho_{max} = \dfrac{D}{2}$ 处。于是

图 3-30　实心圆截面上剪应力分布

$$\tau_{max} = \frac{M_n \rho_{max}}{I_\rho}$$

$$W_p = \frac{I_\rho}{\rho_{max}} = \frac{I_\rho}{\dfrac{D}{2}}$$

$$\tau_{max} = \frac{M_n}{W_p}$$

式中，W_p 称为抗扭截面系数，其常用单位为 m^3 或 mm^3。

　　实心圆截面的抗扭截面系数为

$$W_p = \frac{I_\rho}{\rho_{max}} = \frac{\dfrac{\pi D^4}{32}}{\dfrac{D}{2}} = \frac{\pi D^3}{16}$$

空心圆截面的抗扭截面系数为

$$W_p = \frac{\pi D^3}{16}(1 - \alpha^4)$$

式中，$\alpha = d/D$。

B　圆截面杆扭转时的强度条件

为了保证圆截面杆的正常工作，杆内最大剪应力 τ_{max} 不应超过材料的许用剪应力 $[\tau]$，所以圆截面杆扭转时的强度条件为

$$\tau_{max} = \frac{M_n}{W_p} \leqslant [\tau]$$

式中，$[\tau]$ 为材料的许用剪应力。

C　圆截面杆扭转时的强度计算

根据强度条件，可以对圆截面杆进行三方面计算，即强度校核、设计截面和确定许用荷载。

任务实施 3-4　校核轴的强度

（1）任务引领。如图 3-31 所示，钢制圆轴，受一对外力偶的作用，其力偶矩 $M_e = 2.5\text{kN} \cdot \text{m}$，已知轴的直径 $D = 60\text{mm}$，许用剪应力 $[\tau] = 60\text{MPa}$。试对该轴进行强度校核。

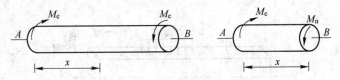

图 3-31　钢制圆轴

（2）任务实施：

1）计算扭矩 M_n。

$$M_n = M_e = 2.5\text{kN} \cdot \text{m}$$

2）校核强度。圆轴受扭时最大剪应力发生在横截面的边缘上，得

$$\tau_{max} = \frac{M_n}{W_p} = \frac{M_n}{\dfrac{\pi D^3}{16}} = \frac{2.5 \times 10^6 \times 16}{3.14 \times 60^3} = 59\text{MPa} < [\tau] = 60\text{MPa}$$

故轴满足强度要求。

任务 3.3　计算弯曲构件的强度

3.3.1　单跨静定梁弯曲时的内力计算

3.3.1.1　平面弯曲的概念

当杆件受到垂直于杆轴的外力作用或在纵向平面内受到力偶作用时（见图 3-32），杆轴由直线弯成曲线，这种变形称为弯曲。以弯曲变形为主的构件称为梁。

弯曲变形是工程中最常见的一种基本变形。例如房屋建筑中的楼面梁，受到楼面荷载和梁自重的作用，将发生弯曲变形（见图 3-33），阳台挑梁（见图 3-34）等都是以弯曲变形为主的构件。

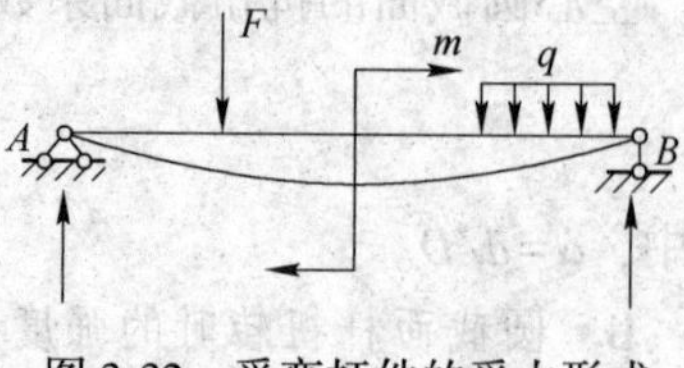

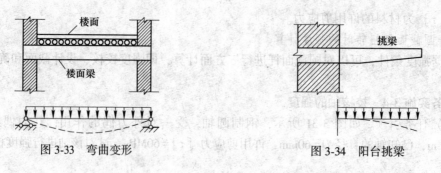

图 3-32 受弯杆件的受力形式

工程中常见的梁，其横截面往往有一根对称轴，这根对称轴与梁轴所组成的平面，称为纵向对称平面。一般情况下，梁在竖向荷载作用下产生弯曲变形。本书只涉及平面弯曲的梁。平面弯曲指梁上所有外力都作用在纵向对称面内，梁变形后轴线形成的曲线也在该平面内弯曲，如图 3-35 所示。

图 3-33 弯曲变形   图 3-34 阳台挑梁

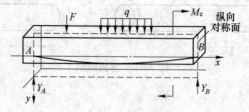

图 3-35 平面弯曲的梁

3.3.1.2 梁的内力计算

任务实施 3-5 计算梁跨中截面内力

（1）任务引领。梁的一端为固定铰支座，另一端为链杆支座，即称为简支梁。图 3-36（a）所示为实例一混合结构楼层平面图中简支梁 L2 的计算简图，计算跨度 5100mm。已知梁上均布永久荷载标准值 $g_k = 13.332 \text{kN/m}$，计算梁跨中截面的内力。

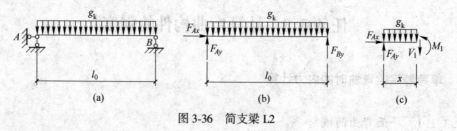

图 3-36 简支梁 L2

（2）任务实施：

1）求支座反力。取整个梁为研究对象，画出梁的受力图，如图 3-36（b）所示，建立平衡方程求解支座反力：

$$\sum F_x = 0 , F_{Ax} = 0$$

$$\sum F_y = 0 , F_{Ay} - g_k \cdot l_0 + F_{By} = 0$$

$$\sum M_A(F) = 0 , F_{By} \cdot l - \frac{g_k l_0^2}{2} = 0$$

解得　　　$F_{Ax} = 0 , F_{Ay} = F_{By} = \frac{1}{2} g_k l_0 = \frac{1}{2} \times 13.332 \times 5.1 = 33.997 \text{kN}(\uparrow)$

2）求跨中截面内力。在跨中截面将梁假想截开，取左段梁为脱离体，画出脱离体的受力图。假定该截面的剪力 V_1 和弯矩 M_1 的方向均为正方向，如图 3-36（c）所示，$x = \frac{l_0}{2}$。建立平衡方程，求解剪力 V_x 和弯矩 M_x：

$$\sum F_x = 0 , F_{Ax} = 0$$

$$\sum F_y = 0 , F_{Ay} - V_1 - \frac{g_k l_0}{2} = 0$$

$$\sum M_A(F) = 0 , M_1 - V_1 \cdot \frac{l_0}{2} - g_k \cdot \frac{l_0}{2} \cdot \frac{l_0}{4} = 0$$

解得　　　$V_1 = 0 , M_1 = \frac{1}{8} g_k l_0^2 = \frac{1}{8} \times 13.332 \times 5.1 = 43.346 \text{kN} \cdot \text{m}$

任务实施 3-6　计算梁支座截面内力

（1）任务引领。梁的一端固定，另一端自由，即称为悬臂梁。图 3-37（a）所示为实例（1）中悬挑梁 XTL1 的计算简图，$l_0 = 2.1 \text{m}$，永久荷载标准值 $g_k = 12.639 \text{kN/m}$，$F_k = 16.665 \text{kN}$。计算梁支座 1—1 截面的内力。

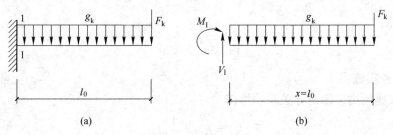

图 3-37　悬臂梁 XTL1

（2）任务实施。通过截面法求解 1—1 截面内力时，沿 1—1 截面将梁假想截开，不难发现：取左端梁为脱离体时，脱离体包含支座，需要求解支座反力；取右段梁为脱离体时，脱离体没有支座，无需求解支座反力。所以，为了方便起见，取右段梁为脱离体，画出脱离体的受力图，假定该截面的剪力 V_1 和弯矩 M_1 的方向均为正方向，如图 3-37（b）所示，$x = l_0$。建立平衡方程，求解剪力 V_1 和弯矩 M_1。解得

$$\sum F_y = 0 , V_1 - g_k l_0 - F_k = 0$$

$$\sum M_1(F) = 0 , -M_1 - \frac{1}{2} g_k l_0^2 - F_k l_0 = 0$$

$$V_1 = g_k l_0 + F_k = 12.639 \times 2.1 + 16.665 = 43.207 \text{kN}$$

解得 $M_1 = -\dfrac{1}{2} g_k l_0^2 - F_k l_0 = -\dfrac{1}{2} \times 12.639 \times 2.1^2 - 16.665 \times 2.1 = -60.865 \text{kN} \cdot \text{m}$

（3）总结提高。在求解悬臂梁、外伸梁外伸部分截面内力时无需求解支座反力。

3.3.1.3 梁的内力图

梁的内力图包括剪力图和弯矩图，其绘制方法与轴力图相似，即用平行于梁轴线的横坐标 x 轴为基线表示该梁的横坐标位置，用纵坐标的端点表示相应截面的剪力或弯矩，再把各纵坐标的端点连接起来。在绘剪力图时习惯上将正剪力画在 x 轴的上方，负剪力画在 x 轴的下方，并标明正负号。而绘弯矩图时则规定画在梁受拉一侧，即正弯矩画在 x 轴的下方，负弯矩画在 x 轴的上方，可以不标明正负号。

任务实施 3-7　内力方程法绘制梁的内力图

（1）任务引领。从前面的任务可以看出，梁内各截面上的剪力和弯矩一般随截面的位置而变化。若横截面的位置用沿梁轴线的坐标 x 来表示，则各横截面上的剪力和弯矩都可以表示为坐标 x 的函数，即

$$V = V(x), \quad M = M(x)$$

以上两个函数式表示梁内剪力和弯矩沿梁轴线的变化规律，分别称为剪力方程和弯矩方程。简支梁受均布荷载作用如图 3-38（a）所示，运用内力方程画出梁的剪力图和弯矩图。

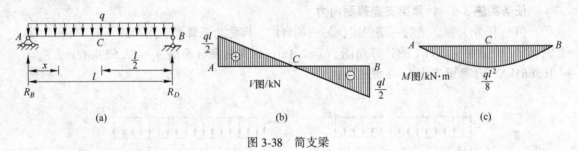

图 3-38　简支梁

（2）任务实施：

1）求支座反力。因对称关系，可得

$$R_A = R_B = \frac{1}{2} ql$$

2）列剪力方程和弯矩方程。以沿梁轴线的横坐标 x 表示梁横截面的位置，以纵坐标表示相应横截面上的剪力或弯矩。以梁 AB 的轴线为 x 轴，以 A 点作为坐标原点。在梁 AB 上任取一坐标为 x 的截面，根据"顺转投影取正"和"下凸外力矩取正"，得剪力方程和弯矩方程为

$$V = \sum Y_{左} = R_A - qx = \frac{1}{2}ql - qx \quad (0 < x < l)$$

$$M = \sum M_{C左} = R_A \cdot x - qx \cdot \frac{x}{2} = \frac{1}{2}qlx - \frac{1}{2}qx^2 \quad (0 \le x \le l)$$

3）绘制剪力图。在土建工程中，习惯上把正剪力画在 x 轴上方，负剪力画在 x 轴下方，如图 3-39（a）所示；而把弯矩图画在梁受拉的一侧，即正弯矩画在 x 轴下方，负弯矩画在 x 轴上方，如图 3-39（b）所示。

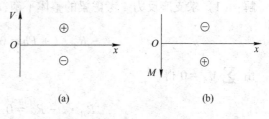

图 3-39　剪力图

以梁 AB 的轴线为 x 轴，以 A 点作为坐标原点，以在梁 AB 的纵向对称平面内过 A 点且垂直于 x 轴向上的坐标轴作为 V 轴，即建立 $V\text{-}O\text{-}x$ 坐标系。

由剪力方程可知，V 是 x 的一次函数，即剪力方程是一条直线方程，剪力图是一条斜直线。

当 $x=0$ 时，
$$V_A = \frac{ql}{2}$$

当 $x=l$ 时，
$$V_B = -\frac{ql}{2}$$

根据这两个截面的剪力值，在 $V\text{-}O\text{-}x$ 坐标系平面内绘制出剪力图，如图 3-38（b）所示。

4）绘制弯矩图。以梁 AB 的轴线为 x 轴，以 A 点作为坐标原点，以在梁 AB 的纵向对称平面内过 A 点且垂直于 x 轴向 F 的坐标轴作为 M 轴，即建立 $M\text{-}O\text{-}x$ 坐标系。

由弯矩方程可知，M 是 x 的二次函数，说明弯矩图是一条二次抛物线，应至少计算三个截面的弯矩值，才可描绘出曲线的大致形状。

当 $x=0$ 时，
$$M_A = 0$$

当 $x=l/2$ 时，
$$M_C = \frac{ql^2}{8}$$

当 $x=l$ 时，
$$M_B = 0$$

根据这三个截面的弯矩值，在 $M\text{-}O\text{-}x$ 坐标系平面内绘制出弯矩图，如图 3-38（c）所示。

（3）总结提高。从剪力图和弯矩图可得出结论：在方向向下的均布荷载作用的梁段，剪力图为一条斜向右下方的直线，而弯矩图是一条向下凸的二次抛物线，且在剪力等于零的截面上弯矩有极值。

任务训练

简支梁受集中力作用如图 3-40（a）所示，试画出梁的剪力图和弯矩图。

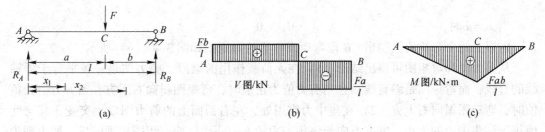

图 3-40　简支梁受力作用

解：（1）求支座反力。考虑梁的整体平衡，由 $\sum M_B = 0$ 得

$$- R_A \cdot l + Fb = 0 , R_A = \frac{Fb}{l}$$

由 $\sum M_A = 0$ 得

$$R_B \cdot l - Fa = 0 , R_B = \frac{Fa}{l}$$

（2）列剪力方程和弯矩方程。梁在 C 处有集中力作用，故 AC 段和 CB 段的剪力方程和弯矩方程不相同，要分段列出。

AC 段：在距 A 端为 x_1 的任意截面处将梁假想截开，并考虑左段梁平衡，根据"顺转投影取正"和"下凸外力矩取正"，得剪力方程和弯矩方程为

$$V_{AC} = R_A = \frac{Fb}{l} \quad (0 < x_1 < a)$$

$$M_{AC} = R_A x_1 = \frac{Fb}{l} x_1 \quad (0 \leqslant x_1 \leqslant a)$$

CB 段：在距 A 端为 x_2 的任意截面处将梁假想截开，并考虑左段梁平衡，根据"顺转投影取正"和"下凸外力矩取正"，得剪力方程和弯矩方程为

$$V_{CB} = R_A - F = \frac{Fb}{l} - F = -\frac{Fa}{l} \quad (a < x_2 < l)$$

$$M_{CB} = R_A x_2 - F(x_2 - a) = \frac{Fa}{l}(l - x_2) \quad (a \leqslant x_2 \leqslant l)$$

（3）绘制剪力图和弯矩图。根据剪力方程和弯矩方程绘制剪力图和弯矩图。

剪力图：AC 段剪力方程 V_{AC} 为常数，其剪力值为 Fb/l，剪力图是一条平行于 x 轴的直线，且在 x 轴上方。CB 段剪力方程 V_{CB} 也为常数，其剪力值为 $-Fa/l$，剪力图也是一条平行于 x 轴的直线，但在 x 轴下方。画出全梁的剪力图，如图 3-40（b）所示。

弯矩图：AC 段弯矩方程 M_{AC} 是 x_1 的一次函数，弯矩图是一条斜直线，只要计算两个截面的弯矩值，就可以画出弯矩图。

当 $x_1 = 0$ 时， $\qquad\qquad\qquad\qquad M_A = 0$

当 $x_1 = a$ 时， $\qquad\qquad\qquad\qquad M_C = \frac{Fab}{l}$

根据计算结果，可绘制出 AC 段的弯矩图。

CB 段弯矩方程 M_{CB} 是 x_2 的一次函数，弯矩图也是一条斜直线。

当 $x_2 = a$ 时， $\qquad\qquad\qquad\qquad M_C = \frac{Fab}{l}$

当 $x_2 = a$ 时， $\qquad\qquad\qquad\qquad M_B = 0$

由以上两个弯矩值绘制出 CB 段弯矩。整梁的弯矩图如图 3-40（c）所示。

从剪力图和弯矩图可得出结论：1）在无荷载作用的梁段，剪力图是一条平行于梁轴线的直线；而弯矩图是斜直线，且当剪力值为正值时，弯矩图斜向右下方，当剪力值为负值时，弯矩图斜向右上方。2）在集中力作用处，左右截面上的剪力图发生突变，其突变值等于该集中力的大小，突变方向与该集中力的方向一致；而弯矩图出现转折，即出现尖

点，尖点方向与该集中力方向一致。

任务训练

如图 3-41（a）所示简支梁受集中力偶作用，试画出梁的剪力图和弯矩图。

图 3-41 简支梁受力偶作用

解：（1）求支座反力。由整梁平衡求得

$$R_A = \frac{m}{l}$$

$$R_B = -\frac{m}{l}$$

（2）列剪力方程和弯矩方程。梁在 C 截面有集中力偶 m 作用，应分两段列出剪力方程和弯矩方程。

AC 段：在距 A 端为 x_1 的截面处假想将梁截开，考虑左段梁平衡，则剪力方程和弯矩方程为

$$V_{AC} = R_A = \frac{m}{l} \quad (0 < x_1 \leqslant a)$$

$$M_{AC} = R_A x_1 = \frac{m}{l} x_1 \quad (0 \leqslant x_1 \leqslant a)$$

CB 段：在距 A 端为 x_2 的截面处假想将梁截开，考虑左段梁平衡，则剪力方程和弯矩方程为

$$V_{AC} = R_A = \frac{m}{l} \quad (a \leqslant x_2 \leqslant l)$$

$$M_{CB} = R_A x_2 - m = -\frac{m}{l}(l - x_2) \quad (a < x_2 \leqslant l)$$

（3）画剪力图和弯矩图。剪力图：由 AC 段和 CB 段的剪力方程可知，梁在 AC 段和 CB 段的剪力都是正的常数，故剪力图是一条在 z 轴上方且平行于 x 轴的直线。画出剪力图如图 3-41（b）所示。弯矩图：由 AC 段和 CB 段的弯矩方程可知，梁在 AC 段和 CB 段内弯矩都是 x 的一次函数，故弯矩图是两段斜直线。

AC 段：

当 $x_1 = 0$ 时， $\qquad M_A = 0$

当 $x_1 = a$ 时， $\qquad M_{C左} = \frac{ma}{l}$

CB 段：

当 $x_2 = a$ 时，　　　　　　　　　　　　$M_{C左} = -\dfrac{mb}{l}$

当 $x_2 = l$ 时，　　　　　　　　　　　　　$M_B = 0$

绘制出弯矩图，如图 3-41（c）所示。

由内力图可得出结论：1）在无荷载作用的梁段，剪力图是一条平行于梁轴线的直线；而弯矩图是斜直线，且当剪力值为正值时，弯矩图斜向右下方。2）在集中力偶作用处，左、右截面上的剪力图不变，而弯矩图出现突变，其突变值等于集中力偶的力偶矩。

总结提高

从以上几个例子，可以总结出剪力图和弯矩图的规律如下：（1）在方向向下的均布荷载作用的梁段，剪力图为一条斜向右下方的直线，而弯矩图是一条向下凸的二次抛物线。（2）在剪力等于零的截面上弯矩有极值。（3）在无荷载作用的梁段，剪力图是一条平行于梁轴线的直线，而弯矩图是斜直线，且当剪力值为正值时，弯矩图斜向右下方；当剪力值为负值时，弯矩图斜向右上方。（4）在集中力作用处，左、右截面上的剪力图发生突变，其突变值等于该集中力的大小，突变方向与该集中力的方向一致；而弯矩图出现转折，即出现尖点，尖点方向与该集中力方向一致。（5）在集中力偶作用处，左、右截面上的剪力图不变，而弯矩图出现突变，其突变值等于集中力偶的力偶矩。

任务实施 3-8　微分关系法绘制梁的内力图

（1）任务引领。研究可知，平面弯曲梁某段上剪力、弯矩与荷载集度之间具有下列微分系

$$\frac{\mathrm{d}V(x)}{\mathrm{d}x} = q(x)$$

由上式可知，梁上任一横截面上的剪力对 x 的一阶导数等于作用在该截面处的分布荷载集度。这一微分关系的几何意义是，剪力图上某点切线的斜率等于相应截面处的分布荷载集度。

$$\frac{\mathrm{d}M(x)}{\mathrm{d}x} = V(x)$$

由上式可知，梁上任一横截面上的弯矩对 x 的一阶导数等于该截面上的剪力。这一微分关系的几何意义是，弯矩图上某点切线的斜率等于相应截面上剪力。将上式两边求导，可得

$$\frac{\mathrm{d}^2 M(x)}{\mathrm{d}x^2} = q(x)$$

由上式可知，梁上任一横截面上的弯矩对 x 的二阶导数等于该截面处的分布荷载集度。这一微分关系的几何意义是，弯矩图上某点的曲率等于相应截面处的荷载集度，即由分布荷载集度的正负可以确定弯矩图的凹凸方向。

由 $\dfrac{\mathrm{d}M(x)}{\mathrm{d}x} = V(x) = 0$ 可知，在 $V(x) = 0$ 的截面处，$M(x)$ 具有极值。即在剪力等于零的截面上，弯矩具有极值；反之，在弯矩具有极值的截面上，剪力一定等于零。

利用上述剪力、弯矩与荷载之间的微分关系及规律，可更简捷地绘制梁的剪力图和弯

矩图，其步骤如下：1）第一步。分段，即根据梁上外力及支撑等情况将梁分成若干段。2）第二步。根据各段梁上的荷载情况，判断其剪力图和弯矩图的大致形状。3）第三步。利用计算内力的简便方法，直接求出若干控制截面上的 V 值和 M 值。4）第四步。逐段直接绘出梁的 V 图和 M 图。

现有一外伸梁，梁上荷载如图 3-42 所示，已知 $l=4\text{m}$，利用上述微分关系法绘出外伸梁的剪力图和弯矩图。

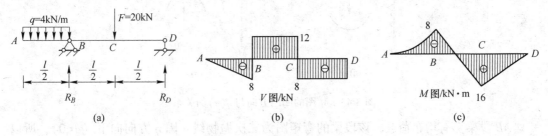

图 3-42 外伸梁上荷载

（2）任务实施：

1）求支座反力。

由 $\sum M_D = 0$，$\quad 2q \times 5 - 4R_B + 2F = 0$，$R_B = 20\text{kN}(\uparrow)$

由 $\sum Y = 0$，$\quad R_B + R_D - 2q - F = 0$，$R_D = 8\text{kN}(\uparrow)$

2）根据梁上的外力情况将梁分为 AB、BC 和 CD 三段。

3）绘制剪力图。根据各段梁上的荷载情况，判断其剪力图的大致形状。在无荷载梁段，即 $q(x)=0$ 时，由式 $\dfrac{\mathrm{d}V(x)}{\mathrm{d}x} = q(x)$ 可知，$V(x)$ 是常数，即剪力图是一条平行于 x 轴的直线；在均布荷载梁段，即 $q(x)=$ 常数时，由式 $\dfrac{\mathrm{d}V(x)}{\mathrm{d}x} = q(x)$ 可知，剪力图上各点切线的斜率为常数，即 $V(x)$ 是 x 的一次函数，剪力图是一条斜直线。AB 段梁上有均布荷载，该段梁的剪力图为斜直线；BC 段和 CD 段均为无荷载区段，剪力图均为平行于梁轴线的直线。

计算控制截面上的剪力值，并绘制剪力图。AB 段梁控制截面为 A、B 两截面，剪力值分别为

$$V_A = 0$$

$$V_{B左} = -\frac{1}{2}ql = -\frac{1}{2} \times 4 \times 4 = -8\text{kN}$$

BC 段和 CD 段控制截面上的剪力分别为

$$V_{B右} = -\frac{1}{2}ql + R_B = -8 + 20 = 12\text{kN}$$

$$V_D = -R_D = -8\text{kN}$$

绘出剪力图，如图 3-42（b）所示。

4）绘制弯矩图。根据各段梁上的荷载情况，判断其弯矩图的大致形状。在无荷载梁段，即 $q(x)=0$ 时，由式 $\dfrac{\mathrm{d}M(x)}{\mathrm{d}x} = V(x)$ 可知，该段弯矩图上各点切线的斜率为常数，因

此弯矩图是一条斜直线。在均布荷载梁段，即 $q(x)=$ 常数时，由式 $\dfrac{\mathrm{d}M(x)}{\mathrm{d}x}=V(x)$ 可知，该段弯矩图上各点切线的斜率为 x 的一次函数，因此 $M(x)$ 是 x 的二次函数，即弯矩图为二次抛物线，这时可能出现两种情况，如图 3-43 所示。

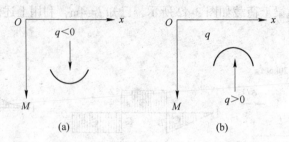

图 3-43　M 图的凹凸方向与 $q(x)$ 的关系

AB 段梁上有均布荷载，该段梁的弯矩图为二次抛物线。因 q 方向向下（$q<0$），所以弯矩图是向下凸的抛物线，BC 段与 CD 段均为无荷载区段，弯矩图均为斜直线。

计算控制截面上的弯矩值，并绘制弯矩图。A 截面上的剪力值等于零，因此弯矩图的顶点在 A 点，其控制截面为 A、B 二截面，弯矩值分别为

$$M_A = 0$$

$$M_B = -\frac{1}{2}ql \cdot \frac{l}{4} = -\frac{1}{8} \times 4 \times 4^2 = -8\mathrm{kN} \cdot \mathrm{m}$$

BC 段与 CD 段其控制截面为 B、C、D，弯矩值分别为

$$M_B = -8\mathrm{kN} \cdot \mathrm{m}$$

$$M_C = R_D \cdot \frac{l}{2} = 8 \times 2 = 16\mathrm{kN} \cdot \mathrm{m}$$

$$M_D = 0$$

画出弯矩图，如图 3-42（c）所示。

任务实施 3-9　叠加法绘制内力图

由于在小变形条件下，梁的内力、支座反力、应力和变形等参数均与荷载呈线性关系，每一荷载单独作用时引起的某一参数不受其他荷载的影响。所以，梁在 n 个荷载共同作用时所引起的某一参数（内力、支座反力、应力和变形等），等于梁在各个荷载单独作用时所引起的同一参数的代数和，这种关系称为叠加原理。根据叠加原理来绘制梁的内力图的方法称为叠加法。

（1）任务引领。试用区段叠加法绘制出如图 3-43（a）所示简支梁的弯矩图。

由于剪力图一般比较简单，因此不用叠加法绘制。下面只讨论用叠加法作梁的弯矩图。其步骤如下：1）第一步。将需要绘制弯矩图的梁等效为在简单荷载分别作用下的几个梁。2）第二步。分别绘制出梁在每一个荷载单独作用下的弯矩图。3）第三步。将各弯矩图中同一截面上的弯矩进行代数相加，即可得到梁在所有荷载共同作用下的弯矩图。

为了便于应用叠加法绘内力图，在表 3-1 中给出了单跨静定梁在简单荷载作用下的弯矩图，可供查用。

表 3-1　单跨静定梁在简单荷载作用下的内力图

序号	计算简图	支座反力	剪力图	弯矩图
1		$F_{Ay} = F_{By} = \dfrac{ql}{2}(\uparrow)$	$\dfrac{ql}{2}$　$\dfrac{ql}{2}$	$\dfrac{ql^2}{8}$
2		$F_{Ay} = F_{By} = \dfrac{F}{2}(\uparrow)$	$\dfrac{F}{2}$　$\dfrac{F}{2}$	$\dfrac{Fl}{4}$
3		$F_{Ax} = 0$ $F_{Ay} = ql(\uparrow)$ $M_A = \dfrac{ql^2}{2}(\curvearrowleft)$	ql	$\dfrac{ql^2}{2}$
4		$F_{Ax} = 0$ $F_{Ay} = F(\uparrow)$ $M_A = \dfrac{Fl}{2}(\curvearrowleft)$	F	Fl
5		$F_{Ax} = 0$ $F_{Ay} = \dfrac{ql_1}{2} - F\dfrac{l_2}{l_1}$ $F_{By} = \dfrac{ql_1}{2} + F\left(1 + \dfrac{l_2}{l_1}\right)$	$\dfrac{ql_1}{2} - Fl_2l_1$　F $\dfrac{ql_1}{2} + Fl_2l_1$	Fl_2

（2）任务实施：1）将梁等效为均布荷载 q 和集中力偶 m 分布作用的两个梁，如图 3-44（b）和（c）所示。2）分别绘制出 q 和 m 单独作用时的弯矩图，如图 3-44（d）和（e）所示。3）将这两个弯矩图相叠加。叠加时，将相应截面的纵坐标代数相加，叠加方

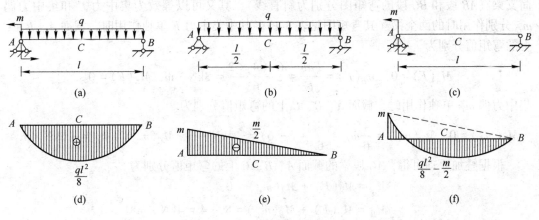

图 3-44　简支梁弯矩图

法如图 3-44（f）所示。先作出直线形的弯矩图（即图 3-44 中斜直线，可用虚线画出），再以该斜直线为基准线作出曲线形的弯矩图。这样，将两个弯矩图相应纵坐标代数相加后，就得到 m 和 q 共同作用下的最后弯矩图，如图 3-44（f）所示。其控制截面为 A、B、C，即

A 截面弯矩为　　　　　　　　　　　$M_A = -m + 0 = -m$

B 截面弯矩为　　　　　　　　　　　$M_B = 0 + 0 = 0$

跨中 C 截面弯矩为　　　　　　　　　$M_C = \dfrac{ql^2}{8} - \dfrac{m}{2}$

（3）总结提高：1）叠加时宜先画直线形的弯矩图，再叠加上曲线形或折线形的弯矩图。2）用叠加法作弯矩图，一般不能直接求出最大弯矩的精确值，若需要确定最大弯矩的精确值，应找出剪力 $V=0$ 的截面位置，求出该截面的弯矩，即得到最大弯矩的精确值。

任务训练

试用区段叠加法绘制出如图 3-45（a）所示外伸梁的弯矩图。

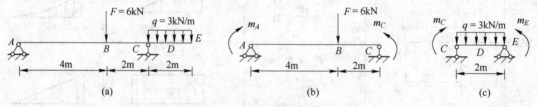

（a）　　　　　　　　　　　（b）　　　　　　　　　　　（c）

图 3-45　外伸梁弯矩图

解：（1）分段，即根据作用在梁上的荷载及支座情况将梁分成若干区段，每一段都可以看成是一个由简单荷载作用下的简支梁；故将梁分为 AC、CE 两个区段。

（2）将各区段当做简支梁，计算各区段端点截面上的弯矩值（即该简支梁端点所受的集中力偶）。

$$M_A = m_A = 0$$
$$M_C = m_C = -3 \times 2 \times 1 = -6 \text{kN} \cdot \text{m}$$
$$M_E = m_E = 0$$

（3）根据叠加法绘制出各区段的弯矩图。AC 段：可以看成是如图 3-45（b）所示的简支梁（AB 段和 BC 段的弯矩图分别为斜直线），其又可以等效为集中力 F 和集中力偶 m_C 分别作用时的两个梁（其弯矩图见表 3-1）。其中集中力 F 单独作用时，截面 A、B、C 上的弯矩值分别为

$$M_A(F) = 0, \ M_B(F) = \frac{Fab}{l} = \frac{6 \times 4 \times 2}{6} = 8 \text{kN} \cdot \text{m}, \ M_C(F) = 0$$

集中力偶 m_C 单独作用时，截面 A、B、C 上的弯矩值分别为

$$M_A(m_C) = 0, \ M_B(m_C) = \frac{4}{6} m_C = \frac{4}{6} \times (-6) = -4 \text{kN} \cdot \text{m}, \ M_C(m_C) = m_C = -6 \text{kN} \cdot \text{m}$$

根据叠加原理可得，AC 段梁的截面 A、B、C 上的弯矩值分别为

$$M_A = M_A(F) + M_A(m_C) = 0$$
$$M_B = M_B(F) + M_B(m_C) = 8 - 4 = 4 \text{kN} \cdot \text{m}$$
$$M_C = M_C(F) + M_C(m_C) = 0 - 6 = -6 \text{kN} \cdot \text{m}$$

绘制 AC 段梁的弯矩图,如图 3-46(a)所示。

CE 段:可以看成是如图 3-45(c)所示的简支梁(弯矩图为光滑的曲线),其又可以等效为均布荷载 q 和集中力偶 m_C 分别作用时的两个梁(其弯矩图见表 3-1)。

其中均布荷载 q 单独作用时,截面 C、D(CE 的中点)、E 上的弯矩值分别为

$$M_C(q) = 0, \quad M_D(q) = \frac{ql^2}{8} = \frac{3 \times 2^2}{8} = 1.5 \text{kN} \cdot \text{m}, \quad M_E(q) = 0$$

集中力偶 m_C 单独作用时,截面 C、D、E 上的弯矩值分别为

$$M_C(m_C) = m_C = -6 \text{kN} \cdot \text{m}$$

$$M_D(m_C) = \frac{1}{2}m_C = \frac{1}{2} \times (-6) = -3 \text{kN} \cdot \text{m}$$

$$M_E(m_C) = 0$$

根据叠加原理可得,CE 段梁的截面 C、D、E 上的弯矩值分别为

$$M_C = M_C(q) + M_C(m_C) = -6 \text{kN} \cdot \text{m}$$

$$M_D = M_D(q) + M_D(m_C) = 1.5 - 3 = -1.5 \text{kN} \cdot \text{m}$$

$$M_E = M_E(q) + M_E(m_C) = 0$$

绘制 CE 段梁的弯矩图,如图 3-46(b)所示。

将 AC、CE 两个区段的弯矩图对接在一起,即是整个梁的弯矩图,如图 3-46(c)所示。

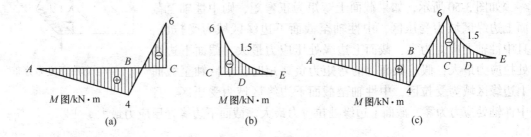

图 3-46 弯矩图

3.3.2 单跨静定梁弯曲时的强度计算

梁平面弯曲时,其横截面上的内力有弯矩和剪力,因此,梁横截面上必然会有正应力和剪应力存在。

3.3.2.1 梁横截面上最大正应力和最大剪应力

A 弯曲正应力

假设梁是由许多纵向纤维组成,在受到图 3-47 所示的外力作用下,将产生图示的弯曲变形,凹边各层纤维缩短,凸边各层纤维伸长。这样梁的下部纵向纤维产生拉应变,上部纵向纤维产生压应变。从下部的拉应变过渡到上部的压应变,必有一层纤维既不伸长也不缩短,即此层线应变为零,定义这一层为中性层。中性层与横截面的交线称为中性轴,如图 3-48 中 z 轴。

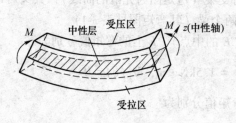

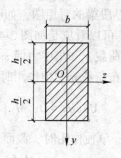

图 3-47   弯矩作用下梁的变形   图 3-48   矩形截面

平面弯曲梁的横截面上任一点的正应力计算公式为

$$\sigma = \frac{M}{I_z}y$$

式中，M 为横截面上的弯矩；I_z 为截面对中性轴的惯性矩，矩形截面 $I_z = \frac{bh^3}{12}$，圆形截面

$I_z = \frac{\pi}{64}d^4$（d 为直径）；y 为所求应力点到中性轴的距离。

由上式可知，对于同一个截面，M、I_z 为常量，截面上任一点处的正应力的大小与该点到中性轴的距离成正比，沿截面高度呈线性变化，如图 3-49 所示。

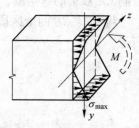

如图 3-50 所示，如果截面上弯矩为正弯矩，则中性轴至截面上边缘区域为受压区，中性轴至截面下边缘区域为受拉区，且中性轴上应力为零，截面上边缘处压应力最大，截面下边缘处拉应力最大；假若截面上的弯矩为负弯矩时，中性轴至截面上边缘区域为受拉区，中性轴至截面下边缘区域为受压区，且中性轴处应力为零，截面上边缘处拉应力最大，截面下边缘处压应力最大。

图 3-49   弯曲正应力分布

图 3-50   正弯矩及负弯矩下正应力分布
(a) 正弯矩；(b) 负弯矩

$$\sigma_{max} = \frac{M_{max}y_{max}}{I_z}, \quad W_z = \frac{I_z}{y_{max}}, \quad \sigma_{max} = \frac{M_{max}}{W_z}$$

对高为 h、宽为 b 的矩形截面，其抗弯截面系数为

$$W_z = \frac{I_z}{y_{max}} = \frac{\dfrac{bh^3}{12}}{\dfrac{h}{2}} = \frac{bh^2}{6}$$

对直径为 D 的圆形截面，其抗弯截面系数为

$$W_z = \frac{I_z}{y_{max}} = \frac{\dfrac{\pi D^4}{64}}{\dfrac{D}{2}} = \frac{\pi D^3}{32}$$

对于工字钢、槽钢、角钢等型钢截面的抗弯截面系数，可从相关型钢表中查得。

对于工程中钢筋混凝土梁，其受力钢筋应放置在受拉区，因此，处于不同受力状态的梁，其受力纵筋所处的位置也不同。

B　弯曲剪应力

平面弯曲的梁，横截面上任一点处的剪应力 τ 计算公式为

$$\tau = \frac{V S_z^*}{I_z b}$$

式中，V 为横截面上的剪力；I_z 为截面对中性轴的惯性矩；b 为截面宽度；S_z^* 为横截面上所求剪应力处的水平线以下（或以上）部分 A^* 对中性轴的静矩。

剪应力的方向可根据与横截面上剪力方向一致来确定。对矩形截面梁，其剪应力沿截面高度呈二次抛物线变化，如图 3-51 所示，中性轴处剪应力最大，离中性轴越远剪应力越小，截面上下边缘处剪应力为零。中性轴上下两点如果距离中性轴相同，其剪应力也相同。

对于矩形截面梁来讲，截面弯矩引起的正应力在中性轴处为零，截面边缘处正应力最大；而剪力引起的剪应力在中性轴处最大，在截面边缘处剪应力为零。

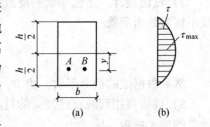

图 3-51　矩形截面梁剪应力分布
（a）矩形截面梁；（b）剪应力分布

3.3.2.2　梁的强度条件

任务实施 3-10　校核梁的强度

（1）任务引领。在梁的强度计算中，必须同时满足正应力和剪应力两个强度条件：

1）梁的正应力强度条件。为了保证梁具有足够的强度，必须使梁危险截面上的最大正应力不超过材料的许用应力，即

$$\sigma_{max} = \frac{M_{max}}{W_z} \leqslant [\sigma]$$

2）梁的剪应力强度条件。为保证梁的剪应力强度，梁的最大剪应力不应超过材料的许用剪应力 $[\tau]$，即

$$\tau_{max} = \frac{V_{max} S_{zmax}^*}{I_z b} \leqslant [\tau]$$

一外伸工字形钢梁，工字钢的型号为 No.22a，梁上荷载如图 3-52（a）所示。$l = 6m$，$F = 30kN$，$q = 6kN/m$，$[\sigma] = 170MPa$，$[\tau] = 100MPa$，检查此梁是否安全（$b = 0.75cm$，$\dfrac{I_z}{S_{max}^*} = 19.2cm$，$W_z = 310cm^3$）。

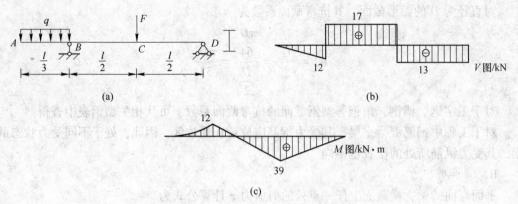

图 3-52 外伸工字形钢梁上荷载

（2）任务实施。根据强度条件可解决工程中有关强度方面的三类问题：

1）强度校核。在已知梁的横截面形状和尺寸、材料及所受荷载的情况下，可校核梁是否满足正应力强度条件。

2）截面设计。当已知梁的荷载和所用的材料时，可根据强度条件，先计算出所需的最小抗弯截面系数

$$W_z \geq \frac{M_{max}}{[\sigma]}$$

然后根据梁的截面形状，由 W_z 值确定截面的具体尺寸或型钢号。

3）确定许用荷载。已知梁的材料、横截面形状和尺寸，根据强度条件先算出梁所能承受的最大弯矩，即

$$M_{max} \leq W_z[\sigma]$$

然后由 M_{max} 与荷载的关系，算出梁所能承受的最大荷载。

本任务属于强度校核类，具体步骤如下：

1）绘制剪力图、弯矩图如图 3-52（b）和（c）所示。

$$M_{max} = 39 \text{kN} \cdot \text{m}$$
$$V_{max} = 17 \text{kN}$$

2）校核正应力强度及剪应力强度为

$$\sigma_{max} = \frac{M_{max}}{W_z} = \frac{39 \times 10^6}{310 \times 10^3} = 126 \text{MPa} < [\sigma] = 170 \text{MPa}$$

$$\tau_{max} = \frac{V_{max} S_{zmax}^*}{I_z b} = \frac{17 \times 10^3}{19.2 \times 10 \times 7.5} = 12 \text{MPa} < [\tau] = 100 \text{MPa}$$

对于校核类问题，通常先按正应力强度条件设计出截面尺寸，然后按剪应力强度条件进行校核。对于细长梁，按正应力强度条件设计的梁一般都能满足剪应力强度要求，就不必作剪应力校核。但在以下几种情况下，需校核梁的剪应力：①最大弯矩很小而最大剪力很大的梁。②焊接或铆接的组合截面梁（如 T 字形截面梁）。③木梁，因为木材在顺纹方向的剪切强度较低，所以木梁有可能沿中性层发生剪切破坏。

3.3.2.3 提高梁强度的措施

关于结构材料的选用，一直是工程中极为重要的一个问题，对新型优质材料的研究和

应用已形成专门学科，在此不作讨论，下面仅讨论前两方面的内容。

　　A　合理调整梁的受力情况

　　要降低梁上的最大弯矩值，不能仅靠简单地减少荷载的办法。首先可以通过合理布置结构支撑来降低最大弯矩值。例如图 3-53（a）所示均布荷载作用下的简支梁，其跨中的最大弯矩值为

$$M_{max} = \frac{1}{8}ql^2$$

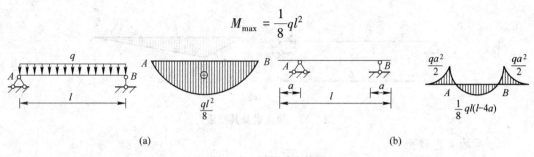

图 3-53　梁的受力情况

　　如果将支座 A、B 相互靠近一小段距离成为外伸梁，如图 3-53（b）所示，这样，不仅由于梁跨度的减小降低了最大弯矩值，而且外伸臂上作用的荷载产生的负弯矩也能进一步减小梁跨中的弯矩值。例如图 3-53（b）所示外伸梁跨中的最大弯矩值为

$$M_{max} = \frac{1}{8}ql(l - 4a)$$

　　如果取 $a = 0.15l$，则最大弯矩 $M_{max} = ql^2/20$，只相当于原来简支梁的 2/5。如果取 $a = 0.2l$，最大弯矩 $M_{max} = ql^2/40$，只是原来简支梁的 1/5。因此，按外伸梁布置支座时，梁的承载能力可成倍增加。

　　如果改简支梁 A、B 的两支座为固定支座［见图 3-54（a）］，或者在跨中增加一支座［见图 3-54（b）］，它们的弯矩图如图 3-54 所示。与简支梁相比，这两种梁跨中的最大弯矩值都降低得比较多。

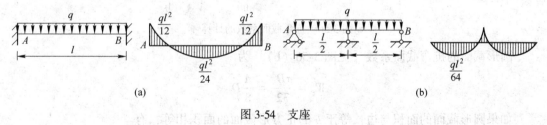

图 3-54　支座

　　其次，合理布置荷载也可以降低最大弯矩值。例如图 3-55（a）所示简支梁，集中荷载作用在跨中时，其最大弯矩值为

$$M_{max} = \frac{Fl}{4}$$

　　若在梁上增加一个副梁，如图 3-55（b）所示，则主梁上的最大弯矩值将降低为

$$M_{max} = \frac{F(l - a)}{4}$$

　　此外，若将荷载布置在靠近支座处，如图 3-55（c）所示，也可较大地降低最大弯矩值。

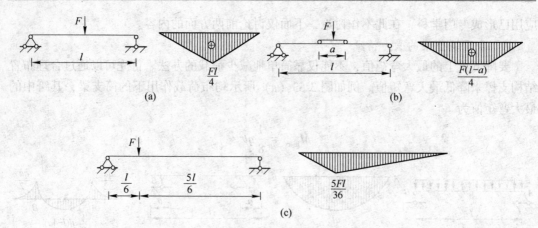

图 3-55   简支梁及其副梁

B   梁的合理截面

梁弯曲时，截面上的正应力与截面的面积及形状有关。一方面，梁的截面面积与梁的用料量及自重有关，面积越小就越经济；另一方面，梁的抗弯截面系数与弯曲正应力成反比，从强度角度看，抗弯截面系数越大就越有利。分析截面形状是否合理，就是在相同的截面面积情况下，比较它们的抗弯截面系数，抗弯截面系数越大越合理。

矩形截面的抗弯截面系数［见图 3-56（a）］为

$$W_z = \frac{bh^2}{6} = \frac{A}{6}h$$

可见，在截面面积 A 保持不变的情况下，高度 h 越大，W_z 也越大，其抗弯能力就越强。

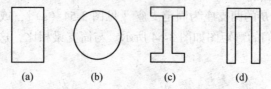

图 3-56   抗弯截面系数的计算

圆形截面的抗弯截面系数［见图 3-56（b）］为

$$W_z = \frac{\pi D^3}{32} = \frac{A}{8}D$$

如果圆形截面的面积与边长等于 b 的正方形截面的面积相等，有

$$D = \frac{2}{\sqrt{\pi}}b$$

则圆形截面的抗弯截面系数等于

$$W_z = \frac{A}{8}\left(\frac{2}{\sqrt{\pi}}b\right) \approx \frac{1}{7}b^3$$

比正方形的抗弯截面系数 $b^3/6$ 小。

从以上讨论可知，在截面面积相同的情况下，矩形截面比正方形截面合理，正方形截面比圆形截面合理。如果做成同样面积的工字形、槽形等薄壁截面［见图 3-56（c）和

(d)]，其抗弯截面系数又将增大很多，更趋合理。抗弯截面系数的数值与截面的高度及截面中面积的分布有关，高度越高，面积分布得离中和轴越远，则抗弯截面系数 W_z 就越大，矩形截面在靠近中性轴处有相当多的面积，而工字形截面的大部分面积分布在远离中性轴的上下翼缘处，所以它的抗弯截面系数 W_z 比矩形截面的大很多。

任务 3.4 计算结构上的荷载设计值

3.4.1 荷载效应及结构抗力

3.4.1.1 荷载效应

荷载效应是指由于施加在结构或结构构件上的荷载产生的内力（拉力、压力、弯矩、剪力、扭矩）和变形（伸长、压缩、挠度、侧移、转角、裂缝），用 S 表示。因为结构上的荷载大小、位置是随机变化的，即为随机变量，所以荷载效应一般也是随机变量。

前面任务中求解得到的结构或结构构件的内力均是荷载效应，例如，梁在竖向均布荷载作用下产生的弯矩 M 和剪力 V，框架结构在竖向荷载和风荷载作用下引起柱子、梁上的轴力 N、弯矩 M 和剪力 V 等。

3.4.1.2 结构抗力

结构抗力是指整个结构或结构构件承受作用效应（即内力和变形）的能力，如构件的承载能力、刚度等，用 R 表示。

影响抗力的主要因素有材料性能（强度、变形模量等）、几何参数（构件尺寸）等和计算模式的精确性（抗力计算所采用的基本假设和计算公式够不够精确等）。因此，结构抗力也是一个随机变量。

项目2中二层砖混结构平面布置图中的简支梁 L2，截面尺寸是 250mm×500mm，C25 混凝土，配有纵向受力钢筋 3ϕ20，经计算（计算方法详见项目6），梁能够承担的弯矩为 $M = 136.67\text{kN} \cdot \text{m}$，即抗弯承载力，亦即抗力 $R = 136.67\text{kN} \cdot \text{m}$。

3.4.2 极限状态下的实用设计表达式

结构设计的目的，是要使所设计的结构在规定的设计使用年限内能完成预期的全部功能要求。所谓设计使用年限，是指设计规定的结构或结构构件不需进行大修即可按其预定目的使用的时期。换言之，设计使用年限就是房屋建筑在正常设计、正常施工、正常使用和维护下所应达到的持久年限。结构的设计使用年限应按表 3-2 采用。

表 3-2 结构的设计使用年限分类

类　别	设计使用年限/年	示　例
1	5	临时性结构
2	25	易于替换的结构构件
3	50	普通房屋和构筑物
4	100	纪念性建筑和特别重要的建筑结构

建筑结构的功能是指建筑结构在规定的设计使用年限内应满足安全性、适用性和耐久性三项功能要求。（1）安全性指结构在正常施工和正常使用的条件下，能承受可能出现的各种作用；在设计规定的偶然事件（如强烈地震、爆炸、车辆撞击等）发生时和发生后，仍能保持必需的整体稳定性，即结构仅产生局部的损坏而不致发生连续倒塌。（2）适用性指结构在正常使用时具有良好的工作性能。例如，不会出现影响正常使用的过大变形或振动，不会产生使使用者感到不安的裂缝宽度等。（3）耐久性指在正常维护条件下结构能够正常使用到规定的设计使用年限。例如，结构材料不致出现影响功能的损坏，钢筋混凝土构件的钢筋不致因保护层过薄或裂缝过宽而锈蚀等。

结构的安全性、适用性和耐久性概括起来称为结构的可靠性，它是结构在规定时间内和规定条件下完成预定功能的能力。但在各种随机因素的影响下，结构完成预定功能的能力不能事先确定，只能用概率来描述。为此，引入结构可靠度的概念，即结构在规定时间内和规定条件下完成预定功能的概率。结构的可靠度是结构可靠性的概率度量，即对结构可靠性的定量描述。结构可靠度与结构使用年限长短有关。

《建筑结构可靠度设计统一标准》（GB 50068—2001）以结构的设计使用年限为计算结构可靠度的时间基准。

当结构的使用年限超过设计使用年限后，并不意味着结构就要报废，但其可靠度将逐渐降低。还应强调说明的是，结构的设计使用年限不等同于设计基准期。

结构能满足功能要求，称结构"可靠"或"有效"，否则称结构"不可靠"或"失效"。

区分结构工作状态可靠与失效的界限是极限状态。所谓结构的极限状态，是指结构或其构件满足结构安全性、适用性、耐久性三项功能中某一功能要求的临界状态，超过这一界限，结构或其构件就不能满足设计规定的该功能要求，而进入失效状态。

（1）承载能力极限状态。承载能力极限状态对应于结构或结构构件达到最大承载能力或不适于继续承载的变形。当结构或构件出现下列状态之一时，即认为超过了承载能力极限状态：1）结构构件或连接因材料强度不够而破坏。2）整个结构或结构的一部分作为刚体失去平衡（如倾覆等）。3）结构转变为机动体系。4）结构或结构构件丧失稳定（柱子被压曲等）。

（2）正常使用极限状态。正常使用极限状态对应于结构或结构构件达到正常使用或耐久性能的某项规定限值，超过这一状态便不能满足适用性或耐久性的功能。当结构或结构构件出现下列状态之一时，即认为超过了正常使用极限状态：1）影响正常使用或外观的变形。2）影响正常使用或耐久性能的局部损坏（包括裂缝）。3）影响正常使用的振动。4）影响正常使用的其他特定状态等。在进行结构和结构构件设计时采用基于极限状态理论和概率论的计算设计方法，即概率极限状态设计法。同时考虑到应用上的简便，我国《工程结构可靠性设计统一标准》（GB 50153—2008）提出了一种便于实际使用的设计表达式，称为实用设计表达式。承载能力极限状态和正常使用极限状态，各极限状态下的实用设计表达式如下。

3.4.2.1　承载能力极限状态设计表达式

对持久设计状况、短暂设计状况和地震设计状况，其设计表达式为

$$\gamma_0 S \leq R$$

式中，γ_0 为结构重要性系数，在持久设计状况和短暂设计状况下，对安全等级为一级的结构构件不应小于 1.1，对安全等级为二级的结构构件不应小于 1.0，对安全等级为三级的结构构件不应小于 0.9，对地震设计状况下应取 1.0；S 为承载能力极限状态下作用组合的效应设计值，对持久设计状况和短暂设计状况应按作用的基本组合计算，对地震设计状况应按作用的地震组合计算；R 为结构构件的抗力设计值。

　　A　荷载效应（内力）组合设计值 S 的计算

　　当结构上同时作用两种及两种以上可变荷载时，要考虑荷载效应（内力）的组合。荷载效应组合是指在所有可能同时出现的各种荷载组合中，确定对结构或构件产生的总效应，取其最不利值。承载能力极限状态的荷载效应组合分为基本组合（永久荷载+可变荷载）与偶然组合（永久荷载+可变荷载+偶然荷载）两种情况。

　　a　基本组合

　　（1）由可变荷载效应控制的组合：

$$S = \sum_{j=1}^{m} \gamma_{Gj} S_{Gjk} + \gamma_{Q1} \gamma_{L1} S_{Q1k} + \sum_{i=2}^{n} \gamma_{Qi} \gamma_{Li} \psi_{Ci} S_{Qik}$$

　　（2）由永久荷载效应控制的组合：

$$S = \sum_{j=1}^{m} \gamma_{Gj} S_{Gjk} + \sum_{i=1}^{n} \gamma_{Qi} \gamma_{Li} \psi_{Ci} S_{Qik}$$

式中，S_{Gjk} 为按第 j 个永久荷载标准值 G_{jk} 计算的荷载效应值；S_{Qik} 为按第 i 个可变荷载标准值计算的荷载效应值，其中 S_{Q1k} 为诸可变荷载效应中起控制作用者；γ_{Gj} 为第 j 个永久荷载分项系数，详见项目 2；γ_{Qi} 为第 i 个可变荷载的分项系数，其中 γ_{Q1} 为主导可变荷载 Q_1 的分项系数，详见项目 2；γ_{Li} 为第 i 个可变荷载考虑设计使用年限的调整系数，其中 γ_{L1} 为主导可变荷载 Q_1，考虑设计使用年限的调整系数，见表 3-3；ψ_{Ci} 为第 i 个可变荷载 Q_i 的组合值系数，详见项目 2；n 为参与组合的可变荷载数；m 为参与组合的永久荷载数。

表 3-3　楼面和屋面活荷载考虑设计使用年限的调整系数 γ_L

结构设计使用年限/年	5	50	100
γ_L	0.9	1.0	1.1

注：1. 当设计使用年限不为表中数值时，调整系数 γ_L 可按线性内插确定；2. 对于荷载标准值可控制的活荷载，设计使用年限调整系数 γ_L 取 1.0；3. 对于雪荷载和风荷载，应取重现期为设计使用年限。

任务实施 3-11　计算钢筋混凝土梁跨中最大弯矩设计值

　　（1）任务引领。实例（1）中，办公楼钢筋混凝土矩形截面简支梁 L2，安全等级为二级，计算跨度 $l_0 = 5.1\text{m}$。承受均布线荷载：活荷载标准值 8kN/m，恒荷载标准值 13.332kN/m。求跨中最大弯矩设计值。

　　（2）任务实施。对于这个项目，做如下分析：活荷载组合系数 $\psi_c = 0.7$，结构重要性系数 $\gamma_0 = 1.0$，设计使用年限调整系数 $\gamma_L = 1.0$。

$$M_{Gk} = \frac{1}{8} g_k l_0^2 = \frac{1}{8} \times 13.332 \times 5.1 = 43.35\text{kN} \cdot \text{m}$$

$$M_{Qk} = \frac{1}{8} q_k l_0^2 = \frac{1}{8} \times 8 \times 5.1 = 26.01\text{kN} \cdot \text{m}$$

由永久荷载效应控制的弯矩设计值为

$$M = \sum_{j=1}^{m} \gamma_{Gj} M_{Gjk} + \sum_{i=1}^{n} \gamma_{Qi} \gamma_{Li} \psi_{Ci} M_{Qik} = 1.35 \times 43.35 + 0.7 \times 1.0 \times 1.4 \times 26.01$$

$$= 84.01 \text{kN} \cdot \text{m}$$

由可变荷载效应控制的弯矩设计值为

$$M = \sum_{j=1}^{m} \gamma_{Gj} M_{Gjk} + \sum_{i=1}^{n} \gamma_{Qi} \gamma_{Li} \psi_{Ci} M_{Qik} = 1.2 \times 43.35 + 1.4 \times 1.0 \times 26.01 = 88.43 \text{kN} \cdot \text{m}$$

取较大值得跨中弯矩设计值 $M = 88.43 \text{kN} \cdot \text{m}$。

(3) 总结提高。本项目中的恒载即永久荷载，活载即可变荷载，力学计算中不会考虑具体荷载的分类，结构构件计算要具体到荷载类型，取相应的分项系数。在计算中还应注意：在未确定由可变荷载还是永久荷载起控制作用时，应分别按照上式计算出荷载效应组合设计值，然后取其大值作为最终计算的荷载效应组合设计值。

当对 S_{Q1k} 无法明显判断时，依次以各可变荷载效应为 S_{Q1k}，选其中最不利的荷载效应组合。

b　偶然组合

偶然组合是指一个偶然作用与其他可变荷载相结合，这种偶然作用的特点是发生概率小，持续时间短，但对结构的危害大，偶然组合的效应设计值 S 参见《建筑结构荷载规范》（GB 50009—2012）。

B　结构构件承载力设计值 R 的计算

结构构件承载力设计值与材料的强度、材料用量、构件截面尺寸、形状等有关，根据结构构件类型的不同，承载力设计值 R，具体计算公式将在项目 6~8 中涉及。

3.4.2.2　正常使用极限状态设计表达式

对于正常使用极限状态，应根据不同的设计要求，采用荷载的标准组合、频遇组合或准永久组合，并按下列设计表达式进行设计，使变形、裂缝、振幅等计算值不超过相应的规定限值，即

$$S \leqslant C$$

式中，C 为结构或结构构件达到正常使用要求的规定限值。例如变形、裂缝、振幅、加速度、应力等的限值，应按《混凝土结构设计规范》（GB 50010—2010）（以下简称《混凝土规范》）的规定采用。

首先，正常使用极限状态和承载力极限状态在理论分析上对应结构的两个不同工作阶段，同时两者在设计上的重要性不同，因而需采用不同的荷载效应代表值和荷载效应组合进行验算与计算；其次，在荷载保持不变的情况下，由于混凝土的徐变等特性，裂缝和变形将随着时间的推移而发展，因此在分析裂缝和变形的荷载效应组合时，应区分荷载效应的标准组合和准永久组合。

(1) 荷载效应的标准组合。荷载效应的标准组合按下式计算：

$$S = \sum_{j=1}^{m} S_{Gjk} + S_{Q1k} + \sum_{i=2}^{n} \psi_{Ci} S_{Qik}$$

(2) 荷载效应的准永久组合。荷载效应的准永久组合按下式计算：

$$S = \sum_{j=1}^{m} S_{Gjk} + \sum_{i=1}^{n} \psi_{qi} S_{Qik}$$

式中，ψ_{qi} 为第 i 个可变荷载的准永久值系数，准永久值系数与可变荷载标准值的乘积表示可变荷载的准永久值，该值是指结构使用期限经常达到和超过的那部分可变荷载值。一般取持续作用的总时间等于或超过设计基准期一半的那个可变荷载值作为其准永久值。准永久值系数可查表 2-2。

任务实施 3-12　计算钢筋混凝土梁正常使用弯矩设计值

（1）任务引领。实例（1）中的钢筋混凝土简支梁，计算跨度 $l_0 = 5.1\text{m}$，支撑在其上的板自重及梁的自重等永久荷载的标准值为 13.332kN/m，楼面使用活荷载传给该梁的荷载标准值为 8kN/m，按正常使用计算梁跨中截面荷载效应的标准组合和准永久组合弯矩值。

（2）任务实施。荷载效应的标准组合弯矩值计算如下：

$$M = \sum_{j=1}^{m} M_{Gjk} + M_{Q1k} + \sum_{i=2}^{n} \psi_{Ci} M_{Qik} = \frac{1}{8} g_k l_0^2 + \frac{1}{8} q_k l_0^2 = \frac{1}{8} \times (13.332 + 8) \times 5.1^2$$
$$= 69.36\text{kN} \cdot \text{m}$$

荷载效应的准永久组合弯矩值计算如下：查表 2-2，得教室活荷载准永久值系数 $\psi_q = 0.5$，故有

$$M = \sum_{j=1}^{m} M_{Gjk} + \sum_{i=1}^{n} \psi_{qi} M_{Qik} = \frac{1}{8} g_k l_0^2 + 0.5 \times \frac{1}{8} q_k l_0^2 = 56.35\text{kN} \cdot \text{m}$$

3.4.2.3　变形和裂缝验算

A　变形验算

受弯构件挠度验算的一般公式为

$$f \leqslant [f]$$

式中，f 为受弯构件按荷载效应的标准组合并考虑荷载长期作用影响计算的最大挠度；$[f]$ 为受弯构件的允许挠度值。

B　裂缝验算

根据正常使用阶段对结构构件裂缝控制的不同要求，将裂缝的控制等级分为三级：一级为正常使用阶段严格要求不出现裂缝；二级为正常使用阶段一般要求不出现裂缝；三级为正常使用阶段允许出现裂缝，但控制裂缝宽度。具体要求是：（1）对裂缝控制等级为一级的构件，要求按荷载效应的标准组合进行计算时，构件受拉边缘混凝土不产生拉应力。（2）对裂缝控制等级为二级的构件，要求按荷载效应的准永久组合进行计算时，构件受拉边缘混凝土不宜产生拉应力；按荷载效应的标准组合进行计算时，构件受拉边缘混凝土允许产生拉应力，但拉应力大小不应超过混凝土轴心抗拉强度标准值。（3）对裂缝控制等级为三级的构件，要求按荷载效应的标准组合并考虑荷载长期作用影响计算的裂缝宽度最大值不超过规范规定的限值，即

$$\omega_{max} \leqslant \omega_{lim}$$

式中，ω_{max} 为受弯构件按荷载的标准组合并考虑荷载长期作用影响计算的裂缝宽度最大值；ω_{lim} 为规范规定的最大裂缝宽度限值。

裂缝控制等级属于一级、二级的构件一般都是预应力混凝土构件，对抗裂度要求较高。普通钢筋混凝土结构，通常都属于三级。

3.4.2.4　耐久性的规定

（1）混凝土结构的耐久性应根据表 3-4 的环境类别和设计使用年限进行设计。

表 3-4　混凝土结构的环境类别

环境类别	条　　件
一	室内干燥环境； 无侵蚀性静水浸没环境
二 a	室内潮湿环境； 非严寒和非寒冷地区的露天环境； 非严寒和非寒冷地区与无侵蚀性的水或土壤直接接触的环境； 严寒和寒冷地区的冰冻线以下与无侵蚀性的水或土壤直接接触的环境
二 b	干湿交替环境； 水位频繁变动环境； 严寒和寒冰地区的露天环境； 严寒和寒冷地区冰冻线以上与无侵蚀性的水或土壤直接接触的环境
三 a	严寒和寒冷地区冬季水位变动区环境； 受除冰盐作用环境； 海风环境
三 b	盐渍土环境； 受除冰盐作用环境； 海岸环境
四	海水环境
五	受人为或自然的侵蚀性物质影响的环境

注：1. 室内潮湿环境是指构件表面经常处于结露或湿润状态的环境。2. 严寒和寒冷地区的划分应符合国家现行标准《民用建筑热工设计规范》（GB 50176—2016）的有关规定。3. 海岸环境和海风环境宜根据当地情况，考虑主导风向及结构所处迎风、背风部位等因素的影响，由调查研究和工程经验确定。4. 受除冰盐影响环境为受到除冰盐盐雾影响的环境；受除冰盐作用环境指放除冰盐溶液溅射的环境以及使用除冰盐地区的洗车房、停车楼等建筑。

（2）一类、二类和三类环境中，设计使用年限为 50 年的结构混凝土应符合表 3-5 的规定。

表 3-5　结构混凝土耐久性的基本要求

环境等级	最大水胶比	最低强度等级	最大氯离子含量 /%	最大碱含量 /kg·m^{-3}
一	0.60	C20	0.30	不限制
二 a	0.55	C25	0.20	3.0
二 b	0.50（0.55）	C30（C25）	0.15	
三 a	0.45（0.50）	C35（C30）	0.15	
三 b	0.40	C40	0.10	

注：1. 氯离子含量是指其占水泥用量的质量分数。2. 预应力构件混凝土中的最大氯离子质量分数为 0.05%，最低混凝土强度等级应按表中规定提高两个等级。3. 素混凝土构件的水胶比及最低强度等级的要求可适当放松。4. 有可靠工程经验时，二类环境中的最低混凝土强度等级可降低一个等级。5. 处于严寒和寒冷地区二b、三 a 类环境中的混凝土应使用引气剂，许可采用括号中的有关参数。6. 当使用非碱活性骨料时，对混凝土中的碱含量可不作限制。

（3）一类环境中，设计使用年限为 100 年的结构混凝土应符合下列规定：1）钢筋混凝土结构的最低混凝土强度等级为 C30，预应力混凝土结构的最低混凝土强度等级为 C40。2）混凝土中的最大氯离子质量分数为 0.05%。3）宜使用非碱活性骨料；当使用碱活性骨料时，混凝土中的最大碱含量为 3.0kg/m³。4）混凝土保护层厚度应按《混凝土规范》第 8.2.1 条的规定增加 40%；当采取有效的表面防护措施时，混凝土保护层厚度可适当减小。5）在使用年限内，应建立定期检测、维修的制度。

（4）二类和三类环境中，设计使用年限为 100 年的混凝土结构，应采取专门的有效措施。

（5）严寒及寒冷地区的潮湿环境中，结构混凝土应满足抗冻要求，混凝土抗冻等级应符合有关标准的要求。

（6）有抗渗要求的混凝土结构，混凝土的抗渗等级应符合有关标准的要求。

（7）三类环境中的结构构件，其受力钢筋宜采用环氧树脂涂层带肋钢筋；对预应力钢筋、锚具及连接器，应采取专门的防护措施。

（8）四类和五类环境中的混凝土结构，其耐久性要求应符合有关标准的规定。

对临时性混凝土结构，可不考虑混凝土的耐久性要求。

任务 3.5　计算压杆的稳定性

在前面讨论受压直杆的强度问题时，认为只要满足杆受压时的强度条件，就能保证压杆的正常工作。然而，在事实上，这个结论只适用于短粗压杆。而细长压杆在轴向压力作用下，其破坏的形式却呈现出与强度问题截然不同的现象。例如，一根长 300mm 的钢制直杆，其横截面的宽度和厚度分别为 20mm 和 1mm，材料的抗压许用应力为 140MPa。如果按照抗压强度计算，其抗压承载力应为 2800N。但是实际上，在压力尚不到 40N 时，杆件就发生了明显的弯曲变形，丧失了其在直线状态下保持平衡的能力，从而导致破坏。显然，这不属于强度性质的问题，而属于压杆稳定的范畴。

为了说明问题，取如图 3-57（a）所示的等直细长杆，在其两端施加轴向压力 F，使杆在直线状态下处于平衡，此时，如果给杆以微小的侧向干扰力，使杆发生微小的弯曲，然后撤去干扰力，则当杆承受的轴向压力数值不同时，其结果也截然不同。当杆承受的轴向压力 F 小于某一数值 F_{cr} 时，在撤去干扰力以后，杆能自动恢复到原有的直线平衡状态而保持平衡，如图 3-57（a）和（b）所示，这种原有的直线平衡状态称为稳定的平衡；当杆承受的轴向压力 F 逐渐增大到（甚至超过）某一数值 F_{cr} 时，即使撤去干扰力，杆仍然处于微弯形状，不能自动恢复到原有的直线平衡状态，如图 3-57（c）

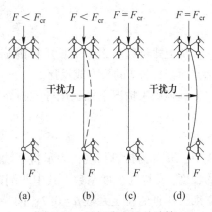

图 3-57　压杆稳定性的计算

和（d）所示，则原有的直线平衡状态为不稳定的平衡。

如果力 F 继续增大，则杆继续弯曲，产生显著的变形，甚至发生突然破坏。

上述现象表明，在轴向压力 F 由小逐渐增大的过程中，压杆由稳定的平衡转变为不稳定的平衡，这种现象称为压杆丧失稳定性或者压杆失稳。显然，压杆是否失稳取决于轴向压力的数值，压杆由直线状态的稳定的平衡过渡到不稳定的平衡，具有临界的性质，此时所对应的轴向压力，称为压杆的临界压力或临界力，用 F_{cr} 表示。当压杆所受的轴向压力 F 小于 F_{cr} 时，杆件就能够保持稳定的平衡，这种性能称为压杆具有稳定性；而当压杆所受的轴向压力 F 等于或者大于 F_{cr} 时，杆件就不能保持稳定的平衡而失稳。

压杆经常被应用于各种工程实际中，例如桁架结构的某些杆件、建筑物中的柱子等，均承受压力，此时必须考虑其稳定性，以免引起压杆失稳破坏。

3.5.1 计算压杆的临界力和临界应力

3.5.1.1 细长压杆的临界力和临界应力计算

A 细长压杆的临界力计算

任务实施 3-13 计算压杆的临界力

（1）任务引领。从上面的讨论可知，压杆在临界力作用下，其直线状态的平衡将由稳定的平衡转变为不稳定的平衡，此时，即使撤去侧向干扰力，压杆仍然将保持在微弯状态下的平衡。当然，如果压力超过这个临界力，弯曲变形将明显增大。所以，上面使压杆在微弯状态下保持平衡的最小的轴向压力，即为压杆的临界压力。

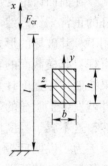

图 3-58 细长压杆

如图 3-58 所示，一端固定、另一端自由的细长压杆，其杆长 $l = 2m$，截面形状为矩形，$b = 20mm$，$h = 45mm$，材料的弹性模量 $E = 200GPa$，试计算该压杆的临界力。若把截面改为 $b = h = 30mm$，而保持长度不变，则该压杆的临界力又为多大？若截面面积与杆件长度保持不变，截面形状改为圆形，则该压杆的临界力又为多大？

（2）任务实施。压杆的约束不同时，其临界压力也不会相同。两端铰支细长杆的临界力计算公式——欧拉公式为

$$F_{cr} = \frac{\pi^2 EI}{l^2}$$

从上式可以看出，细长压杆的临界力 F_{cr} 与压杆的弯曲刚度成正比，而与杆长 l 的平方成反比。

其他约束情况下细长压杆的临界力计算公式——欧拉公式为

$$F_{cr} = \frac{\pi^2 EI}{(\mu l)^2}$$

式中，μl 称为折算长度，表示将杆端约束条件不同的压杆计算长度 l 折算成两端铰支压杆的长度，μ 称为长度系数。其中两端铰支细长压杆的长度系数 $\mu = 1$；一端固定、另一端铰支细长压杆的长度系数 $\mu = 0.7$；两端固定细长压杆的长度系数 $\mu = 0.5$；一端固定、另一端自由细长压杆的长度系数 $\mu = 2$。

本任务为一端固定、另一端自由的细长压杆，并非两端铰支细长杆，故属于其他情况下的细长杆。计算步骤如下：

1）计算截面的惯性矩。由前述可知，该压杆必在 xy 平面内失稳，故惯性矩应以最小

惯性矩代入，即

$$I_{max} = I_y = \frac{hb^3}{12} = \frac{45 \times 20^3}{12} = 3 \times 10^4 \, mm^4$$

2）计算临界力：

$$F_{cr} = \frac{\pi^2 EI}{(\mu l)^2} = \frac{\pi^2 \times 200 \times 10^9 \times 3 \times 10^{-8}}{(2 \times 2)^2} = 3701N \approx 3.70kN$$

3）当截面改为 $b = h = 30mm$ 时，压杆的惯性矩为

$$I_z = I_y = \frac{hb^3}{12} = \frac{30^4}{12} = 6.75 \times 10^4 \, mm^4$$

代入欧拉公式，可得

$$F_{cr} = \frac{\pi^2 EI}{(\mu l)^2} = \frac{\pi^2 \times 200 \times 10^9 \times 6.75 \times 10^{-8}}{(2 \times 2)^2} = 8327N \approx 8.33kN$$

4）当截面改为圆形时，压杆的惯性矩为

$$I_z = I_y = \frac{\pi D^4}{64} = \frac{3600^2}{64\pi} = 6.45 \times 10^4 \, mm^4$$

代入欧拉公式，可得

$$F_{cr} = \frac{\pi^2 EI}{(\mu l)^2} = \frac{\pi^2 \times 200 \times 10^9 \times 6.45 \times 10^{-8}}{(2 \times 2)^2} = 7957N \approx 7.96kN$$

（3）总结提高。从以上三种情况的分析，其横截面面积相等，支撑条件也相同，但是，计算得到的临界力却不一样，可见，在材料用量相同的条件下，选择恰当的截面形式可以提高细长压杆的临界力。

B　细长压杆的临界应力计算

前面导出了计算细长压杆临界力的欧拉公式，当压杆在临界力 F_{cr} 作用下处于直线状态的平衡时，其横截面上的压应力等于临界力 F_{cr} 除以横截面面积 A，称为临界应力，用 σ_{cr} 表示，即

$$\sigma_{cr} = \frac{F_{cr}}{A}$$

将细长压杆临界应力的计算公式代入上式，得

$$\sigma_{cr} = \frac{\pi^2 EI}{(\mu l)^2 A}$$

若将压杆的惯性矩 I 写成

$$I = i^2 A \quad 或 \quad i = \sqrt{\frac{I}{A}}$$

式中，i 称为压杆横截面的惯性半径，于是临界应力可写为

$$\sigma_{cr} = \frac{\pi^2 E i^2}{(\mu l)^2} = \frac{\pi^2 E}{\left(\dfrac{\mu l}{i}\right)^2}$$

令 $\lambda = \dfrac{\mu l}{i}$，则

$$\sigma_{cr} = \frac{\pi^2 E}{\lambda^2}$$

上式为计算细长压杆临界应力的欧拉公式，式中 λ 称为压杆的柔度（或称长细比）。柔度 λ 是一个无量纲的量，其大小与压杆的长度系数 μ、杆长 l 及惯性半径 i 有关。由于压杆的长度系数 μ 取决于压杆的支撑情况，惯性半径 i 取决于截面的形状与尺寸，所以从物理意义上看，柔度 λ 综合地反映了压杆的长度、截面的形状与尺寸以及支撑情况对临界力的影响。如果压杆的柔度值越大，则其临界应力越小，压杆就越容易失稳。

欧拉公式是根据挠曲线近似微分方程导出的，而应用此微分方程时，材料必须服从胡克定律。因此，欧拉公式的适用范围应当是压杆的临界应力 σ_{cr} 不超过材料的比例极限 σ_p，即

$$\sigma_{cr} = \frac{\pi^2 E}{\lambda^2} \leqslant \sigma_p$$

有　　　　　　　　　　　　　　　$$\lambda \geqslant \pi \sqrt{\frac{E}{\sigma_p}}$$

若设 λ_p 为压杆的临界应力达到材料的比例极限时的柔度值，即

$$\lambda_p = \pi \sqrt{\frac{E}{\sigma_p}}$$

则欧拉公式的适用范围为

$$\lambda \geqslant \lambda_p$$

上式表明，当压杆的柔度不小于 λ_p 时，才可以应用欧拉公式计算临界力或临界应力。这类压杆称为大柔度杆或细长杆，欧拉公式只适用于大柔度杆。λ_p 的值取决于材料性质，不同的材料都有自己的 E 值和 σ_p 值，所以不同材料制成的压杆，其 λ_p 值也不同。例如Q235 钢，$\sigma_p = 200\mathrm{MPa}$，$E = 200\mathrm{GPa}$，$\lambda_p = 100$。

3.5.1.2　中长压杆的临界力和临界应力计算

欧拉公式只适用于大柔度杆，即临界应力不超过材料的比例极限（处于弹性稳定状态）。当临界应力超过比例极限时，材料处于弹塑性阶段，此类压杆的稳定属于弹塑性稳定（非弹性稳定）问题，此时，欧拉公式不再适用。对这类压杆各国大多采用经验公式计算临界力或者临界应力，经验公式是在试验和实践资料的基础上，经过分析、归纳而得到的。各国采用的经验公式多以本国的试验为依据，因此计算不尽相同。我国比较常用的经验公式为直线公式，其表达式为

$$\sigma_{cr} = a - b\lambda$$

中长压杆的临界力为

$$F_{cr} = \sigma_{cr} A = (a - b\lambda)A$$

式中，a、b 是与材料有关的常数，其单位为 MPa。几种常用材料的 a、b 值见表 3-6。

表 3-6　几种常用材料的 a、b 值

材　　料	a/MPa	b/MPa	λ_p	λ_s
Q235 钢（$\sigma_s = 235\mathrm{MPa}$）	304	1.12	100	62
硅钢（$\sigma_s = 353\mathrm{MPa}$，$\sigma_p \geqslant 510\mathrm{MPa}$）	577	3.74	100	60
铬铝钢	980	5.29	55	0

材 料	a/MPa	b/MPa	λ_p	λ_s
硬 铝	372	2.14	50	0
铸 铁	331.9	1.453	—	—
松 木	39.2	0.199	59	0

应当指出,经验公式也有其适用范围,它要求临界应力不超过材料的受压极限应力。这是因为当临界应力达到材料的受压极限应力时,压杆已因为强度不足而破坏。因此,对于由塑性材料制成的压杆,其临界应力不允许超过材料的屈服应力 σ_s,即

$$\sigma_{cr} = a - b\lambda \leqslant \sigma_s$$

或

$$\lambda \geqslant \frac{a - \sigma_s}{b}$$

令

$$\lambda_s = \frac{a - \sigma_s}{b}$$

得

$$\lambda \geqslant \lambda_s$$

式中,λ_s 表示当临界应力等于材料的屈服点应力时压杆的柔度值。与 λ_p 一样,它也是一个与材料的性质有关的常数。因此,直线经验公式的适用范围为 $\lambda_s < \lambda < \lambda_p$。计算时,一般把柔度介于 λ_s 与 λ_p 之间的压杆称为中长杆或中柔度杆。

3.5.1.3 短粗压杆的临界力和临界应力计算

任务实施 3-14 计算压杆的临界力

(1) 任务引领。如图 3-59 所示为两端铰支的圆形截面受压杆,用 Q235 钢制成,材料的弹性模量 $E = 200\text{GPa}$,屈服点应力 $\sigma_s = 235\text{MPa}$,直径 $d = 40\text{mm}$。试分别计算下面三种情况下压杆的临界力:1) 杆长 $l = 1.2\text{m}$;2) 杆长 $l = 0.8\text{m}$;3) 杆长 $l = 0.5\text{m}$。

(2) 任务实施。柔度小于 λ_s 的压杆称为短粗杆或小柔度杆。其破坏是因为材料的抗压强度不足而造成的,如果将这类压杆也按照稳定问题进行处理,则对塑性材料制成的压杆来说,可取临界应力 $\sigma_{cr} = \sigma_s$。

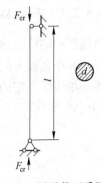

图 3-59 圆形截面受压杆

短粗压杆的临界力为

$$F_{cr} = \sigma_{cr}A = \sigma_s A$$

两端铰支时长度系数 $\mu = 1$。

圆形截面的惯性半径为

$$i = \frac{d}{4} = \frac{40}{4} = 10\text{mm} = 0.01\text{m}$$

1) 计算杆长 $l = 1.2\text{m}$ 时的临界力。

$$\lambda = \frac{\mu l}{i} = \frac{1 \times 1.2}{0.01} = 120 > \lambda_p = 100$$

所以是大柔度杆，应用欧拉公式计算临界力：

$$F_{cr} = \sigma_{cr}A = \frac{\pi^3 E}{\lambda^2} \cdot \frac{\pi d^2}{4} = \frac{\pi^3 \times 200 \times 10^9 \times 0.04^2}{4 \times 120^2} = 172257N \approx 172kN$$

2）计算杆长 $l = 0.8m$ 时的临界力。

$$\lambda = \frac{\mu l}{i} = \frac{1 \times 0.8}{0.01} = 80$$

查表 3-6 可得 $\lambda_s = 62$，因此 $\lambda_s < \lambda < \lambda_p$，该杆为中长杆，应用直线经验公式计算临界力：

$$F_{cr} = \sigma_{cr}A = (a - b\lambda)\frac{\pi d^2}{4} = (304 \times 10^6 - 1.12 \times 10^6 \times 80) \times \frac{\pi \times 0.04^2}{4}$$

$$= 269423N \approx 269kN$$

3）计算杆长 $l = 0.5m$ 时的临界力。

$$\lambda = \frac{\mu l}{i} = \frac{1 \times 0.5}{0.01} = 50 < \lambda_s = 62$$

该压杆为短粗杆（小柔度杆），其临界力为

$$F_{cr} = \sigma_s A = 235 \times \frac{\pi \times 40^2}{4} = 295310N \approx 295kN$$

（3）总结提高。从本例可以看出，在材料、支撑和形状相同时，选择恰当的杆长可以提高压杆的临界力。

3.5.2　压杆的稳定计算

3.5.2.1　压杆稳定的实用计算方法

当压杆中的应力达到（或超过）其临界应力时，压杆会丧失稳定。所以，正常工作的压杆，其横截面上的应力应小于临界应力。在工程中，为了保证压杆具有足够的稳定性，还必须考虑一定的安全储备，这就要求横截面上的应力不能超过压杆的临界应力的许用值 $[\sigma]$，即

$$\sigma = \frac{F}{A} \leqslant [\sigma_{cr}]$$

其中

$$[\sigma_{cr}] = \frac{\sigma_{cr}}{n_{st}}$$

式中，n_{st} 为稳定安全系数。

稳定安全系数一般都大于强度计算时的安全系数，这是因为在确定稳定安全系数时，除应遵循确定安全系数的一般原则外，还必须考虑实际压杆并非理想的轴向压杆这一情况。例如，在制作过程中，杆件不可避免地存在微小的弯曲（即存在初曲率），另外，外力的作用线也不可能绝对准确地与杆件的轴线相重合（即存在初偏心）等，这些因素都应在稳定安全系数中加以考虑。

为了计算上的方便，将临界应力的许用值写成如下形式：

$$[\sigma_{cr}] = \frac{\sigma_{cr}}{n_{st}} = \varphi[\sigma]$$

从上式可知，φ 值为

$$\varphi = \frac{\sigma_{cr}}{n_{st}[\sigma]}$$

式中，$[\sigma]$ 为强度计算时的许用应力；φ 为折减系数，其值小于 1。

当 $[\sigma]$ 一定时，φ 取决于 σ_{cr} 与 n_{st}。由于临界应力 σ_{cr} 值随压杆的长细比而改变，而不同长细比的压杆一般又规定不同的稳定安全系数，所以折减系数 φ 是长细比 λ 的函数；当材料一定时，φ 值取决于长细比 λ 的值，表 3-7 即列出了 Q235 钢、16 锰钢和木材的折减系数 φ 值。

表 3-7　折减系数

λ	φ		
	Q235	16 锰钢	木　材
0	1.000	1.000	1.000
10	0.995	0.993	0.971
20	0.981	0.973	0.932
30	0.958	0.940	0.883
40	0.927	0.895	0.822
50	0.888	0.840	0.751
60	0.842	0.776	0.668
70	0.789	0.705	0.575
80	0.731	0.627	0.470
90	0.669	0.546	0.370
100	0.604	0.462	0.300
110	0.536	0.384	0.248
120	0.466	0.325	0.208
130	0.401	0.279	0.178
140	0.349	0.242	0.153
150	0.306	0.213	0.133
160	0.272	0.188	0.117
170	0.243	0.168	0.104
180	0.218	0.151	0.093
190	0.197	0.136	0.083
200	0.180	0.124	0.075

应当明白，$[\sigma_{cr}]$ 与 $[\sigma]$ 虽然都是许用应力，但两者却有很大的不同。$[\sigma]$ 只与材料有关，当材料一定时，其值为定值；而 $[\sigma_{cr}]$ 除与材料有关外，还与压杆的长细比有关，所以相同材料制成的不同长细比的压杆，其 $[\sigma_{cr}]$ 值是不同的。

$$\sigma = \frac{F}{A} \leqslant \varphi[\sigma] \quad 或 \quad \frac{F}{A\varphi} \leqslant [\sigma]$$

上式即为压杆需要满足的稳定条件。由于折减系数 φ 可按 λ 的值直接从表 3-7 中查到，所以按上式的稳定条件进行压杆的稳定计算十分方便。因此，该方法也称为实用计算方法。

应当指出，在稳定计算中，压杆的横截面面积 A 均采用毛截面面积计算，即当压杆在局部有横截面削弱（如钻孔、开口等）时，可不予考虑。因为压杆的稳定性取决于整个杆件的弯曲刚度，而局部的截面削弱对整个杆件的整体刚度来说影响甚微。但是，对截面的削弱处，则应当进行强度校核。

应用压杆的稳定条件，可以对以下三方面的问题进行计算：

（1）稳定校核。即已知压杆的几何尺寸、所用材料、支持条件以及承受的压力，校核是否满足稳定条件。这类问题，一般应首先计算出压杆的长细比 λ，根据 λ 查出相应的折减系数 φ，再按照公式进行校核。

（2）计算稳定时的许用荷载。即已知压杆的几何尺寸、所用材料及支撑条件，按稳定条件计算其能够承受的许用荷载 F 值。这类问题，一般也要首先计算出压杆的长细比 λ，根据 λ 查出相应的折减系数 φ，再按照下式

$$F \leqslant A\varphi[\sigma]$$

进行计算。

（3）进行截面设计。即已知压杆的长度、所用材料、支撑条件以及承受的压力 F，按照稳定条件计算压杆所需的截面尺寸。一般按下式计算

$$A \geqslant \frac{F}{\varphi[\sigma]}$$

3.5.2.2　提高压杆稳定性的措施

要提高压杆的稳定性，关键在于提高压杆的临界力或临界应力。而压杆的临界力和临界应力与压杆的长度、横截面形状及大小、支撑条件以及压杆所用材料等有关。因此，可以从以下几方面考虑。

A　合理选择材料

欧拉公式表明，大柔度杆的临界应力与材料的弹性模量成正比。所以，选择弹性模量较高的材料，就可以提高大柔度杆的临界应力，也就提高了其稳定性。但是，对于钢材而言，各种钢的弹性模量大致相同，所以选用高强度钢并不能明显提高大柔度杆的稳定性。而中、小柔度杆的临界应力则与材料的强度有关，采用高强度钢材，可以提高这类压杆抵抗失稳的能力。

B　选择合理的截面形状

增大截面的惯性矩，可以增大截面的惯性半径，降低压杆的柔度，从而可以提高压杆的稳定性。在压杆的横截面面积相同的条件下，应尽可能使材料远离截面形心轴，以取得

较大的惯性矩，从这个角度出发，空心截面要比实心截面合理，如图 3-60 所示。在工程实际中，若压杆的截面是用两根槽钢组成的，则应采用如图 3-61 所示的布置方式，可以取得较大的惯性矩或惯性半径。

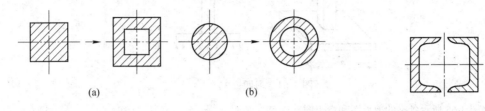

图 3-60　空心截面与实心截面　　　　　　　图 3-61　布置方式

另外，由于压杆总是在柔度较大（临界力较小）的纵向平面内首先失稳，所以应注意尽可能使压杆在各个纵向平面内的柔度都相同，以充分发挥压杆的稳定承载力。

C　改善约束条件，减小压杆长度

由欧拉公式可知，压杆的临界力与其计算长度的平方成反比，而压杆的计算长度又与其约束条件有关。因此，改善约束条件，可以减小压杆的长度系数和计算长度，从而增大临界力。

减小压杆长度的另一方法是在压杆的中间增加支撑，把一根变为两根甚至几根。

 ## 习　题

(1)　一起重架由 100mm×100mm 的木杆 BC 和直径为 30mm 的钢拉杆 AB 组成，如图 3-62 所示。现起吊一重物 W = 40kN。求杆 AB 和杆 BC 中的正应力。

(2)　图 3-63 所示横截面为正方形的阶梯形砖柱承受荷载 P = 40kN 作用，材料的弹性模量 E = 2×10^{5}MPa，上、下柱截面尺寸如图 3-63 所示。求：1）作轴力图；2）计算上、下柱的正应力；3）计算上、下柱的线应变；4）计算 A、B 截面的位移。

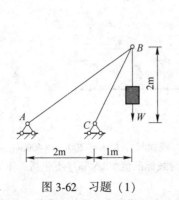

图 3-62　习题（1）

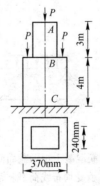

图 3-63　习题（2）

(3)　如图 3-64 所示，正方形的混凝土柱，其横截面边长为 b = 200mm，其基底为边长 a = 1m 的正方形混凝土板。柱受轴向压力 F = 100kN 作用，假设地基对混凝土板的反力为均匀分布，混凝土的许用剪应力 $[\tau]$ = 1.5MPa，试问若使柱不致穿过混凝土板，所需的最小厚度 δ 应为多少？

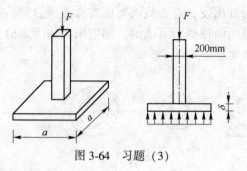

图 3-64　习题（3）

（4）绘制图 3-65 所示各梁的剪力图和弯矩图。

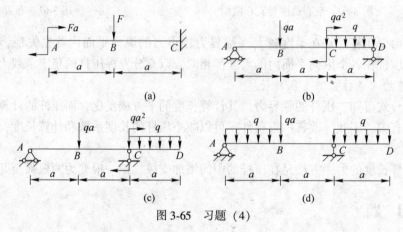

图 3-65　习题（4）

（5）试用叠加法绘制出图 3-66 所示各梁的弯矩图。

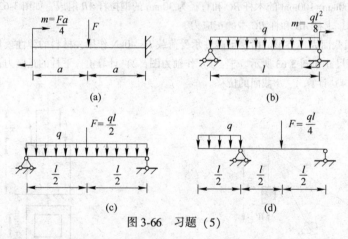

图 3-66　习题（5）

（6）某办公楼钢筋混凝土矩形截面简支梁，安全等级为二级，截面尺寸 $b \times h = 200mm \times 400mm$，计算跨度 $l_0 = 5m$，承受均布线荷载：活荷载标准值 7kN/m，恒荷载标准值 10kN/m（不包括自重）。求跨中最大弯矩设计值。

（7）有一教室的钢筋混凝土简支梁，计算跨度 $l_0 = 4m$，支撑在其上的板自重及梁的自重等永久荷载的标准值为 12kN/m，楼面使用活荷载传给该梁的荷载标准值为 8kN/m，按正常使用计算梁跨中截面荷载效应的标准组合和准永久组合弯矩值。

（8）如图 3-67 所示的悬臂梁受集中力 $F = 10kN$ 和均布荷载 $q = 28kN/m$ 作用，试计算 A 右截面上 a、b、c、d 四点处的正应力。

(9) 试用叠加法计算图 3-68 所示梁自由端截面的挠度和转角。

(10) 一简支梁用型号为 No.20b 的工字钢制成，承受荷载如图 3-69 所示，已知 $l=6$m，$q=4$kN/m，$F=10$kN，$\left[\dfrac{f}{l}\right]=\dfrac{1}{400}$，钢材的弹性模量 $E=200$GPa，试校核梁的刚度（No.20b 工字钢的 $I_z=2500$cm^4）。

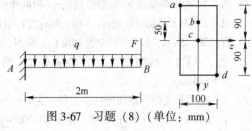

图 3-67 习题（8）（单位：mm）

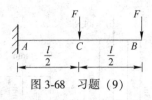

图 3-68 习题（9）

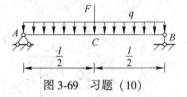

图 3-69 习题（10）

(11) 图 3-70 所示檩条两端简支于屋架上，檩条的跨度 $l=4$m，承受均布荷载 $q=2$kN/m，矩形截面 $b\times h=$ 15cm×20cm，木材的许用应力 $[\sigma]=10$MPa，试校核该檩条的强度。

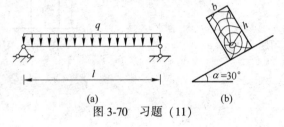

(a)　　　　　　　　(b)

图 3-70 习题（11）

(12) 图 3-71 所示简支梁，选用 No.25a 号工字钢制成。作用在跨中截面的集中荷载 $F=5$kN，其作用线与截面的形心主轴 y 的夹角为 30°，钢材的许用应力 $[\sigma]=160$MPa。试校核此梁的强度（No.25a 工字钢的 $I_z=5020$cm^4）。

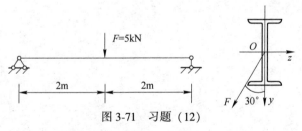

图 3-71 习题（12）

(13) 如图 3-72 所示，由木材制成的矩形截面悬臂梁，在梁的水平对称面内受到 $F_1=800$N 作用，在铅直对称面内受到 $F_2=1650$N 作用，木材的许用应力 $[\sigma]=10$MPa。若矩形截面，$h=2b$，试确定其截面尺寸。

(14) 如图 3-73 所示的圆形截面，已知圆形截面的直径为 D，求截面核心。

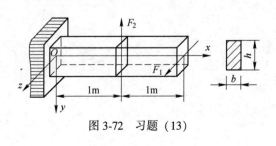

图 3-72 习题（13）

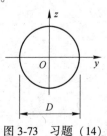

图 3-73 习题（14）

（15）图3-74所示两端铰支的细长压杆，材料的弹性模量 $E = 200$GPa，试用欧拉公式计算其临界力 F_{cr}。求：1）圆形截面 $d = 25$mm，$l = 1.0$m；2）矩形截面向 $h = 2b = 40$mm，$l = 1.0$m。

（16）直径 $d = 25$mm、长为 l 的细长钢压杆，材料的弹性模量 $E = 200$GPa，试用欧拉公式计算其临界力 F_{cr}。求：1）两端铰支，$l = 600$mm；2）两端固定，$l = 1500$mm；3）一端固定、一端铰支，$l = 1000$mm。

（17）三根两端铰支的圆截面压杆，直径均为 $d = 160$mm，长度分别为 l_1、l_2 和 l_3，且 $l_1 = 2$m，$l_2 = 4$m，$l_3 = 5$m，材料为 Q235 钢，弹性模量 $E = 200$GPa，求三杆的临界力 F_{cr}。

（18）试对图 3-75 所示木杆进行强度和稳定校核。已知材料的许用应力 $[\sigma] = 10$MPa。

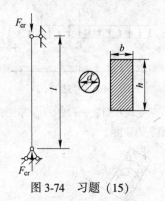

图 3-74　习题（15）

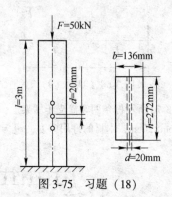

图 3-75　习题（18）

项目 4 分析静定结构体系

【知识目标】 了解几何不变体系、几何可变体系、自由度和约束的概念；熟悉平面结构几何组成的基本规则；了解静定结构的概念及其分类；掌握多跨静定梁、桁架、刚架等的特点、内力计算和内力图的绘制。

【能力目标】 运用平面杆件体系几何组成的基本规律，会对一般的平面杆件体系进行几何组成分析；能熟练绘制梁、刚架的内力图；能够计算桁架的内力。

【素质目标】 在分析静定结构过程中，培养一丝不苟的工作态度。

任务 4.1 分析平面体系的几何组成

4.1.1 几何组成分析的目的

杆系结构是由若干杆件通过一定的互相联结方式所组成的几何不变体系，并与地基相联系组成一个整体，用来承受荷载的作用，当不考虑各杆件本身的变形时，它应能保持其原有几何形状和位置不变，杆系结构的各个杆件之间以及整个结构与地基之间不会发生相对运动。

受到任意荷载作用后，在不考虑材料变形的条件下，能够保持几何形状和位置不变的体系，称为几何不变体系，如图 4-1 (a) 所示即为这类体系的一个例子。而如图 4-1 (b) 所示的例子是另一类体系，在受到很小的荷载 F 作用时，也将引起几何形状的改变，这类不能够保持几何形状和位置不变的体系称为几何可变体系。显然，土木工程结构中只能是几何不变体系，而不能采用几何可变体系。

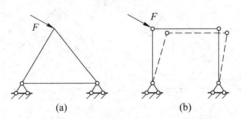

图 4-1 几何不变体系与几何可变体系

上述体系的区别是由于它们的几何组成不同。分析体系的几何组成，以确定它们属于哪一类体系，称为体系的几何组成分析。在对结构进行分析计算时，必须先分析体系的几何组成，以确定体系的几何不变性。几何组成分析的目的是：(1) 判别给定体系是否是几何不变体系，从而决定它能否作为结构使用。(2) 研究几何不变体系的组成规则，以保证设计出合理的结构。（3）正确区分静定结构和超静定结构，为结构的内力计算打下必要的基础。

4.1.2　平面体系的自由度与约束

4.1.2.1　自由度

为了便于对体系进行几何组成分析，先讨论平面体系的自由度的概念。所谓体系的自由度，是指该体系运动时，用来确定其位置所需的独立坐标的数目。在平面内的某一动点 A，其位置要由两个坐标 x 和 y 来确定，如图 4-2（a）所示。所以，一个点的自由度等于 2，即点在平面内可以做两种相互独立的运动，通常用平行于坐标轴的两种移动来描述。

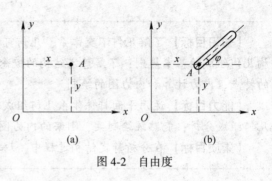

图 4-2　自由度

在平面体系中，由于不考虑材料的应变，所以可认为各个构件没有变形。于是，可以把一根梁、一根链杆或体系中已经肯定为几何不变的某个部分看作一个平面刚体，简称为刚片。一个刚片在平面内运动时，其位置将由它上面的任一点 A 的坐标 (x, y) 和过 A 点的任一直线的倾角 φ 来确定，如图 4-2（b）所示。因此，一个刚片在平面内的自由度等于 3，即刚片在平面内不但可以自由移动，而且可以自由转动。

4.1.2.2　约束

对刚片加入约束装置，它的自由度将会减少，凡能减少一个自由度的装置称为一个约束。例如用一根链杆将刚片与基础相连［见图 4-3（a）］，刚片将不能沿链杆方向移动，确定刚片的位置只需 φ_1、φ_2 两个坐标即可，因而减少了一个自由度。用一根链杆将两个刚片相连［见图 4-3（b）］，确定体系的位置只需 x、y、φ_1、φ_2、φ_3 5 个坐标即可，因而也减少了一个自由度，因此，一根链杆相当于一个约束。

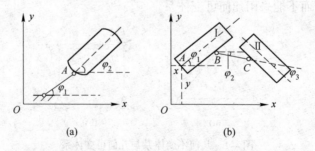

图 4-3　链杆与刚片的连接

用一个圆柱铰将刚片与基础相连［见图 4-4（a）］，刚片将只能绕铰转动，确定刚片的位置只需 φ 一个坐标即可，因而减少了两个自由度。用一个圆柱铰将两个刚片相连［见图 4-4（b）］，确定体系的位置只需 x、y、φ_1、φ_2 4 个坐标即可，因而也减少了两个自由度。只联结两个刚片的铰称为单铰，因此一个单铰相当于两个约束。

用一个圆柱铰把 3 个刚片联结起来 [见图 4-5 (a)]，确定刚片 I 的位置需要 x、y、φ_1 3 个坐标，由于刚片 II 和刚片 III 只能绕铰转动，确定它们的位置只需要 φ_2、φ_3 两个坐标，即确定体系的位置只需要 x、y、φ_1、φ_2、φ_3 5 个坐标即可，因此减少了 4 个自由度 [4 $= 2 \times (3-1)$]。用一个圆柱铰把四个刚片联结起来 [见图 4-5 (b)]，确定体系的位置只需要 x、y、φ_1、φ_2、φ_3、φ_4 6 个坐标即可，因此减少了 6 个自由度 [$6 = 2 \times (4-1)$]。同时，联结两个以上刚片的铰称为复铰，所以联结 n 个刚片的复铰相当于 $(n-1)$ 个单铰约束。

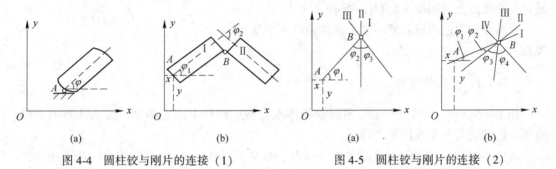

图 4-4　圆柱铰与刚片的连接 (1)　　　　图 4-5　圆柱铰与刚片的连接 (2)

若将刚片与基础刚性连接起来，如图 4-6 (a) 所示，则它们成为一个整体，都不能动，体系的自由度是 0。若两个刚片刚结，如图 4-6 (b) 所示，则确定体系的位置只需要 x、y、φ 三个坐标即可，因此减少了 3 个自由度，所以刚结点相当于 3 个约束。

从以上可以看出，可动铰支座相当于链杆约束，固定铰支座相当于单铰约束，固定支座相当于刚结点约束。

一个平面体系，通常都是由若干个刚片加入某些约束所组成的。加入约束后能减少体系的自由度。如果在组成体系的各刚片之间恰当地加入足够的约束，就能使刚片与刚片之间不可能发生相对运动，从而使该体系成为几何不变体系。如果几何不变体系的约束个数与其自由度（无约束时的自由度）相等，则该几何不变体系称为无多余约束的几何不变体系（又称为静定结构），如图 4-7 (a) 所示的 A 点。若几何不变体系的约束个数大于其自由度（无约束时的自由度），则该几何不变体系称为有多余约束的几何不变体系（又称为超静定结构），如图 4-7 (b) 所示的 A 点。

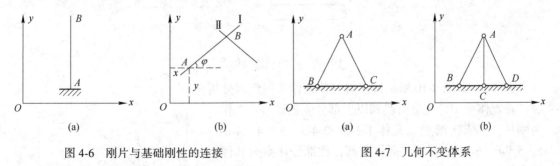

图 4-6　刚片与基础刚性的连接　　　　　图 4-7　几何不变体系

4.1.3　几何不变体系的基本组成规则

基本组成规则是几何组成分析的基础，在进行几何组成分析之前先介绍一下虚铰的概念。

如果两个刚片用两根链杆连接，如图 4-8 所示，则这两根链杆的作用就和一个位于两杆交点 O 的铰的作用完全相同。由于在这个交点 O 处并不是真正的铰，所以称它为虚铰。虚铰的位置即在这两根链杆的交点上，如图 4-8（a）所示的 O 点。如果连接两个刚片的两根链杆并没有相交，则虚铰在这两根链杆延长线的交点上，如图 4-8（b）所示。

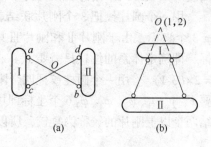

图 4-8　刚片用链杆连接

下面分别叙述组成几何不变平面体系的 3 个基本规则。

4.1.3.1　二元体规则

如图 4-9（a）所示为一个三角形铰接体系，假如链杆 I 固定不动，那么通过前面的叙述，已知它是一个几何不变体系。

将图 4-9（a）中的链杆 I 看作一个刚片，成为图 4-9（b）所示的体系。从而得出二元体规则。

规则 1（二元体规则）：一个点与一个刚片用两根不共线的链杆相连，则组成无多余约束的几何不变体系。

由两根不共线的链杆连接一个节点的构造，称为二元体，如图 4-9（b）中的 BAC。

推论 1：在一个平面杆件体系上增加或减少若干个二元体，都不会改变原体系的几何组成性质。

如图 4-9（c）所示的桁架，就是在铰接三角形 ABC 的基础上，依次增加二元体而形成的一个无多余约束的几何不变体系。同样，也可以对该桁架从 H 点起依次拆除二元体而成为铰接三角形 ABC。

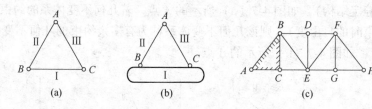

图 4-9　三角形铰接体系

例 4-1　对图 4-10 所示铰接链杆体系作几何组成分析。

在此体系中，先分析基础以上部分。把链杆 1-2 作为刚片，再依次增加二元体 1-3-2、2-4-3、3-5-4、4-6-5、5-7-6、6-8-7。根据二元体法则，此部分体系为几何不变体系，且无多余约束。

把上面的几何不变体系视为刚片，它与基础用三根既不完全平行也不交于一点的链杆相连，根据两刚

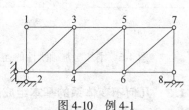

图 4-10　例 4-1

片规则，图 4-10 所示体系为一几何不变体系，且无多余约束。

4.1.3.2　两刚片规则

将图 4-9（a）中的链杆Ⅰ和链杆Ⅱ都看作刚片，就成为图 4-11（a）所示的体系。从而得出两刚片规则。

规则 2（两刚片规则）：两刚片用不在一条直线上的一个铰和一根链杆连接，则组成无多余约束的几何不变体系。

如果将图 4-11（a）中连接两刚片的铰 B 用虚铰代替，即用两根不共线、不平行的链杆 a、b 来代替，就成为图 4-11（b）所示的体系，则有推论 2。

推论 2：两刚片用既不完全平行也不交于一点的三根链杆联结，则组成无多余约束的几何不变体系。

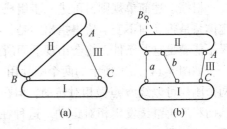

图 4-11　两刚片规则

例 4-2　对图 4-12（a）所示体系作几何组成分析。

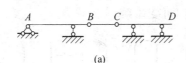　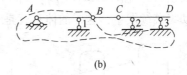

图 4-12　例 4-2

首先以地基及杆 AB 为二刚片，由铰 A 和链杆Ⅰ的连接，链杆 1 的延长线不通过铰 A，组成几何不变部分，如图 4-12（b）所示。以此部分为一刚片，杆 CD 作为另一刚片，用链杆 2、3 及链杆 BC（连接两刚片的链杆约束，必须是两端分别连接在所研究的两刚片上）连接。三链杆不交于一点也不完全平行，符合两刚片规则，故整个体系是无多余约束的几何不变体系。

4.1.3.3　三刚片规则

将图 4-9（a）中的链杆Ⅰ、链杆Ⅱ和链杆Ⅲ都看作刚片，就成为图 4-13（a）所示的体系。从而得出三刚片规则。

规则 3（三刚片规则）：三刚片用不在一条直线上的三个铰两两连接，则组成无多余约束的几何不变体系。

如果将图 4-13（a）中连接三刚片之间的铰 A、B、C 全部用虚铰代替，即都用两根不共线、不平行的链杆来代替，就成为图 4-13（b）所示体系，则有推论 3。

推论 3：三刚片分别用不完全平行也不共线的两根链杆两两连接，且所形成的三个

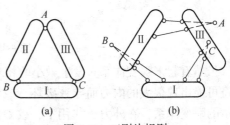

图 4-13　三刚片规则

虚铰不在同一条直线上，则组成无多余约束的几何不变体系。

对于例 4-2，将链杆 *BC* 视为一个刚片，*AB* 杆及地基分别作为第二、第三个刚片，运用三刚片规则也可分析。

通过此题可看出：分析同一体系的几何组成可以采用不同的组成规则；一根链杆可视为一个约束，也可视为一个刚片。

从以上叙述可知，这三个规则及其推论实际上都是三角形规律的不同表达方式，即三个不共线的铰，可以组成无多余约束的铰接三角形体系。

根据上述简单规则，可进一步组成为一般的几何不变体系，也可用这些规则来判别给定体系是否几何不变。值得指出的是，在上述 3 个组成规则中都提出了一些限制条件，如果不能满足这些条件，将会出现下面所述的情况。

如图 4-14（a）所示的两个刚片用三根链杆相连，链杆的延长线交于一点 *O*，此时，两个刚片可以绕 *O* 点做相对转动，但在发生一微小转动后，三根链杆就不完全交于一点，从而将不再继续发生相对运动。这种在某一瞬时可以产生微小运动的体系，称为瞬变体系。又如图 4-14（b）所示的两个刚片用三根互相平行但不等长的链杆相连，此时，两个刚片可以沿着与链杆垂直的方向发生相对移动，但在发生一微小移动后，此三根链杆就不再互相平行，故这种体系也是瞬变体系。应该注意，若三链杆等长并且是从其中一个刚片沿同一方向引出时［见图 4-14（c）］，则在两刚片发生一相对运动后，此三根链杆仍互相平行，故运动将继续发生，这样的体系就是几何可变体系。

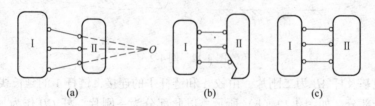

图 4-14　瞬变体系与几何可变体系

如图 4-15（a）所示，3 个刚片用位于一直线上的 3 个铰两两相连的情形（这里把支座和基础看成一个刚片）。此时 *C* 点位于以 *AC* 和 *BC* 为半径的两个圆弧公切线上，故 *C* 点可沿此公切线做微小的移动。不过在发生一微小移动后，三个铰就不再位于一直线上，运动就不再发生，故此体系也是一个瞬变体系。

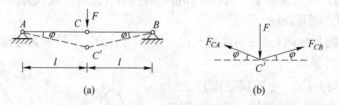

图 4-15　瞬变体系

虽然看起来瞬变体系只发生微小的相对运动，似乎可以作为结构，但实际上当它受力时将可能出现很大的内力而导致破坏，或者产生过大的变形而影响使用。如图 4-15（a）所示的瞬变体系，在外力 *F* 作用下，铰 *C* 向下发生一微小的位移而到 *C'* 的位置，由图 4-

15（b）所示隔离体的平衡条件 $\sum Y = 0$ 可得

$$F_{CA} = \frac{F}{2\sin\varphi}$$

因为 φ 为一无穷小量，所以

$$F_{CA} = \lim \frac{F}{2\sin\varphi} = \infty$$

可见，杆 AC 和杆 BC 将产生很大的内力和变形。因此，在工程中一定不能采用瞬变体系。

杆件组成的体系包括几何可变体系、几何不变体系（包括有多余约束和无多余约束两种）、瞬变体系三类。对工程技术人员来说，最重要的是通过对给定体系的几何组成分析，确定其属于哪一类，从而得知它能否作为结构使用。几何组成分析的依据是上述的 3 个规则，分析时可将基础（或大地）视为一刚片，也可把体系中的一根梁、一根链杆或某些几何不变部分视为一刚片，特别是根据规则 1 可先将体系中的二元体逐一撤除，以便使分析简化。

任务 4.2　分析静定结构的内力

4.2.1　分析多跨静定梁的内力

在实际的建筑工程中，多跨静定梁常用来跨越几个相连的跨度。如图 4-16（a）所示为一公路或城市桥梁中常采用的多跨静定梁结构形式之一，其计算简图如图 4-16（b）所示。

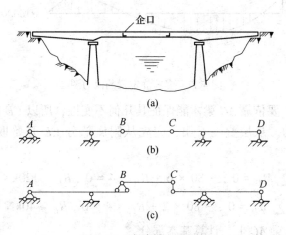

图 4-16　多跨静定梁结构

任务实施 4-1　分析多跨静定梁的内力

（1）任务引领。试作图 4-17（a）所示多跨静定梁的内力图。

（2）任务实施：

1）作层叠图。如图 4-17（b）所示，AC 梁为基本部分，CE 梁是通过铰 C 和 D 支座

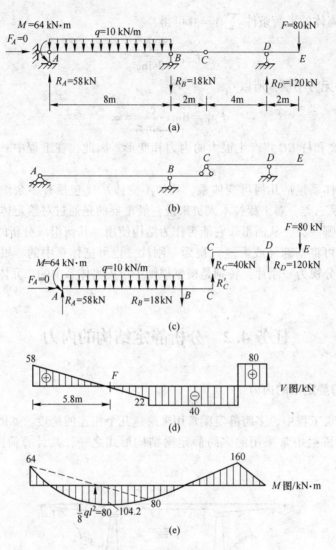

图4-17　多跨静定梁的内力图

链杆连接在 AC 梁上，要依靠 AC 梁才能保证其几何不变性，所以 CE 梁为附属部分。

2）计算支座反力。从层叠图看出，应先从附属部分 CE 开始取隔离体，如图 4-17（c）所示。

$$\sum M_C = 0, -80 \times 6 + R_D \times 4 = 0, R_D = 120\text{kN}$$

$$\sum M_D = 0, -80 \times 2 + R_C \times 4 = 0, R_C = 40\text{kN}$$

将 R_C 反向作用于梁 AC 上，计算基本部分。

$$\sum X = 0, F_A = 0$$

$$\sum M_A = 0, 40 \times 10 - R_B \times 8 - 10 \times 8 \times 4 + 64 = 0, R_B = 18\text{kN}$$

$$\sum M_B = 0, 40 \times 2 - 10 \times 8 \times 4 + 64 - R_A \times 8 = 0, R_A = 58\text{kN}$$

校核：由整体平衡条件得 $\sum Y = -80 + 120 - 18 + 58 - 10 \times 8 = 0$，无误。

3）作内力图。分别作出单跨梁的内力图，然后拼合在同一水平基线上，除这一方法外，多跨静定梁的内力图还可根据其整体受力图直接绘出，如图 4-17（d）和（e）所示。

4.2.2 分析静定平面刚架的内力

4.2.2.1 刚架的特点

（1）刚架（也称框架）。静定平面刚架是由横梁和柱共同组成的一个整体静定承重结构。刚架的特点是具有刚结点，即梁与柱的接头是刚性连接的，共同组成一个几何不变的整体。静定平面刚架常见的形式有简支刚架、悬臂刚架、三铰刚架、门式刚架等，分别如图 4-18（a）~（d）所示。

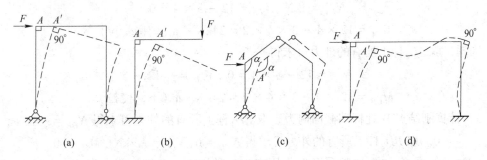

(a)　　　　(b)　　　　(c)　　　　(d)

图 4-18　静定平面刚架常见形式

刚架中的所谓刚结点，就是在任何荷载作用下，梁、柱在该结点处的夹角保持不变。如图 4-18 中虚线所示，刚结点有线位移和转动，但原来结点处梁、柱轴线的夹角大小保持不变。

（2）在受力方面，由于刚架具有刚结点，梁和柱能作为一个整体共同承担荷载的作用，结构整体性好，刚度大，内力分布较均匀，在大跨度、重荷载的情况下，是一种较好的承重结构，所以刚架结构在工业与民用建筑中被广泛地采用。

4.2.2.2 静定刚架的内力计算及内力图

如同研究梁的内力一样，在计算刚架内力之前，首先要明确刚架在荷载作用下，其杆件横截面将产生什么样的内力。在作内力图时，先根据荷载等情况确定各段杆件内力图的形状，之后再计算出控制截面的内力值，这样即可作出整个刚架的内力图。对于弯矩图通常不标明正负号，而把它画在杆件受拉一侧，而剪力图和轴力图则应标出正负号。

任务实施 4-2　分析静定平面刚架的内力

（1）任务引领。分析图 4-19 所示刚架刚结点 C、D 处杆端截面的内力。

（2）任务实施：

1）利用平衡条件求出支座反力，如图 4-19 所示。

2）计算刚结点 C 处杆端截面内力。先用截面法假想将刚架从截面 C_1 处截断，取 AC_1 部分为隔离体。在这一隔离体上，由于作用有荷载，所以截面 C_1 上必产生内力

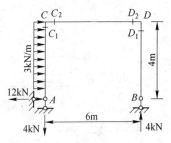

图 4-19　支座反力计算

与之平衡。从 $\sum X = 0$ 可知，截面上将会有一水平力，即截面的剪力 V；从 $\sum Y = 0$ 可知，截面将会有一垂直力，即截面的轴力 N；再以截面的形心 C 为矩心，从 $\sum M_C = 0$ 可知，截面必有一力偶，即截面的弯矩 M。在运算过程中，内力的正负号规定如下：使刚架内侧受拉的弯矩为正，反之为负；轴力以拉力为正、压力为负；剪力正负号的规定与梁相同。

为了明确地表示各杆端的内力，规定内力字母下方用两个角标表示，第一个角标表示该内力所属杆端，第二个角标表示杆的另一端：如 AB 杆 A 端的弯矩记为 M_{AB}，B 端的弯矩记为 M_{BA}；CD 杆 C 端的剪力记为 V_{CD}，D 端的剪力记为 V_{DC} 等。因此，取 AC_1 段上的所有外力可求得

$$N_{CA} = 4\text{kN}，V_{CA} = 12 - 3 \times 4 = 0$$
$$M_{CA} = 12 \times 4 - 3 \times 4 \times 2 = 24\text{kN} \cdot \text{m}（内侧受拉）$$

同理，取 AC_2 杆上所有的外力可求得

$$N_{CD} = 12 - 3 \times 4 = 0，V_{CD} = -4\text{kN}$$
$$M_{CD} = 12 \times 4 - 3 \times 4 \times 2 = 24\text{kN} \cdot \text{m}（下侧受拉）$$

3）计算刚结点 D 处杆端截面内力。取 BD_1 杆上所有的外力可求得 $N_{DB} = -4\text{kN}$，$V_{DB} = 0$，$M_{DB} = 0$。取 BD_2 杆上所有的外力可求得 $N_{DC} = 0$，$V_{DC} = -4\text{kN}$，$M_{DC} = 0$。

（3）总结提高：1）刚架受荷载作用产生三种内力：弯矩、剪力和轴力。2）要求出静定刚架中任一截面的内力（M、N、V），也如同计算梁的内力一样，用截面法将刚架从指定截面处截开，考虑其中一部分隔离体的平衡，建立平衡方程，解方程，从而求出它的内力。

任务实施 4-3　绘制刚架的弯矩图

（1）任务引领。绘制图 4-20（a）所示刚架的 M 图。

（2）任务实施。AB 和 BD 杆段间无荷载，故 M 图均（下侧受拉）为直线，因 $M_{DC} = 6\text{kN} \cdot \text{m}$，下侧受拉，$M_{CD} = 0$，故 $M_{BC} = \dfrac{4}{3} \times 6 = 8\text{kN} \cdot \text{m}$，上侧受拉；由刚结点 B 力矩平衡，$M_{BA} = 8 + 20 = 28\text{kN} \cdot \text{m}$，左侧受拉；$M_{AB} = 15\text{kN} \cdot \text{m}$，左侧受拉。有了各控制截面的弯矩，即可作出整个结构的 M 图，如图 4-20（b）所示。

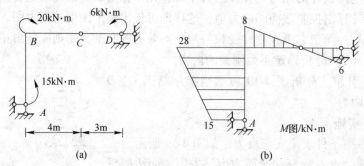

图 4-20　刚架

全部内力图作出后，可截取刚架的任一部分为隔离体，按静力平衡条件进行校核。

4.2.3　静定平面桁架的内力分析

4.2.3.1　桁架的特点

静定平面桁架是指由在一个平面内的若干直杆在两端用铰连接所组成的静定结构，在建筑工程中，是常用于跨越较大跨度的一种结构形式，如图 4-21 所示。

实际桁架的受力情况比较复杂，因此在分析桁架时必须选取既能反映桁架的本质又能便于计算的计算简图。通常对平面桁架的计算简图作如下三条假定（见图 4-22）：（1）各杆的两端用绝对光滑而无摩擦的理想铰连接。（2）各杆轴均为直线，在同一平面内且通过铰的中心。（3）荷载均作用在桁架结点上。

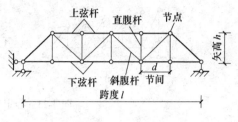

图 4-21　平面桁架

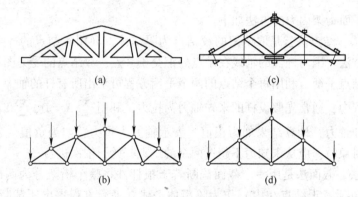

图 4-22　平面桁架计算简图

必须强调的是，实际桁架与上述理想桁架存在着一定的差距。比如桁架结点可能具有一定的刚性，有些杆件在结点处是连续不断的，杆的轴线也不完全为直线，结点上各杆轴线也不交于一点，存在着类似于杆件自重、风荷载、雪荷载等非结点荷载等。因此，通常把按理想桁架算得的内力称为主内力（轴力），而把上述一些原因所产生的内力称为次内力（弯矩、剪力）。此外，工程中通常是将几片桁架联合组成一个空间结构来共同承受荷载，计算时，一般是将空间结构简化为平面桁架进行计算，而不考虑各片桁架间的相互影响。

在理想桁架情况下，各杆均为二力杆，故其受力特点是各杆只受轴力作用。这样，杆件横截面上的应力分布均匀，使材料能得到充分利用，因此，在建筑工程中，桁架结构得到广泛的应用，如屋架、施工托架等。

4.2.3.2　静定平面桁架的类型

杆轴线、荷载作用线都在同一平面内的桁架称为平面桁架。按照桁架的几何组成方式，静定平面桁架可分为三类：

（1）简单桁架。在铰接三角形（或基础）上依次增加二元体所组成的桁架，如图 4-23（a）所示。

（2）联合桁架。由几个简单桁架按几何组成规则所组成的桁架，如图 4-23（b）所示。

（3）复杂桁架。凡不属于前两类的桁架都属于复杂桁架，如图 4-23（c）所示。

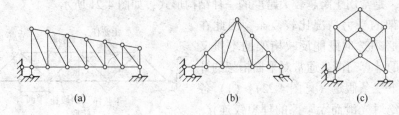

（a）　　　　　　　　　　（b）　　　　　　　　　　（c）

图 4-23　静定平面桁架的三种类型

4.2.3.3　计算静定平面桁架内力的方法

计算静定平面桁架内力的方法如下：

（1）结点法。结点法就是取桁架的铰结点为隔离体，利用各结点的静力平衡条件计算杆件内力的方法。因为杆件的轴线在结点处汇交于一点，故结点的受力图是平面汇交力系，逐一选取结点平衡，利用每个结点的两个平衡方程可求出所有杆的轴力。

在计算过程中，通常先假设杆的未知轴力为拉力，利用 $\sum X = 0$、$\sum Y = 0$ 两个平衡方程，求出未知轴力，计算结果如为正值，表示轴力为拉力；如为负值，表示轴力为压力。选取研究对象时，应从未知力不超过两个的结点开始，依次进行。

（2）截面法。截面法是用一个截面截断若干根杆件将整个桁架分为两部分，并任取其中一部分（包括若干结点在内）作为隔离体，建立平衡方程求出所截断杆件的内力。显然，作用于隔离体上的力系通常为平面一般力系。因此，只要此隔离体上的未知力数目不多于 3 个，可利用平面一般力系的 3 个静力平衡方程把截面上的全部未知力求出。

（3）结点法和截面法的联合使用法。结点法和截面法是计算桁架内力的两种基本方法，对于简单桁架来说，无论用哪一种方法计算都比较方便。但对于联合桁架来说，仅用结点法来分析内力就会遇到困难，这时，一般先用截面法求出联合处杆件的内力，然后用结点法对组成联合桁架的各简单桁架内力进行计算。

任务实施 4-4　计算桁架中杆的内力

（1）任务引领。计算图 4-24（a）所示桁架 1、2、3 杆的内力 N_1、N_2、N_3。

（2）任务实施：

1）求支座反力。

$$\sum X = 0，X_A = -3\text{kN}(\leftarrow)$$

$$\sum M_B = 0，Y_A = \frac{1}{24} \times (4 \times 20 + 8 \times 16 + 2 \times 4 - 3 \times 3) = 8.625\text{kN}(\uparrow)$$

$$\sum M_A = 0，Y_B = \frac{1}{24} \times (4 \times 4 + 8 \times 8 + 2 \times 20 + 3 \times 3) = 5.375\text{kN}(\uparrow)$$

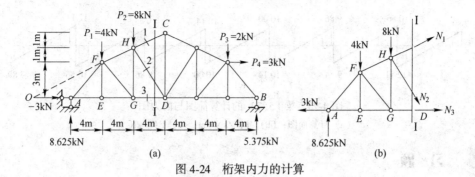

图 4-24　桁架内力的计算

2）求内力。利用截面 I—I 将桁架截断，以左段为隔离体，如图 4-24（b）所示。

$$\sum M_D = 0, \quad -8.625 \times 12 + 4 \times 8 + 8 \times 4 - 5N_1\cos\alpha = 0$$

$$\cos\alpha = \frac{4}{\sqrt{4^2 + 1^2}} = \frac{4}{\sqrt{17}}$$

$$\sin\alpha = \frac{1}{\sqrt{4^2 + 1^2}} = \frac{1}{\sqrt{17}}$$

所以　　　　　　　　　　　$N_1 = -8.143\text{kN}（压力）$

$$\sum Y = 0, \quad 8.625 - 4 - 8 + N_1\sin\alpha - N_2\cos45° = 0$$

所以　　　　　　　　　　　$N_2 = -7.567\text{kN}（压力）$

$$\sum X = 0, \quad -3 + N_1\cos\alpha + N_2\sin45° + N_3 = 0$$

所以　　　　　　　　　　　$N_3 = 16.25\text{kN}（拉力）$

知识拓展

超静定结构是指从几何组成性质的角度来看，属于几何不变且有多余约束的结构，其支座反力和内力不能用平衡条件来确定，建筑工程中常见的超静定结构形式有刚架、排架、桁架及连续梁等。

下面将直接给出砖混结构楼层平面图中多跨连续梁 L5（7）通过结构软件计算得到的多跨连续梁在竖向均布荷载作用下的内力图，如图 4-25（a）所示。已知：$q = 6.06\text{kN/m}$，L5 共 7 跨，跨度为 3.3m，梁的内力图如图 4-25（b）和（c）所示。

不难看出，在每跨跨中正弯矩最大，中间支座处负弯矩最大且左右截面弯矩相等；支座处剪力最大，且左右截面剪力方向相反数值不同，跨中剪力较小。因此，对于多跨连续梁，其每跨跨中弯矩最大处及支座左右边缘截面为结构计算的控制截面。

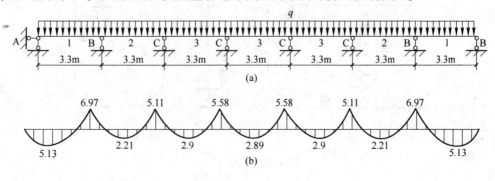

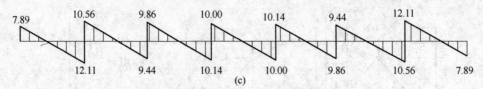

图 4-25 梁 L5(7) 的计算简图与内力图

(a) 计算简图；(b) M 图/kN·m；(c) V 图/kN

习 题

（1）对图 4-26 进行几何组成分析。

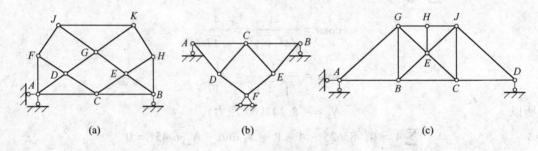

图 4-26 习题（1）

（2）绘制图 4-27 中静定多跨梁的内力图。

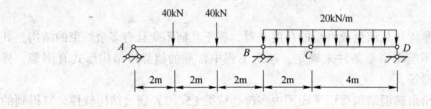

图 4-27 习题（2）

（3）绘制图 4-28 所示刚架的内力图。

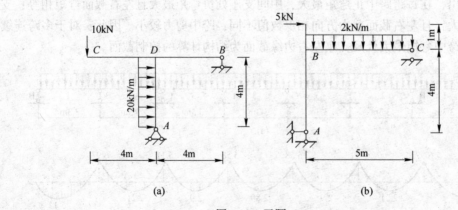

图 4-28 习题（3）

（4）指出图4-29中的零力杆，求指定杆的内力。

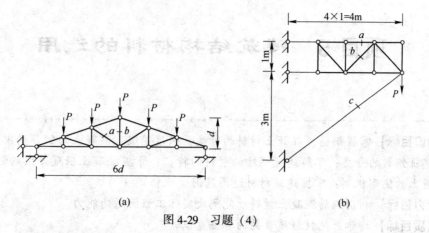

(a)　　　　　　　　　　　　　　　　　　　(b)

图 4-29　习题（4）

项目5 建筑结构材料的选用

【知识目标】 掌握钢筋、混凝土材料的种类，强度等级，混凝土与钢筋的黏结力，了解常用建筑钢材的分类；了解建筑钢结构型材的特征；掌握混凝土强度等级的划分方法；了解混凝土的变形机制；掌握建筑材料适用范围。

【能力目标】 利用钢筋混凝土材料性能解决实际工程问题的能力。

【素质目标】 培养严把材料质量关的责任意识

实例（4）：工程与事故概况

某教学楼为3层混合结构，纵墙承重，外墙厚300mm，内墙厚240mm，灰土基础，楼盖为现浇钢筋混凝土肋形楼盖，平面示意如图5-1所示。

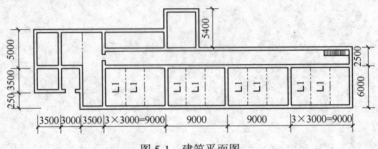

图5-1 建筑平面图

该工程在10月浇筑第二层楼盖混凝土，11月初浇筑第三层楼盖，主体结构于次年1月完成。4月作装饰工程时，发现大梁两侧的混凝土楼板上部普遍开裂，裂缝方向与大梁平行。凿开部分混凝土检查，发现板内负钢筋被踩下。施工人员决定加固楼板，7月施工，板厚由70mm增加到90mm。

该教学楼使用后，各层大梁普遍开裂。

事故原因分析（施工方面的问题）：（1）浇筑混凝土时，把板中的负弯矩钢筋踩下，造成板与梁连接处附近出现通长裂缝。（2）出现裂缝后，采用增加板厚20mm的方法加固，使梁的荷载加大而开裂明显。（3）混凝土水泥用量过少，每立方米混凝土仅用水泥0.21t。（4）第二层楼盖浇完后2h，就在新浇楼板上铺脚手板，大量堆放砖和砂浆，并进行上层砖墙的砌筑，施工荷载超载和早龄期混凝土受震动是事故的重要原因之一。（5）混凝土强度低。第三层楼盖浇筑混凝土时，室内温度已降至0~1℃，没有采取任何冬期施工措施。试块强度21天才达到设计值的42.5%。此外，混凝土振实差、养护不良以及浇筑前模板内杂物未清理干净等因素，也造成混凝土强度低下。

事故中的教学楼楼板属于钢筋混凝土结构构件，涉及钢筋和混凝土两种建筑材料，本项目将介绍其性能。

任务 5.1　钢　　筋

混凝土结构对钢筋的性能有以下四方面的要求：（1）强度要高。采用强度较高的钢筋，可以节约钢材。例如，HPB300 级钢筋的强度设计值为 270kN/mm²，而 HRB400 级钢筋的强度设计值为 360kN/mm²，所以采用 HRB400 级钢筋较 HPB300 级钢筋可以节约 25% 左右的钢材。（2）延性要好。所谓延性好，指钢材在断裂之前有较大的变形，能给人以明显的警示；如果延性不好，就会在没有任何征兆时发生突然脆断，后果严重。（3）焊接性能要好。良好的焊接性使钢筋能够按照使用需要焊接，而不破坏其强度和延性。（4）与混凝土之间的黏结力要强。黏结力是钢筋与混凝土两种不同材料能够共同工作的基本前提之一。如果没有黏结力，两种材料不能成为一个整体，也就谈不上钢筋混凝土构件了。

5.1.1　钢筋的品种和级别

钢材的品种繁多，能满足混凝土结构对钢筋性能要求的钢筋，分为普通钢筋混凝土钢筋和预应力混凝土钢筋两大类。还可以按力学性能、化学成分、加工工艺、轧制外形等进行分类，如图 5-2 所示。

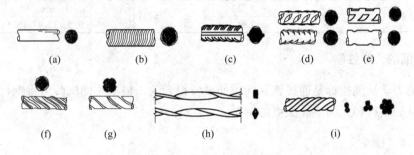

图 5-2　各类钢筋的形状

（a）光面钢筋（钢丝）；（b）等高肋钢筋（人字纹、螺旋纹）；（c）月牙肋钢筋；（d）冷轧带肋钢筋；
（e）刻痕钢丝（2 面、3 面）；（f）螺旋肋钢丝；（g）螺旋槽钢丝；（h）冷轧扭钢筋（矩形、菱形）；
（i）绳状钢绞线（2 股、3 股、7 股）

钢筋的具体分类见表 5-1 和表 5-2。热轧带肋钢筋的牌号由 HRB 和牌号的屈服点最小值构成，其中"H、R、B"分别代表"热轧、带肋、钢筋"三个词。例如，HRB400 表示屈服强度标准值为 400MPa 的热轧带肋钢筋；HRBF500 表示屈服强度标准值为 500MPa 的细晶粒热轧带肋钢筋。

表 5-1　普通钢筋分类

分类符号	按力学性能分 （屈服强度 /N·mm⁻²）	按加工工艺分	按轧制外形分	按化学成分分	公称直径 d/mm
Φ	HPB300（300）	热轧（H）	光圆（P）	低碳钢	6~22
Φ	HRB335（335）	热轧（H）	带肋（R）	低合金钢	6~50

分类符号	按力学性能分 （屈服强度 /N·mm⁻²）	按加工工艺分	按轧制外形分	按化学成分分	公称直径 d/mm
Φ^F	HRBF335（335）	细晶粒热轧（F）	带肋（R）	低合金钢	6~50
Φ	HRB400（400）	热轧（H）	带肋（R）	低合金钢	6~50
Φ^F	HRBF400（400）	细晶粒热轧（F）	带肋（R）	低合金钢	6~50
Φ^R	RRB400（400）	余热处理（R）	带肋（R）	低合金钢	6~50
Φ	HRB500（500）	热轧（H）	带肋（R）	低合金钢	6~50
Φ^F	HRBF500（500）	细晶粒热轧（F）	带肋（R）	低合金钢	6~50

表 5-2　预应力钢筋分类

种　类	符号	按轧制外形分	按化学成分分	公称直径 d/mm
中强度预应力钢丝	Φ^PM Φ^HM	光面 螺旋肋	中碳低合金钢	5、7、9
预应力螺纹钢筋	Φ^T	螺纹	中碳低合金钢	18、25、32、40、50
消除应力钢丝	Φ^P Φ^H	光面 螺旋肋	高碳钢	5、7、9
钢绞线	Φ^S	3 股	高碳钢	8.6、10.8、12.9
		7 股	高碳钢	9.5、12.7、15.2、17.8、2.6

5.1.2　钢筋的力学性能

钢筋的力学性能指标是通过钢筋的拉伸试验得到的。根据拉伸试验可将钢材划分为有明显屈服点的钢材和无明显屈服点的钢材。

5.1.2.1　强度

A　有明显屈服点的钢材

低碳钢和低合金钢（含碳量和低碳钢相同）一次拉伸时的应力—应变曲线如图 5-3 所示。图中 c'—c 段称为屈服台阶，说明低碳钢有良好的纯塑性变形性能。屈服点是建筑钢材的一个重要力学特性。

实际上，由于加载速度及试件状况等试验条件的不同，屈服开始时总是形成曲线的上下波动，波动最高点 b 称为上屈服点，最低点 c 称为

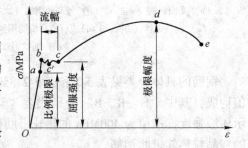

图 5-3　有明显屈服点钢筋的应力—应变关系

下屈服点，下屈服点 c 的应力称为屈服强度，f_y 是钢筋强度设计时的主要依据。应力达到屈服点后在一个较大的应变范围内（$\xi = 0.15\% \sim 2.5\%$）应力不会继续增长，表示结构已丧失继续承担更大荷载的能力。曲线最高点应力为抗拉强度 f_u，称为极限抗拉强度，到达 f_u 后试件出现局部横向收缩变形，即"颈缩"，随后断裂。钢筋拉断后的伸长值与原始长度的比率称为延伸率 δ，是反映钢筋延性性能的指标。延伸率大的钢筋，在拉断前有足够变形，延性较好。

由于到达 f_y 后构件产生较大变形，故把它取为计算构件的强度标准；到达 f_u 时构件开始断裂破坏，故以 f_u 作为材料的强度储备。极限抗拉强度与屈服强度的比值 f_y/f_u，反映钢筋的强度储备，称为强屈比。

B 无明显屈服点的钢材

高强钢材（如热处理钢材）没有明显的屈服点和屈服台阶，应力—应变曲线形成一条连续曲线，表现出强度高、延性低的特点。对于没有明显屈服点的钢材，以残余变形为 $\xi = 0.2\%$ 时的应力作为名义屈服点，用 f_{02} 表示，设计时取 f_{02} 作为假想屈服强度，称为条件屈服强度，其值约等于极限强度的 85%，如图 5-4 所示。

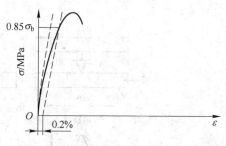

图 5-4 无明显屈服点钢筋的应力—应变关系

钢材在一次压缩或剪切所表现出来的应力—应变变化规律基本上与一次拉伸试验时相似，压缩时的各强度指标也取用拉伸时的数据，只是剪切时的强度指标数值比拉伸时的小。

5.1.2.2 塑性

断裂前试件的永久变形与原标定长度的百分比称为伸长率，它是衡量钢材塑性的重要指标。它取 $5d$ 或 $10d$（d 为圆形试件直径）为标定长度，其相应的伸长率用 δ_5 或 δ_{10} 表示，如图 5-5 所示。伸长率代表材料断裂前具有的塑性变形的能力。这种能力使材料经受剪切、冲压、弯曲及锤击所产生的局部屈服而无明显损坏。

屈服点、抗拉强度和伸长率是钢材的三个重要受力学性能指标。

5.1.2.3 冷弯性能

钢筋的冷弯试验：在常温下将钢筋绕规定的弯心直径 D 弯曲 α 角度，不出现裂纹、鳞落和断裂现象，即认为钢筋的冷弯性能符合要求，如图 5-6 所示。

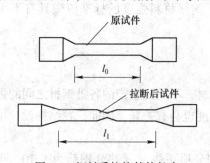

图 5-5 钢材受拉构件伸长率

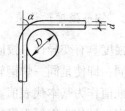

图 5-6 钢筋冷弯示意图

对有明显屈服点的钢筋进行质量检验时，主要测定四项指标：屈服强度、极限抗拉强度、延伸率和冷弯性能；对没有明显屈服点钢筋的质量检验需测定三项指标：极限抗拉强度、延伸率和冷弯性能。

5.1.2.4 冲击韧性

韧性是钢材抵抗冲击荷载的能力。韧性是钢材强度和塑性的综合指标。

《碳素结构钢》（CB/T 700—2006）规定，材料冲击韧性的测量采用国际上通用的夏比（Charpy）试验法，如图 5-7 所示。夏比缺口韧性用 *AKV* 或 *CV* 表示，其值为试件折断所需的功，单位为 J（焦耳）。

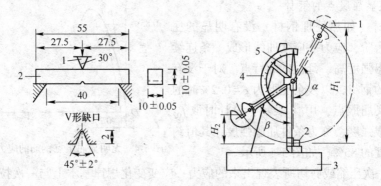

图 5-7　夏比 V 形缺口冲击试验和标准试件（单位：mm）
1—摆锤；2—试件；3—试验机台座；4—刻度盘；5—指针

冲击韧性随温度的降低而下降，其规律是开始下降缓慢，当达到一定温度范围时，突然下降很多而呈脆性，这种性质称为钢材的冷脆性，这时的温度称为脆性临界温度。钢材的脆性临界温度越低，低温冲击韧性越好。对于直接承受动荷载而且可能在负温下工作的重要结构，应有冲击韧性保证。

5.1.3　钢筋的强度指标

5.1.3.1　钢筋强度标准值

为保证结构设计的可靠性，对同一强度等级的钢筋，取具有一定保证率的强度值作为该等级的标准值。《混凝土结构设计规范》规定，钢筋材料强度的标准值应具有不小于95%的保证率。

5.1.3.2　钢筋强度设计值

钢材的强度具有变异性。按同一标准生产的钢材，不同时生产的各批钢材之间的强度不会完全相同；即使是同一炉钢轧制的钢材，其强度也会有差异，因此，在结构设计中采用其强度标准值作为基本代表值。

钢筋强度设计值为钢筋强度标准值除以材料的分项系数 γ_s（热轧钢筋为 1.10，预应力钢筋为 1.20）。《混凝土结构设计规范》（GB 50010—2010）规定，钢筋混凝土结构按承载力设计计算时，钢筋应采用强度设计值。

《混凝土结构设计规范》（GB 50010—2010）规定，钢筋的强度标准值应具有不小于95%的保证率。热轧钢筋的强度标准值是根据屈服强度确定的，预应力钢绞线、钢丝和热处理钢筋的强度标准值是根据极限抗拉强度确定的。普通钢筋的强度标准值、强度设计值按表 5-3、表 5-4 采用；预应力钢筋的强度标准值、强度设计值分别按表 5-5、表 5-6 采用，钢筋的弹性模量见表 5-7。

表 5-3　普通钢筋的强度标准值

牌　号	符号	公称直径 d/mm	屈服强度标准值 f_{yk}/N·mm^{-2}	极限强度标准值 f_{stk}/N·mm^{-2}
HPB300（300）	Φ	6~22	300	420
HRB335（335） HRBF335（335）	Φ Φ^F	6~50	335	455
HRB400（400） HRBF400（400） RRB400（400）	Φ Φ^F Φ^R	6~50	400	540
HRB500（500） HRBF500（500）	Φ Φ^F	6~50	500	630

表 5-4　普通钢筋的强度设计值

牌　号	抗拉强度设计值 f_y	抗拉强度设计值 f_y'
HPB300	270	270
HRB335、HRBF335	300	300
HRB400、HRBF400、RRB400	360	360
HRB500、HRBF500	435	435

表 5-5　预应力钢筋强度标准值

种　类		符号	公称直径 d/mm	屈服强度标准值 f_{yk}/N·mm^{-2}	极限强度标准值 f_{stk}/N·mm^{-2}
中强度预应力钢丝	光面 螺旋肋	Φ^{PM} Φ^{HM}	5、7、9	620 780 980	800 970 1270
预应力螺纹钢筋	螺纹	Φ^T	18、25、32、40、50	785 930 1080	980 1080 1230
消除应力钢丝	光面 螺旋肋	Φ^P Φ^H	5	1380 1640	1570 1860
			7	1380 1270	1570 1470
			9	1380	1570
钢绞线	3 股	Φ^S	8.6、10.8、12.9	1410 1670 1760	1570 1860 1960
	7 股		9.5、12.7、15.2、17.8	1540 1670 1760	1720 1860 1960
			21.6	1590 1670	1770 1860

注：强度为 1960MPa 级的钢绞线作为后张预应力配筋时，应有可靠的工程经验。

表 5-6　预应力钢筋强度设计值

种　类	f_{ptk}	抗拉强度设计值 f_{py}	抗压强度设计值 f'_{py}
中强度预应力钢丝	800	500	410
	970	650	
	1270	810	
预应力螺纹钢筋	1470	1040	410
	1570	1110	
	1860	1320	
消除应力钢丝	1570	1110	390
	1720	1220	
	1860	1320	
	1960	1390	
钢绞线	980	650	35
	1080	770	
	1230	90	

注：当预应力钢筋的强度标准值不符合表 5-5 的规定时，其强度设计值应进行相应的比例换算。

表 5-7　钢筋的弹性模量

牌号或种类	弹性模量 $E_s/10^5 N \cdot mm^{-2}$
HPB300	2.10
HRB335、HRB400、HRB500、HRBF335、 HRBF400、HRBF500、RRB400、 预应力螺纹钢筋、中强度预应力钢丝	2.00
消除应力钢丝	2.05
钢绞线	19.5

钢材的强度设计值根据钢材的厚度或直径按表 5-8 采用。

表 5-8　钢材的强度设计值

钢　材		抗拉、抗压和抗弯	抗剪	端面承压（刨平顶紧）
牌号	厚度或直径 /mm	$f/N \cdot mm^{-2}$	$f_v/N \cdot mm^{-2}$	$f_{ce}/N \cdot mm^{-2}$
Q235 钢	≤16	215	125	325
	>16~40	205	120	
	>40~60	200	115	
	>60~100	190	110	
Q345 钢	≤16	310	180	400
	>16~35	295	170	
	>35~50	265	155	
	>50~100	250	145	

钢　材		抗拉、抗压和抗弯	抗剪	端面承压（刨平顶紧）
牌号	厚度或直径 /mm	$f/\text{N} \cdot \text{mm}^{-2}$	$f_v/\text{N} \cdot \text{mm}^{-2}$	$f_{ce}/\text{N} \cdot \text{mm}^{-2}$
Q390 钢	≤16	350	205	415
	>16~35	335	190	
	>35~50	315	180	
	>50~100	295	170	
Q420 钢	≤16	380	220	440
	>16~35	360	210	
	>35~50	340	195	
	>50~100	325	185	

注：表中厚度是指计算点的厚度，对轴心受力构件是指截面中较厚板件的厚度。

任务 5.2　混　凝　土

5.2.1　混凝土的强度

混凝土的强度与水泥、骨料、级配、配合比、硬化条件和龄期等有关，主要包括立方体抗压强度、轴心抗压强度、轴心抗拉强度等。为了设计、施工和质量检验的方便，必须对混凝土的强度规定统一的等级，混凝土立方体抗压强度是划分混凝土强度等级的主要标准。

5.2.1.1　立方体抗压强度标准值 $f_{cu,k}$

立方体抗压强度标准值是按照标准方法制作、标准条件养护的边长为 150mm×150mm ×150mm 的立方体试件，在 28 天龄期用标准试验方法测得的具有 95% 保证率的抗压强度，用符号 $f_{cu,k}$ 表示。依此将混凝土划分为 14 个强度等级：C15、C20、C25、C30、C35、C40、C45、C50、C55、C60、C65、C70、C75、C80。C 代表混凝土强度等级，数字代表混凝土承受的立方体抗压强度标准值，单位为 N/mm²。C50~C80 属高强度混凝土。钢筋混凝土结构的混凝土强度等级不应低于 C15，当采用 HRB335 级钢筋时，混凝土强度等级不应低于 C20。采用 HRB400 级和 RRB400 级钢筋以及承受重复荷载的构件，混凝土强度等级不得低于 C20。预应力混凝土结构的混凝土强度等级不宜低于 C30，当采用钢绞线、钢丝、热处理钢筋作预应力钢筋时，混凝土的强度等级不宜低于 C40。

试验表明，混凝土的立方体抗压强度还与试块的尺寸和形状有关。试块尺寸越大，实测破坏强度越低，反之越高，这种现象称为尺寸效应。实际工程中如采用边长为 100mm 或 200mm 的非标准试件，应将其立方体抗压强度实测值进行换算。对于边长 100mm 的立方体试块，立方体抗压强度换算系数为 0.95；对于边长 200mm 的立方体试块，立方体抗压强度的换算系数为 1.05。

5.2.1.2　混凝土轴心抗压强度标准值 f_{ck}

混凝土轴心抗压强度又称为棱柱体抗压强度。该强度的大小与试块的高度 h 和截面宽

度 b 之比有关。h/b 越大，其承载力比立方体抗压强度降低得越多。当 $h/b>3$ 时，其强度趋于稳定。实际工程中钢筋混凝土构件的长度要比截面尺寸大得多，故取棱柱体（150mm×150mm×300mm 或 150mm×150mm×450mm）标准试件测定混凝土轴心抗压强度。

5.2.1.3　混凝土轴心抗拉强度标准值 f_{tk}

轴心抗拉强度远低于轴心抗压强度。混凝土的强度等级是用立方体抗压强度来划分的。混凝土轴心抗压强度和轴心抗拉强度都可通过对比试验由立方体抗压强度推算求得，三者之间的大小关系是：$f_{cu,k}>f_{ck}>f_{tk}$。混凝土的抗拉强度很低，一般只有抗压强度的 $1/8\sim1/18$，不与抗压强度成正比。在钢筋混凝土构件的破坏阶段，处于受拉状态的混凝土一般早已开裂，故在构件承载力计算中，多数情况下不考虑受拉混凝土的工作，但是混凝土的抗拉强度对混凝土构件多方面的工作性能是有重要影响的，是计算构件抗裂强度的重要指标。

由于影响因素较多，所以测定混凝土抗拉强度的试验方法没有统一。现在，常用的有直接轴心受拉试验、劈裂试验及弯折试验三种方法。

5.2.2　混凝土的计算指标

5.2.2.1　混凝土强度标准值

混凝土轴心抗压强度标准值 f_{ck} 和轴心抗拉强度标准值 f_{tk} 具有 95% 的保证率。

5.2.2.2　混凝土强度设计值

混凝土强度设计值表示为混凝土强度标准值除以混凝土的材料分项系数 γ_c，即 $f_c=f_{ck}/\gamma_c$，$f_t=f_{tk}/\gamma_c$。

混凝土强度标准值、设计值及混凝土弹性模量见表 5-9。

表 5-9　混凝土的强度标准值、设计值和弹性模量 　　　　　　　　　（N/mm²）

强度种类		符号	混凝土强度等级												
			C15	C20	C25	C30	C35	C40	C45	C50	C55	C60	C65	C70	C75	C80
强度标准值	轴心抗压	f_{ck}	10.0	13.4	16.7	20.1	23.4	26.8	29.6	32.4	35.5	38.5	41.5	44.5	47.5	50.2
	轴心抗拉	f_{tk}	1.27	1.54	1.78	2.01	2.20	2.39	2.51	2.64	2.74	2.85	2.93	2.99	3.05	3.11
强度设计值	轴心抗压	f_c	7.2	9.6	11.9	14.3	16.7	19.1	21.1	23.1	25.3	27.5	29.7	31.8	33.8	35.9
	轴心抗拉	f_t	0.91	1.10	1.27	1.43	1.57	1.71	1.80	1.89	1.96	2.04	2.09	2.14	2.18	2.22
弹性模量		E_c (×10⁴)	2.20	2.55	2.80	3.00	3.15	3.25	3.35	3.45	3.55	3.60	3.65	3.70	3.75	3.80

注：1. 计算现浇钢筋混凝土轴心受压及偏心受压时，如果截面的长边或直径小于300mm，则表中混凝土的强度设计值应乘以 0.8；当构件质量（如混凝土成型、截面和轴线尺寸等）确有保证时，可不受此限制。2. 离心混凝土的强度设计值应按专门规定取用。

5.2.3　混凝土的收缩和徐变

5.2.3.1　混凝土的体积收缩、膨胀和温度变形

混凝土在空气中结硬时会产生体积收缩，而在水中结硬时会产生体积膨胀。两者相比，前者数值较大，且对结构有明显的不利影响，使构件产生裂缝，对预应力混凝土构件会引起预应力损失等，故必须予以注意；而后者数值很小，且对结构有利，一般可不予考虑。

混凝土的收缩包括凝缩和干缩两部分。凝缩是水泥水化反应引起的体积缩小，它是不可恢复的；干缩则是混凝土中的水分蒸发引起的体积缩小，当干缩后的混凝土再次吸水时，部分干缩变形可以恢复，混凝土的收缩变形先快后慢，一个月约可完成 1/2，两年后趋于稳定，最终收缩应变为 $(2\sim5)\times10^{-4}$。

影响混凝土收缩变形的主要因素有 7 个。其中，前 6 个与影响徐变的前 6 个因素相同，第 7 个因素是水泥品种与强度级别：矿渣水泥的干缩率大于普通水泥，高强度水泥的颗粒较细，干缩率较大。

在钢筋混凝土结构中，当混凝土的收缩受到结构内部钢筋或外部支座的约束时，会在混凝土中产生拉应力，从而加速了裂缝的出现和开展。在预应力混凝土结构中，混凝土的收缩会引起预应力损失。因此，应采取各种措施，减小混凝土的收缩变形。

混凝土的热胀冷缩变形称为混凝土的温度变形，混凝土的温度线膨胀系数约为 1×10^{-5}，与钢筋的温度线膨胀系数 (1.2×10^{-5}) 接近，故当温度变化时两者仍能共同变形。但温度变形对大体积混凝土结构极为不利，由于大体积混凝土在硬化初期，内部的水化热不易散发而外部却难以保温，因而混凝土内外温差很大而造成表面开裂。因此，对大体积混凝土应采用低热水泥（如矿渣水泥）、表层保温等，必要时还需采取内部降温措施。

对钢筋混凝土屋盖房屋，屋顶与其下部结构的温度变形相差较大，有可能导致墙体和柱开裂一为防止产生温度裂缝，房屋每隔一定长度宜设置伸缩缝，或在结构内（特别是屋面结构内）配置温度钢筋，以抵抗温度变形。

5.2.3.2　混凝土的徐变

A　混凝土在一次短期加荷时的变形

（1）混凝土在一次短期加荷时的应力—应变关系可通过对混凝土棱柱体的受压或受拉试验测定。混凝土受压时典型的应力—应变曲线如图 5-8 所示。

图 5-8 所示的应力—应变曲线包括上升段和下降段两部分，对应于顶点 C 的应力为轴心抗压强度 f_c。在上升段中，当应力小于 $0.3f_c$ 时，应力

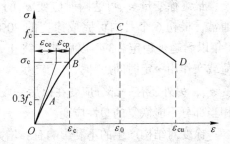

图 5-8　混凝土受压应力—应变曲线

—应变曲线可视为直线，混凝土处于弹性阶段。随着应力的增加，应力—应变曲线逐渐偏离直线，表现出越来越明显的塑性性质，此时，混凝土的应变 ε_c 由弹性应变 ε_{ce} 和塑性应变 ε_{cp} 两部分组成，且后者占的比例越来越大。在下降段，随着应变的增大，应力反而减

小，当应变达到极限值 ε_{cu} 时，混凝土破坏。值得注意的是，于曲线存在着下降段，因而最大应力 f_c 所对应的应变并不是极限应变 ε_{cu}，而是应变 ε_0。

（2）混凝土的横向变形系数。混凝土纵向压缩时，横向会伸长，横向伸长值与纵向压缩值之比称为横向变形系数，用符号 v_c 表示。混凝土工作在弹性阶段时，该值又称为泊松比，其大小基本不变，按《混凝土规范》规定，可取 $v_c = 0.2$。

（3）混凝土的弹性模量、变形模量和剪变模量。混凝土的应力与其弹性应变之比值称为混凝土的弹性模量，用符号 E_c 表示。根据大量试验结果，《混凝土规范》采用以下公式计算混凝土的弹性模量：

$$E_c = \frac{10^5}{2.2 + 34.7/f_{cu,k}}$$

混凝土的弹性模量也可从表 5-9 直接查得。

混凝土的应力与其弹塑性总应变之比称为混凝土的变形模量，用符号 E_c' 表示，该值小于混凝土的弹性模量。

混凝土的剪变模量是指剪应力 τ 和剪应变 γ 的比值，即

$$G_c = \frac{\tau}{\gamma}$$

B　混凝土在多次重复加荷时的变形

工程中的某些构件，例如工业厂房中的吊车梁，在其使用期限内荷载作用的重复次数可达 200 万次以上，在这种多次重复加荷情况下，混凝土的变形情况与一次短期加荷时明显不同。试验表明，多次重复加荷情况下，混凝土将产生"疲劳"现象，这时的变形模量明显降低，其值约为弹性模量的 0.4 倍。混凝土疲劳时除变形模量减小外，其强度也有所减小，强度降低系数与重复作用应力的变化幅度有关，最小值为 0.74。

C　混凝土在长期荷载作用下的变形

混凝土在长期荷载作用下，应力不变，应变随时间的增长而继续增长的现象称为混凝土的徐变现象。如图 5-9 为混凝土的徐变试验曲线，加载时产生的瞬时应变为 ε_{ci}，加载后应力不变，应变随时间的增长而继续增长，增长速度先快后慢，最终徐变量 ε_{cc} 可达瞬时应变 ε_{ci} 的 1～4 倍。通常，最初 6 个月内可完成徐变的 70%～80%，1 年以后趋于稳定，3 年以后基本终止。如果将荷载在作用一定时间后卸去，会产生瞬时恢复应

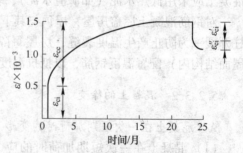

图 5-9　混凝土徐变试验曲线

变 ε_{ci}'，另外还有一部分应变在以后一段时间内逐渐恢复，称为弹性后效 ε_{ci}''，最后还剩下相当部分不能恢复的塑性应变。

徐变对结构产生的不利影响有：增大构件变形、引起应力重分布，使预应力构件中的预应力损失大大增加。

混凝土徐变的原因有两个：一是在荷载长期作用下，混凝土中尚未转化为晶体的水泥混凝土胶体发生了黏性流动；二是在混凝土硬化过程中，会因水泥凝胶体收缩等因素而在水泥凝胶体与骨料接触面形成一些微裂缝，这些微裂缝在长期荷载作用下会持续发展。当

作用应力较小时，第一种因素占主导地位；反之，第二种因素占主导地位。

影响混凝土徐变的主要因素及其影响情况有：（1）水灰比和水泥用量。水灰比小、水泥用量少，则徐变小。（2）骨料的级配与刚度。骨料的级配好、刚度大，则徐变小。（3）混凝土的密实性。混凝土密实性好，则徐变小。（4）构件养护温度、湿度。构件养护时的温度高、湿度高，则徐变小。（5）构件使用时的温度、湿度。构件使用时的温度低、湿度大，则徐变小。（6）构件单位体积的表面积大小。表面积小，则徐变小。（7）构件加荷时的龄期。龄期短，则徐变大。（8）持续应力的大小。应力大，则徐变大。

当混凝土中的应力 $\sigma \leqslant 0.5 f_c$ 时，徐变大致与应力成正比，称为线性徐变。当 $\sigma < 0.5 f_c$ 时，徐变的增长速度大于应力增长速度，称为非线性徐变。混凝土徐变对构件的受力和变形情况有重要影响，如导致构件的变形增大，在预应力混凝土构件中引起预应力损失等。因此，在设计、施工和使用时，需采取有效措施，以减小混凝土的徐变。

5.2.4 混凝土的耐久性

对于一般建筑结构，设计使用年限为 50 年，重要的建筑物可取 100 年。混凝土的耐久性是指混凝土在所处环境条件下经久耐用的性能。不利于混凝土的外部环境因素包括酸、碱、盐的腐蚀作用，冰冻破坏作用，水压渗透作用，碳化作用，干湿循环引起的风化作用，荷载应力作用和振动冲击作用等；内部不利因素包括碱骨料反应和自身体积变化。

通常用混凝土的抗渗性、抗冻性、抗碳化性能、抗腐蚀性能和碱骨料反应综合评价混凝土的耐久性。《混凝土结构设计规范》对混凝土结构耐久性做了明确规定，应根据规定的设计使用年限和环境类别进行设计。混凝土结构的环境类别应根据表 3-4 划分。设计使用年限为 50 年的混凝土结构，其混凝土材料应符合表 3-5 的规定。

任务 5.3 钢筋和混凝土之间的黏结力

5.3.1 黏结力的组成

黏结力是钢筋和混凝土能有效地结合在一起共同工作的必要条件。钢筋与混凝土之间的黏结力由以下三部分组成：（1）由于混凝土收缩将钢筋紧紧握裹而产生的摩阻力。（2）由于混凝土颗粒的化学作用产生的混凝土与钢筋之间的胶合力。（3）由于钢筋表面凹凸不平与混凝土之间产生的机械咬合力。上述三部分中，以机械咬合力作用最大，约占总黏结力的一半以上。

5.3.2 保证钢筋与混凝土黏结力的构造措施

钢筋与混凝土黏结力在构件设计时采取有效的构造措施加以保证。例如，钢筋伸入支座应有足够的锚固长度、保证钢筋最小搭接长度、钢筋的间距和混凝土的保护层不能太小、要优先采用小直径的变形钢筋、光面钢筋末端应设弯钩、钢筋不宜在混凝土的受拉区截断、在大直径钢筋的搭接和锚固区域内宜设置横向钢筋（如箍筋）等，以上构造措施的具体规定详见项目 6。

习　题

（1）钢筋按加工方法的不同如何分类？

（2）钢筋有哪些类型？

（3）钢筋的力学性能指标有哪些？

（4）混凝土的强度指标有哪几种？

（5）混凝土的变形分为哪几类，各包括哪些？

（6）什么是混凝土的徐变，徐变对构件有什么影响？

（7）混凝土的收缩变形对结构有什么不利影响？

（8）钢筋与混凝土黏结滑移的影响因素有哪些？

项目6 设计钢筋混凝土受弯构件并识读施工图

【知识目标】熟悉受弯构件、配筋率、配箍率的概念；主梁与次梁的受力特征和构造要求；掌握梁、板的构造措施；掌握梁、板正截面承载力计算方法；掌握梁斜截面计算方法；了解梁、板结构的布置；了解屋盖结构计算理论；了解受弯构件裂缝宽度与挠度的计算理论。

【能力目标】能确定梁、板的截面尺寸；能设计简单的钢筋混凝土梁；能够进行梁承载力校核；能验算梁、板的变形。

【素质目标】培养学生将设计理论联系实际配筋的能力。

实例（4）中梁在设计方面存在的问题有：（1）对楼板加厚产生的不利因素考虑不周。（2）梁箍筋间距太大。梁箍筋为φ6@300mm，箍筋间距太大。（3）纵向钢筋截断处均有斜裂缝，其原因是违反设计规范"纵向钢筋不宜在受拉区截断"的构造规定。

受弯构件是指在结构中仅承受弯矩和剪力的构件，常见的梁、板均为典型的受弯构件。梁和板在工业、民用建筑中属于水平方向布置的重要受力构件，它们的受力情况基本一致，区别在于二者的截面宽高比 b/h 不同。梁和板统称为受弯构件。

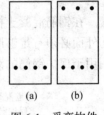

从配筋角度来说，受弯构件可分为单筋受弯构件和双筋受弯构件两类，如图6-1所示。仅在截面受拉区按计算配置受力钢筋的受弯构件称为单筋受弯构件，如图6-1（a）所示；在截面的受拉区和受压区

(a)   (b)

图6-1 受弯构件

都按计算配置受力钢筋的受弯构件称为双筋受弯构件，如图6-1（b）所示。受弯构件需要进行下列计算和验算：

（1）承载能力极限状态计算：1）正截面受弯承载力计算。按控制截面（跨中或支座截面）的弯矩设计值确定截面尺寸及纵向受力钢筋的数量。2）斜截面受剪承载力计算。按控制截面的剪力设计值复核截面尺寸，并确定截面抗剪所需的箍筋和弯起钢筋的数量。

（2）正常使用极限状态验算。受弯构件除必须进行承载能力极限状态的计算外，一般还需按正常使用极限状态的要求进行构件变形和裂缝宽度的验算。

受弯构件除了要进行上述两类计算和验算，还需采取一系列构造措施，才能保证构件的各个部位都具有足够的抗力，才能使构件具有必要的适用性和耐久性。构造措施是建筑结构设计中非常重要的概念，它是考虑到设计力学模型所忽略因素而采取的补救方案，构造措施来源于工程实践和结构试验。

任务6.1　设计钢筋混凝土梁

6.1.1　一般规定

6.1.1.1　钢筋级别及混凝土强度等级的选择

（1）混凝土结构中的钢筋，应按以下规定选用：纵向受力普通钢筋宜选用 HRB400、HRB500、HRBF400、HRBF500 钢筋，也可采用 HRB335、HRBF335、HPB300、RRB400 钢筋。其中 HRB400 级钢筋强度高，延性好，与混凝土结合握裹力强，是目前我国钢筋混凝土结构的主力钢筋。

箍筋宜采用 HRB400、HRBF400、HPB300、HRB500、HRBF500 钢筋，也可采用 HRB335、HRBF335 钢筋。

预应力钢筋宜采用预应力钢丝、钢绞线和预应力螺纹钢筋。

（2）混凝土材料的选用原则：钢筋混凝土结构的混凝土强度等级不应低于 C20；采用强度级别 400MPa 及以上的钢筋时，混凝土强度等级不应低于 C25。

承受重复荷载的钢筋混凝土构件，混凝土强度等级不应低于 C30。

预应力混凝土结构的混凝土强度等级不宜低于 C40，且不应低于 C30。

6.1.1.2　混凝土保护层

在钢筋混凝土构件中，为防止钢筋锈蚀，并保证钢筋和混凝土牢固地黏结在一起，钢筋外面必须有足够厚度的混凝土保护层。结构构件由钢筋的外边缘到构件混凝土表面的范围用于保护钢筋的混凝土称为混凝土保护层，如图 6-2 所示。

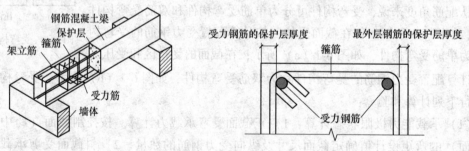

图6-2　混凝土保护层

混凝土保护层的作用如下：（1）维持受力钢筋与混凝土之间的黏结力。（2）保护钢筋免遭锈蚀。混凝土的碱性环境使包裹在其中的钢筋不易锈蚀。一定的保护层厚度是保证结构耐久性所必需的条件。（3）提高构件的耐火极限。混凝土保护层具有一定的隔热作用，遇到火灾时使其强度不致降低过快。

《混凝土规范》规定，混凝土结构构件中受力钢筋的保护层厚度不应小于钢筋的直径 d。设计使用年限为 50 年的混凝土结构，最外层钢筋保护层厚度应符合表 6-1 的规定；设计使用年限为 100 年的混凝土结构，应按表 6-1 的规定增加 40%；当采取有效的表面防护及定期维修等措施时，保护层厚度可适当减少。

表 6-1　纵向受力钢筋的混凝土保护层最小厚度　　　　　　　　　　（mm）

环境类别		板、墙、壳			梁			柱		
		≤C20	C25~C45	≥C50	≤C20	C25~C45	≥C50	≤C20	C25~C45	≥C50
一		20	15	15	30	25	25	30	30	30
二	a	—	20	20	—	30	30	—	30	30
	b	—	20	20	—	35	30	—	35	30
三		—	25	25	—	40	35	—	40	35

注：1. 基础中纵向受力钢筋的混凝土保护层厚度不应小于40mm，当无垫层时不应小于70mm。2. 处于一类环境且由工厂生产的预制构件，当混凝土强度等级不低于C20时，其保护层厚度可按表中规定减少5mm，但预应力钢筋的保护层厚度不应小于15mm；处于二类环境且由工厂生产的预制构件，当表面采取有效保护措施时，保护层厚度可按表中一类环境的数值取用。3. 预制钢筋混凝土受弯构件钢筋端头的保护层厚度不应小于10mm；预制肋形板主肋钢筋的保护层厚度应按梁的数值考虑。4. 板、墙、壳中分布钢筋的保护层厚度不应小于表中相应数值减10mm，且不应小于10mm。5. 当梁、柱中纵向受力钢筋的混凝土保护层厚度大于40mm时，应对保护层采取有效的防裂构造措施，处于二、三类环境中的悬臂板，其上表面应采取有效的保护措施。6. 对有防火要求的建筑物，其混凝土保护层厚度尚应符合国家现行有关标准的要求，处于四、五类环境中的建筑物，其上表面应采取有效的措施。

6.1.2　梁的截面尺寸及配筋率

通常情况下，梁的截面有矩形、T形、倒L形、工字形等，梁的截面高度 h 可根据刚度要求按高跨比（h/l_0）来估计，梁截面高度 h 的值可取表 6-2 所列数值。

表 6-2　梁的截面高度估算列表

项　次	构件种类		简支	两端连续	悬臂
1	整体肋形梁	次梁	$l_0/20$	$l_0/25$	$l_0/8$
		主梁	$l_0/12$	$l_0/15$	$l_0/6$
2	独立梁		$l_0/12$	$l_0/15$	$l_0/6$

常用梁高为 200mm、250mm、300mm、350mm、…、750mm、800mm、900mm、1000mm 等。截面高度 $h \leqslant 800$mm 时，取 50mm 的倍数；当 $h > 800$mm 时，取 100mm 的倍数。

梁高确定后，梁宽度可由常用的高宽比来确定：矩形截面，$h/b = 2.0 \sim 3.5$；T形截面，$h/b = 2.5 \sim 4.0$。常用梁宽为 150mm、180mm、200mm、…，如宽度 $b > 200$mm，应取50mm 的倍数。

梁的受力特征及破坏形态与梁中配置的钢筋多少有直接的关系，钢筋混凝土理论在试验的基础上，研究了梁正截面（见图 6-3）的应力分布状态，建立了相应的计算公式。梁内纵向钢筋的含量用配筋率 ρ 来表示，即

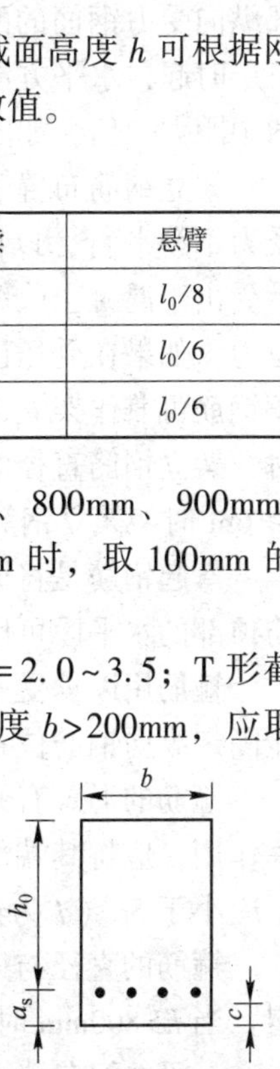

$$\rho = \frac{A_s}{bh_0}$$

图 6-3　梁正截面
（c 为保护层厚度）

式中，A_s 为纵向受拉钢筋的截面面积；bh_0 为混凝土的有效截面面积；b 为梁截面的跨度；h_0 为截面有效高度，$h_0 = h - a_s$，h 为梁截面的高度，a_s 为纵向受拉钢筋合力点至截面近边的距离。

对于 a_s 的取值，要根据钢筋净距和混凝土最小保护层厚度，并考虑梁、板的平均直径来确定，在室内正常环境下，可按下述方法近似确定：（1）对于梁，当混凝土保护层厚度为 25mm 时：受拉钢筋配置成一排时，$a_s = 35mm$；受拉钢筋配置成两排时，$a_s = 60mm$。（2）对于板，当混凝土保护层厚度为 15mm 时，$a_s = 20mm$。

6.1.2.1　梁的配筋

梁中一般布置四种钢筋，即纵向受力钢筋、架立钢筋、弯起钢筋和箍筋。

纵向受力钢筋的作用主要是承受弯矩在梁内所产生的拉力，应设置在梁的受拉一侧，其数量应通过计算来确定。通常采用Ⅰ级、Ⅱ级及Ⅲ级钢筋，当混凝土的强度等级大于或等于 C20 时，从经济性及钢筋与混凝土的黏结力较好这一方面出发，宜优先采用Ⅱ级及Ⅲ级钢筋。

梁上部纵向受力钢筋的净距不应小于 30mm，也不应小于 $1.5d$（d 为受力钢筋的最大直径）；梁下部纵向受力钢筋的净距不应小于 25mm，也不应小于 d。构件下部纵向受力钢筋的配置多于两层时，自第三层时起，水平方向的中距应比下面两层的中距大一倍，如图 6-4 所示。

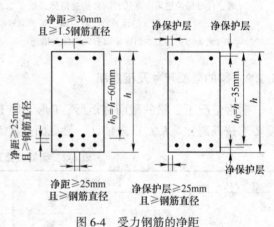

图 6-4　受力钢筋的净距

架立钢筋布置于梁的受压区，与纵向受力钢筋平行，以固定箍筋的正确位置，承受由于混凝土收缩及温度变化所产生的拉力。如果在受压区有受压纵向钢筋，受压钢筋可兼作架立钢筋。当梁的跨度 $l < 4m$ 时，架立钢筋直径不小于 8mm；当 $4m \le l < 6m$ 时，架立钢筋直径应不小于 10mm；当 $l \ge 6m$ 时，架立钢筋直径应不小于 12mm。

弯起钢筋是将纵向受力钢筋弯起而成型的，用以承受弯起区段截面的剪力。弯起后钢筋顶部的水平段可以承受支座处的负弯矩。

箍筋用以承受梁的剪力，联系梁内的受拉及受压纵向钢筋并使其共同工作。此外，还能固定纵向钢筋位置，以便于浇灌混凝土。

箍筋的形式有开口式和闭口式两种。一般情况下均采用封闭箍筋。为使箍筋更好地发挥作用，应将其端部锚固在受压区内，且端头应做成 135° 弯钩，弯钩端部平直段的长度不应小于 $5d$（d 为箍筋直径）和 50mm。

箍筋的直径与梁高 h 有关，为了保证钢筋骨架具有足够的刚度，《混凝土规范》规定：当 $h > 800mm$ 时，其箍筋直径不宜小于 8mm；当 $h \le 800mm$ 时，其箍筋直径不宜小于 6mm；梁中配有计算需要的纵向受压钢筋时，箍筋直径尚不应小于 $d/4$（d 为纵向受压钢筋的较大直径）。

6.1.2.2 梁的支撑长度

当梁的支座为砖墙或砖柱时，可视为简支座，梁伸入砖墙、柱的支撑长度 a 应满足梁内受力钢筋在支座处的锚固要求，并应满足梁下砌体的局部承压强度，且当梁高 $h \leqslant 500\text{mm}$ 时，$a \geqslant 180\text{mm}$；当 $h > 500\text{mm}$ 时，$a \geqslant 240\text{mm}$。当梁支撑在钢筋混凝土梁（柱）上时，其支撑长度 $a \geqslant 180\text{mm}$；钢筋混凝土桁条支撑在砖墙上时，$a \geqslant 120\text{mm}$；支撑在钢筋混凝土梁上时，$a \geqslant 80\text{mm}$。

6.1.3 梁的分类与破坏过程

6.1.3.1 梁的分类

混凝土梁根据配筋的多少可分为少筋梁、适筋梁和超筋梁。

（1）少筋梁。梁中受拉钢筋配得过少的梁，由于受拉钢筋很少，截面上的拉力主要由混凝土承受，受拉区混凝土一旦出现裂缝脱离工作后，拉力完全由钢筋承担，钢筋应力就会立即增大并达到屈服强度，进而进入钢筋的强化阶段，直至钢筋被拉断而使梁破坏，这种破坏称为少筋破坏。它是一种一裂即断的脆性破坏，破坏前没有明显预兆，并且无法形成混凝土的受压区，故工程中不得采用少筋梁。

（2）适筋梁。梁中受拉钢筋配得适量，受力破坏的主要特点是受拉区的受拉钢筋首先达到屈服强度，受压混凝土的压应力随之增大，当受压混凝土达到极限压应变被压碎时，构件即被破坏，这种破坏称为适筋破坏。这类梁不仅在破坏前钢筋产生了较大的塑性伸长，从而引起构件较大的变形和裂缝，破坏过程比较缓慢，破坏前有明显的预兆，为塑性破坏，而且它还充分发挥了受拉区钢筋的抗拉强度和受压区混凝土的抗压能力。因适筋梁充分利用了材料的强度，受力合理，所以规范规定实际工程中将混凝土梁设计成适筋梁。

（3）超筋梁。梁中受拉钢筋配得过多的梁，由于钢筋用量大，梁在破坏时，受拉区受拉钢筋根本没有达到屈服强度而处于弹性受力阶段，但受压区混凝土却达到其极限压应变而被压碎，这种破坏称为超筋破坏。这种配筋率过大、受压区先被压坏而受拉区尚处于弹性阶段的梁称为超筋梁。超筋梁破坏时受拉区裂缝开展不大，挠度也小，破坏是突然的，没有明显预兆，为脆性破坏。这种梁是很不经济的，规范规定工程上不允许采用超筋梁。

6.1.3.2 适筋梁的破坏过程

在平截面假定的基础上，通过多次试验，经理论分析，可将适筋梁的破坏过程归纳为如下 3 个阶段，应力和应变如图 6-5 所示。

A 第 I 阶段——弹性工作阶段

从开始加荷载到梁受拉区出现裂缝以前为第 I 阶段。此时，荷载在梁上部产生的压力由截面中和轴以上的混凝土承担，荷载在梁下部产生的拉力由分布在梁下部的纵向受拉钢筋和中和轴以下的混凝土共同承担。当弯矩不大时，混凝土基本处于弹性工作阶段，应力应变成正比，受压区和受拉区混凝土应力分布图形为三角形。当弯矩增大时，由于混凝土

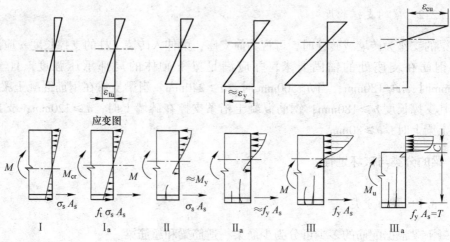

图 6-5　应力和应变

的抗拉能力远较抗压能力低，故受拉区的混凝土将首先开始表现出塑性性质，应变较应力增长速度快。当弯矩增加到开裂弯矩时，受拉区边缘纤维应变恰好达到混凝土受弯时极限拉应变，梁遂处于将裂未裂的极限状态，而此时受压区边缘纤维应变量相对还很小，故受压区混凝土基本上仍属于弹性工作性质，即受压区应力图形接近三角形。此即第 I 阶段末，以 Ia 表示。Ia 可作为受弯构件抗裂度的计算依据。值得注意的是，此时钢筋相应的拉应力较低，只有 20N/mm² 左右。

B　第 II 阶段——带裂缝工作阶段

当弯矩再增加时，梁将在抗拉能力最薄弱的截面处首先出现第一条裂缝，一旦开裂，梁即由第 I 阶段转化为第 II 阶段工作。

在裂缝截面处，由于混凝土开裂，受拉区的拉力主要由钢筋承受，使得钢筋应力较开裂前突然增大很多，随着弯矩 M 的增加，受拉钢筋的拉应力迅速增加，梁的挠度、裂缝宽度也随之增大，截面中和轴上移，截面受压区高度减小，受压区混凝土塑性性质将表现得越来越明显，受压区应力图形呈曲线变化。当弯矩继续增加，使得受拉钢筋应力达到屈服点时，此时截面所能承担的弯矩称为屈服弯矩 M_y，相应称此时为第 II 阶段末，以 IIa 表示。

第 II 阶段相当于梁使用时的应力状态，IIa 可作为受弯构件使用阶段的变形和裂缝开展计算时的依据。

C　第 III 阶段——破坏阶段

钢筋达到屈服强度后，它的应力大小基本保持不变，而变形将随着弯矩 M 的增加而急剧增大，使受拉区混凝土的裂缝迅速向上扩展，中和轴继续上移，混凝土受压区高度减小，压应力增大，受压混凝土的塑性特征表现得更加充分，压应力图形呈显著曲线分布。当弯矩 M 增加至极限弯矩时，称为第 III 阶段末，以 IIIa 表示。此时，混凝土受压区边缘纤维到达混凝土受弯时的极限压应变。受压区混凝土将产生近乎水平的裂缝，混凝土被压碎，标志着梁已开始破坏。这时截面所能承担的弯矩即为破坏弯矩 M_u，这时的应力状态即作为构件承载力极限状态计算的依据。

在整个第 III 阶段，钢筋的应力都基本保持屈服强度不变直至破坏，这一性质对于在今后分析混凝土构件的受力情况非常重要。

6.1.4　单筋矩形梁正截面承载力计算

对于单筋矩形截面，为建立实用的计算公式，采用以下基本假定：（1）构件发生弯曲变形后正截面仍保持为平面，即符合平截面假定。（2）不考虑受拉混凝土参加工作，拉力完全由纵向受力钢筋承担。（3）受压区混凝土的应力与应变关系曲线如图 6-6 所示。

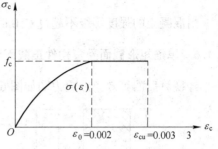

图 6-6　混凝土应力与应变关系曲线

图 6-6 中 ε_0 为混凝土压应力刚达到 f_c（f_c 为混凝土轴心抗压强度设计值）时的混凝土压应变，按下式计算，当计算的 ε_0 值小于 0.002 时，取 $\varepsilon_0 = 0.002$。

$$\varepsilon_0 = 0.002 + 0.5(f_{cu,k} - 50) \times 10^{-5}$$

式中，$f_{cu,k}$ 为混凝土立方体抗压强度标准值。

ε_{cu} 为正截面的混凝土极限压应变，当处于非均匀受压时，按下式计算，如计算的 ε_{cu} 值大于 0.0033，取为 0.0033；当处于轴心受压时，取值为 ε_0。

$$\varepsilon_{cu} = 0.0033 - (f_{cu,k} - 50) \times 10^{-5}$$

（4）纵向受拉钢筋的应力取钢筋应变与其弹性模量的乘积，但其绝对值不应大于其相应的强度设计值。纵向受拉钢筋的极限拉应变取为 0.01，如图 6-7 所示。

当 $0 \leqslant \varepsilon_s \leqslant \varepsilon_y$ 时　　$\sigma_s = E_s \varepsilon_s$

当 $\varepsilon_s > \varepsilon_y$ 时　　　　$\sigma_s = f_y$

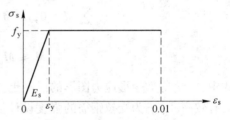

图 6-7　纵向受拉钢筋的极限拉应变

6.1.5　等效矩形应力图形

由于在进行截面设计时必须计算受压混凝土的合力，由图 6-4 可知，受压区混凝土的应力图形是抛物线加直线，故给计算带来不便。为此，《混凝土规范》规定，受压区混凝土的应力图形可简化为等效矩形应力图形，如图 6-8 所示。用等效矩形应力图形代替理论应力图形应满足的条件是：（1）保持原来受压区混凝土的合力大小不变。（2）保持原来受压区混凝土的合力作用点不变。

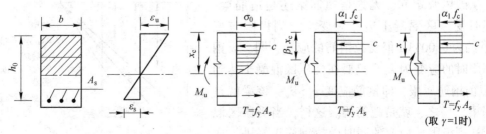

图 6-8　等效矩形应力图形

经上述假设和理论推导，可得如下关系：

$$x = \beta_1 x_c$$
$$\sigma_0 = \alpha_1 f_c$$

当混凝土的强度等级不超过 C50 时，$\beta_1 = 0.8$，$\alpha_1 = 1.0$。

6.1.6　单筋矩形截面受弯构件正截面承载力计算公式

经换算后的等效矩形应力图如图 6-9 和图 6-10 所示。

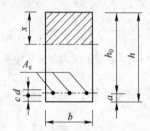

图 6-9　等效矩形应力图（1）

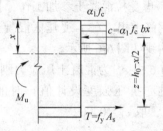

图 6-10　等效矩形应力图（2）

根据力的平衡

$$\sum X = 0, \quad \alpha_1 f_c b x = f_y A_s$$

$$\sum M = 0, \quad M \leqslant M_u = a_1 f_c b x \left(h_0 - \frac{x}{2} \right)$$

$$M \leqslant M_u = f_y A_s \left(h_0 - \frac{x}{2} \right)$$

式中，x 为等效矩形应力图形的混凝土受压区高度；b 为矩形截面的宽度；h_0 为矩形截面的有效高度；f_y 为受拉钢筋的强度设计值；A_s 为受拉钢筋的截面面积；f_c 为混凝土轴心抗压强度设计值；α_1 为系数，当混凝土强度等级不超过 C50 时，$\alpha_1 = 1.0$，当混凝土强度等级为 C80 时，$\alpha_1 = 0.94$，当 α_1 介于二者之间时，用线性内插法确定。

6.1.7　界限相对受压区高度和界限配筋率

规范规定，受弯构件的正截面配筋只能设计成适筋梁，要求梁不能设计成超筋梁，那么适筋梁与超筋梁的界限如何界定？

通过试验证实，截面受弯构件在整个受荷过程中，截面的应变是符合平截面假定的，即应变在构件高度方向呈直线变化，如图 6-11 所示。从破坏假定知，无论是超筋梁还是适筋梁，破坏时受压区混凝土边缘应变均达到极限应变 ε_{cu}，约为 0.0033，但受拉钢筋的应变不同。设钢筋屈服时的应变为 ε_y，只要在受压区混凝土达到 ε_{cu} 以前钢筋屈服，即钢筋应变 $\varepsilon_s > \varepsilon_y$，该梁就是适筋梁；反之，就是超筋梁。这样，当受压区混凝土达到极限压应变的同时受拉钢筋正好进入屈服阶段，即 $\varepsilon_s = \varepsilon_y$ 时的状态，就是适筋梁与超筋梁的分界点。若设受压区混凝土的高度为 x，截面

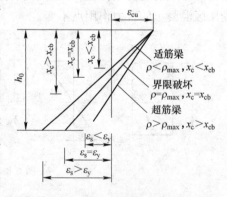

图 6-11　适筋梁与超筋梁的配筋界限

有效高度为 h_0。令 $\xi = x/h_0$，称 ξ 为相对受压区高度。由图 6-11 可以看出，截面的破坏类型可以通过混凝土受压区高度 x 来反映。若 x 较小，则为适筋梁；若 x 较大，则为超筋梁。把这两种梁分界时的受压区高度称为界限受压区高度，用 x_b 表示，则界限相对受压区高度 $\xi_b = x_b/h_0$。显然，只要截面满足 $\xi \leqslant \xi_b$ 或 $x \leqslant x_b = \xi_b h_0$，则该构件必定是适筋梁。适筋梁与超筋梁的配筋界限如图 6-11 所示。

规范通过进一步分析给出了钢筋混凝土构件界限相对受压区高度 ξ_b 的计算公式：

有屈服点的钢筋
$$\xi_b = \frac{\beta_1}{1 + \dfrac{f_y}{E_s \varepsilon_{cu}}}$$

无屈服点的钢筋
$$\xi_b = \frac{\beta_1}{1 + \dfrac{0.002}{\varepsilon_{cu}} + \dfrac{f_y}{E_s \varepsilon_{cu}}}$$

式中，E_s 为钢筋的弹性模量；ε_{cu} 为均匀受压时混凝土的极限压应变；β_1 为系数。

在适筋梁范围内，ξ 值越大，截面所需钢筋也越多，所以配筋率 ρ 与受压区相对高度也有着对应关系。与界限相对受压区高度 ξ_b，相对应的配筋率即为最大配筋率 ρ_{max}，关系如下：
$$\rho_{max} = \xi_b \alpha_1 f_c / f_y$$

式中，ξ_b、α_1、f_c 意义同前；f_y 为钢筋抗拉强度设计值。

当混凝土强度等级不超过 C50 时，因 $\alpha_1 = 1.0$，故最大配筋率公式可简化为 $\rho_{max} = \xi_b f_c / f_y$，这样，也可以由 $\rho \leqslant \rho_{max}$ 来作为保证受弯构件不会出现超筋梁的条件。按公式可分别计算出常用材料强度等级、钢筋混凝土受弯构件界限相对受压区高度 ξ_b 及最大配筋率 ρ_{max}，列于表 6-3 中，以方便计算时查用。

表 6-3　不同级别钢筋使用时的 ξ_b 及 ρ_{max}

钢筋级别	$f_y / \mathrm{N \cdot mm^{-2}}$	混凝土级别	$f_c / \mathrm{N \cdot mm^{-2}}$	ξ_b	$\rho_{max} / \%$
HPB300	270	C15	7.2	0.613	1.635
		C20	9.6		2.180
		C25	11.9		2.702
HRB335	300	C15	7.2	0.550	1.320
		C20	9.6		1.760
		C25	11.9		2.182
HRB400 RRB400	360	C15	7.2	0.518	1.036
		C20	9.6		1.381
		C25	11.9		1.712

6.1.8　最小配筋率

为了保证受弯构件不出现少筋梁，必须使截面的配筋率不小于某一界限配筋率 ρ_{min}。

配有最小配筋率的受弯构件正截面破坏所能承受的弯矩 M_u 等于素混凝土截面所能承受的弯矩 M_{cr}，即 $M_u = M_{cr}$，可求得梁的最小配筋率为

$$\rho_{min} = 0.45 \frac{f_t}{f_y}$$

适筋梁与少筋梁的界限以最小配筋率来界定，当梁的配筋率 ρ 满足 $\rho_{max} > \rho > \rho_{min}$ 时，梁为适筋梁，当 $\rho < \rho_{min}$ 时为少筋梁，当 $\rho_{max} < \rho$ 时为超筋梁。当梁的配筋率 $\rho_{max} = \rho$ 时，适筋梁的配筋率达最大值，梁所能承受的最大弯矩为 $M_{u,max} = \alpha_{s,max} \alpha_1 f_c b h_0^2$。此弯矩值仅与梁的截面尺寸和混凝土的强度等级、钢筋的类别等因素有关，与钢筋的数量无关。

当求得等效矩形受压区高度 $x > x_b = \xi_b h_0$ 时，取 $x = x_b = \xi_b h_0$ 代入计算，所以钢筋混凝土超筋梁所能承受的弯矩最大值也是一定的，不会随着钢筋的增多而提高。

为防止少筋破坏，混凝土梁的配筋率 $\rho = \dfrac{A_s}{bh} \geq \rho_{min}$，特别注意的是，在验算最小配筋率的时候，计算 ρ 时用的是截面高度 h，而不是有效高度 h_0。

钢筋混凝土结构构件中纵向受力钢筋的最小配筋率见表 6-4。

表 6-4　钢筋混凝土结构构件中纵向受力钢筋的最小配筋率

受 力 类 型		最小配筋率/%
受压构件	全部纵向钢筋	0.6
	一侧纵向钢筋	0.2（对称配筋时为 0.3）
受弯构件、偏心受拉、轴心受拉构件一侧的受拉钢筋		0.2 和 $0.45 \dfrac{f_t}{f_y}$ 的较大值

6.1.9　单筋截面设计及校核

类型（1）：已知弯矩设计值 M，混凝土及钢筋等级，求纵向受拉钢筋的面积。

方法（1）：估算截面高 h、宽 b，求解 x，判断 $x \leq x_b = \xi_b h_0$ 是否满足，若满足则可求得 A_s。若 $x \geq x_b = \xi_b h_0$，取 $x = x_b = \xi_b h_0$，求解 A_s。

方法（2）：估算截面高 h、宽 b，将公式进行变形，如下所示：

$$M \leq M_u = \alpha_1 f_c bx\left(h_0 - \frac{x}{2}\right) = \alpha_1 f_c bx h_0\left(1 - \frac{x}{2h_0}\right) = \alpha_1 f_c b \frac{x}{h_0} h_0^2\left(1 - \frac{x}{2h_0}\right)$$

$$= \alpha_1 f_c b \xi h_0^2 (1 - 0.5\xi) = \xi(1 - 0.5\xi)\alpha_1 f_c b h_0^2 = \alpha_s \alpha_1 f_c b h_0^2$$

将公式进行变形，如下所示：

$$M \leq M_u = f_y A_s\left(h_0 - \frac{x}{2}\right) = f_y A_s h_0\left(1 - \frac{x}{2h_0}\right) = f_y A_s h_0(1 - 0.5\xi) = f_y A_s h_0 \gamma$$

$\alpha_s = \xi(1 - 0.5\xi)$，$\gamma_s = 1 - 0.5\xi$，利用这两个表达式所表示的关系，可以制成构件正截面承载力计算表格，见表 6-5。

表 6-5 矩形和 T 形截面受弯构件正截面承载力计算系数 γ_s、α_s

ξ	γ_s	α_s	ξ	γ_s	α_s
0.01	0.995	0.010	0.33	0.835	0.276
0.02	0.990	0.020	0.34	0.830	0.282
0.03	0.985	0.030	0.35	0.825	0.289
0.04	0.980	0.039	0.36	0.820	0.295
0.05	0.975	0.048	0.37	0.815	0.302
0.06	0.970	0.058	0.38	0.810	0.308
0.07	0.965	0.067	0.39	0.805	0.314
0.08	0.960	0.077	0.40	0.800	0.320
0.09	0.955	0.086	0.41	0.795	0.326
0.10	0.950	0.095	0.42	0.790	0.332
0.11	0.945	0.104	0.43	0.785	0.338
0.12	0.940	0.113	0.44	0.780	0.343
0.13	0.935	0.121	0.45	0.775	0.349
0.14	0.930	0.130	0.46	0.770	0.354
0.15	0.925	0.139	0.47	0.765	0.364
0.16	0.920	0.147	0.48	0.760	0.365
0.17	0.915	0.156	0.49	0.755	0.370
0.18	0.910	0.164	0.50	0.750	0.375
0.19	0.905	0.172	0.51	0.745	0.380
0.20	0.900	0.180	0.518	0.741	0.384
0.21	0.895	0.183	0.52	0.740	0.385
0.22	0.890	0.196	0.53	0.735	0.390
0.23	0.885	0.204	0.54	0.730	0.394
0.24	0.880	0.211	0.55	0.725	0.400
0.25	0.875	0.219	0.56	0.720	0.403
0.26	0.870	0.226	0.57	0.715	0.408
0.27	0.865	0.234	0.58	0.710	0.412
0.28	0.860	0.241	0.59	0.705	0.416
0.29	0.855	0.248	0.60	0.700	0.420
0.30	0.850	0.255	0.61	0.695	0.424
0.31	0.845	0.262	0.614	0.693	0.426
0.32	0.840	0.269			

注：表中 $\xi=0.518$ 以下的数值不适用于Ⅲ级钢筋，$\xi=0.55$ 以下的数值不适用于Ⅱ级钢筋。

查表 6-5 计算时，$\alpha_s = \dfrac{M}{\alpha_1 f_c b h_0^2}$，由 α_s 的值查表可得 ξ 或 γ_s，由于 $\xi = \dfrac{x}{h_0} = \dfrac{f_y A_s}{\alpha_1 f_c b h_0}$，可

求得 $A_s = \xi b h_0 \alpha_1 \dfrac{f_c}{f_y}$，　则

$$A_s = \frac{M}{f_y \gamma_s h_0}$$

任务实施 6-1　单筋矩形截面梁设计

（1）任务引领。已知独立简支梁跨长为 6m，承受均布荷载为 $q = 33.33\text{kN/m}$，已知混凝土的强度等级为 C20，纵向受拉钢筋采用 HRB335 级钢筋，试设计梁截面的尺寸并求解纵向受力钢筋的面积。

（2）任务实施。估算梁截面的高度，$h = \dfrac{l_0}{12} = \dfrac{6000}{12} = 500\text{mm}$，取 $b = \dfrac{1}{2}h = \dfrac{1}{2} \times 500 = 250\text{mm}$。

简支梁的最大弯矩 $M = \dfrac{1}{8}ql^2 = \dfrac{1}{8} \times 33.33 \times 6^2 = 150\text{kN} \cdot \text{m}$。由于混凝土强度等级为 C20，取 $a_s = 40\text{mm}$，由公式求解得

$$x = h_0 - \sqrt{h_0^2 - \frac{2M}{\alpha_1 f_c b}} = 460 - \sqrt{460^2 - \frac{2 \times 150 \times 10^6}{1 \times 9.6 \times 250}} = 166\text{mm} < \xi_b h_0$$
$$= 0.55 \times 460 = 253\text{mm}$$

$$A_s = \frac{\alpha_1 f_c b x}{f_y} = \frac{1 \times 9.6 \times 200 \times 166}{300} = 1328\text{mm}^2$$

查表 6-6，选用 2Φ22+2Φ20（$A_s = 1388\text{mm}^2$）。

选配 2Φ22+2Φ20 钢筋时，截面需要的最小宽度

$$b = 2 \times 22 + 2 \times 20 + 5 \times 25 = 209\text{mm} < 250\text{mm}$$

验算最小配筋率

$\rho = \dfrac{A_s}{bh} = \dfrac{1388}{250 \times 500} = 1.11\% > \rho_{\min} = 0.2\%$ 和 $0.45\dfrac{f_t}{f_y} = 0.45 \times \dfrac{1.1}{300} = 0.165\%$，满足要

求，截面配筋布置如图 6-12 所示。

用查表法求解如下：

$$\alpha_s = \frac{M}{\alpha_1 f_c b h_0^2} = \frac{150 \times 10^6}{1 \times 9.6 \times 250 \times 460^2} = 0.295$$

查表 6-5，得

$$A_s = \xi b h_0 \alpha_1 \frac{f_c}{f_y} = 0.36 \times 250 \times 460 \times \frac{1 \times 9.6}{300} = 1324.8\text{mm}^2$$

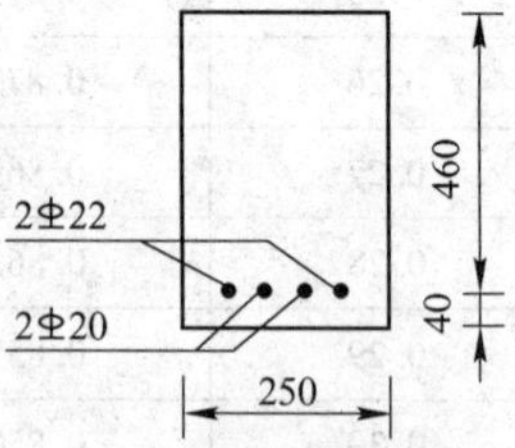

查表 6-6，选用 2Φ22 +2Φ20（$A_s = 1388\text{mm}^2$）。

验算最小配筋率

$$\rho = \frac{A_s}{bh} = \frac{1388}{250 \times 500} = 1.11\% > \rho_{\min} = 0.2\% \text{和} 0.45\frac{f_t}{f_y} = 0.45 \times \frac{1.1}{300} = 0.165\%，满足要求。$$

图 6-12　截面配筋
布置（单位：mm）

表 6-6　钢筋的计算截面面积及公称质量

直径 d /mm	不同根数钢筋的计算截面面积/mm²									单根钢筋公称质量 /kg·m⁻¹
	1	2	3	4	5	6	7	8	9	
3	7.1	14.1	2102	28.3	3503	42.4	49.5	56.5	63.6	0.055
4	12.6	25.1	37.7	50.2	62.8	75.4	87.9	100.5	113	0.099
5	19.6	39	59	79	98	118	138	157	177	0.154
6	28.3	57	85	113	142	170	198	226	255	0.222
6.5	33.2	66	100	133	166	199	232	265	299	0.26
7	38.5	77	115	154	192	231	269	308	346	0.302
8	50.3	101	151	201	252	302	352	402	453	0.395
8.2	52.8	106	158	211	264	317	370	423	475	0.432
9	63.6	127	191	254	318	382	445	509	572	0.499
10	78.5	157	236	314	393	471	550	628	707	0.617
12	113.1	226	339	452	565	678	791	904	1017	0.888
14	153.9	308	461	615	769	923	1077	1230	1387	1.21
16	201.1	402	603	804	1005	1206	1407	1608	1809	1.58
18	254.5	509	736	1017	1272	1526	1780	2036	2290	2.00
20	314.2	628	942	1256	1570	1884	2200	2513	2827	2.47
22	380.1	760	1140	1520	1900	2281	2661	3041	3421	2.98
25	490.9	982	1473	1964	2454	2945	3436	3927	4418	3.85
28	615.3	1232	1847	2463	3079	3695	4310	4926	5542	4.83
32	804.3	1609	2418	3217	4021	4826	5630	6434	7238	6.31
36	1018	2036	3054	4072	5089	6017	7125	8143	9161	7.99
40	1256	2513	3770	5027	6283	7540	8796	10053	11310	9.87

注：表中直径 $d = 8.2$mm 的计算截面面积公称质量仅适用于有纵肋的热处理钢筋。

类型（2）：已知梁截面的尺寸 b、h，混凝土及钢筋的强度 f_c、f_y，纵向受拉钢筋的截面面积 A_s 和弯矩设计值 M，求截面所能承受的弯矩 M_u。

方法：由公式可求出 $x = \dfrac{f_y A_s}{\alpha_1 f_c b}$，若 $x < x_b = \xi_b h_0$，则 $M_u = \alpha_1 f_c b x\left(h_0 - \dfrac{x}{2}\right)$；若 $x \geq x_b = \xi_b h_0$，梁将出现超筋状态，取 $x = x_b = \xi_b h_0$，代入公式求出 M_u。比较 M 与 M_u 的大小，若 $M \leq M_u$。则截面安全，否则，截面不安全。

任务实施 6-2　单筋矩形截面梁校核

（1）任务引领。有一截面尺寸为 $b \times h = 200$mm×450mm 的钢筋混凝土梁，环境类别为二 a 类采用 C25 混凝土和 HRB400 级钢筋，截面构造如图 6-13 所示，该梁承受的受弯弯矩设计值为 78kN·m，试复核截面是否安全。

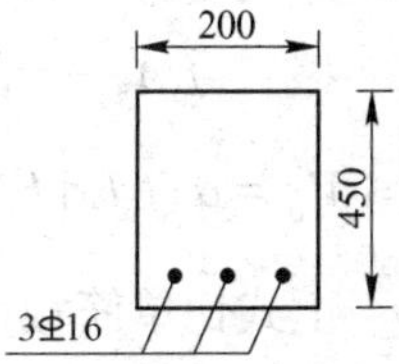

（2）任务实施。查表 5-4、表 6-3、表 6-6 知 $f_c = 11.9$N/mm²，$f_y =$ 360N/mm² 和 $A_s = 603$mm²。钢筋净距 $s_n = \dfrac{200 - 2 \times 30 - 3 \times 16}{2} = 46$mm >

图 6-13　截面构造
（单位：mm）

$d = 16\text{mm}$ 或 25mm 满足构造要求。混凝土保护层厚度为 30mm，$h_0 = 450 - 30 - \dfrac{16}{2} = 412\text{mm}$。

由公式可求得

$$x = \frac{f_y A_s}{\alpha_1 f_c b} = \frac{360 \times 603}{1.0 \times 11.9 \times 200} = 91\text{mm} < \xi_b h_0 = 0.518 \times 412 = 213\text{mm}$$

将 x 值代入公式中，可得

$$M_u = 1.0 \times 11.9 \times 200 \times 91 \times \left(412 - \frac{1}{2} \times 91\right) = 79.4 \times 10^6 \text{N} \cdot \text{mm} = 79.4\text{kN} \cdot \text{m}$$

$M = 78\text{kN} \cdot \text{m} < M_u = 79.4\text{kN} \cdot \text{m}$，所以该梁截面是安全的，且二者数值很接近，满足经济性的要求。

6.1.10　双筋矩形截面受弯构件正截面承载力计算

6.1.10.1　双筋矩形截面概述

在梁的受拉区和受压区同时按计算配置纵向受力钢筋的截面称为双筋截面。由于在梁的受压区布置受压钢筋来承受压力是不经济的，故一般情况下很少用。在截面所需要承受的弯矩较大，而截面尺寸由于某些限制条件不能加大，以及混凝土强度不宜提高时，常会出现这样的情况，如果按单筋截面设计，则受压区高度 x 将大于界限受压区高度 x_b 而成为超筋截面，即受压区混凝土在受拉钢筋应力达到屈服强度之前发生破坏。因此，无论怎样增加钢筋，截面的受弯承载力基本上不再提高。也就是说，按单筋截面进行设计无法满足截面受弯承载力的要求。在这种情况下，可采用双筋截面，即在受压区配置钢筋以协助混凝土承担压力，而将受压区高度 x 减小到界限受压高度 x_b 的范围内，使截面破坏时受拉钢筋应力可达到屈服强度，而受压区混凝土不致过早被压碎。

6.1.10.2　双筋矩形截面的计算公式和适用条件

双筋矩形截面与单筋矩形截面的基本假定相同，而且普通受压钢筋 A_s' 的抗压强度设计值 f_y' 与其抗拉设计强度 f_y 相同，但应采取相应措施保证受压钢筋充分发挥其作用。

试验表明，只要满足适筋梁的条件，双筋截面梁的破坏形式与单筋适筋梁塑性破坏的特征基本相同，即受拉钢筋首先屈服，随后受压区边缘混凝土达极限压应变而破坏。

双筋矩形截面构件达到受弯承载力极限状态时的截面应力状态如图 6-14 所示，其正截面受弯承载力可按下列公式计算：

$$f_y A_s = \alpha_1 f_c b x + f_y' A_s'$$

$$M \leqslant M_u = \alpha_1 f_c b x \left(h_0 - \frac{x}{2}\right) + f_y' A_s'(h_0 - \alpha_s')$$

上式比单筋截面公式多了受压区钢筋的作用，其适用条件是：（1）保证受拉钢筋应力达到其抗拉强度设计值 f_y，必须满足 $x \leqslant x_b = \xi_b h_0$，防止发生超筋破坏。（2）为保证受压钢筋应力达到其抗压设计强度 f_y'，

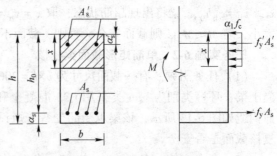

图 6-14　截面应力状态

受压区等效高度必须满足 $x \geqslant 2a'_s$。

当受压区等效高度不满足上述关系时，可近似取 $x = 2\alpha'_s$，对受压钢筋的合力点取弯矩，可得

$$M \leqslant f_y A_s (h_0 - \alpha'_s)$$

用上式可以直接确定纵向受拉钢筋的截面面积 A_s。这样求得的 A_s 比不考虑受压钢筋的存在而按单筋矩形截面计算的 A_s 还大，这时应按单筋截面的计算结果配筋。

计算类型：已知弯矩设计值 M，材料强度等级（f_c、f_y 及 f'_y）、截面尺寸（b、h），求受拉钢筋面积 A_s 和受压钢筋面积 A'_s。

由双筋截面计算公式可知，方程里共有 3 个未知量，故还需补充一个条件才能求解。由适用条件（1）知，若取 $x = x_b = \xi_b h_0$，这样可充分发挥混凝土的抗压作用，从而使钢筋总的用量（$A_s + A'_s$）为最小，达到节约钢筋的目的。

任务实施 6-3　双筋矩形截面配筋设计

（1）任务引领。已知一矩形截面梁，$b = 200\text{mm}$，$h = 500\text{mm}$，混凝土强度等级为 C20（$f_c = 9.6\text{N/mm}^2$），采用 HRB335 级钢筋（$f_y = 300\text{N/mm}^2$），承受的弯矩设计值 $M = 230\text{kN} \cdot \text{m}$，求所需的受拉钢筋 A_s 和受压钢筋面积 A'_s。

（2）任务实施：

1）验算是否需要采用双筋截面。因 M 的数值较大，受拉钢筋按两排考虑，$h_0 = h - 65 = 500 - 65 = 435\text{mm}$。计算此梁若设计成单筋截面所能承受的最大弯矩：

$$M_{u,\,max} = \alpha_1 f_c b h_0^2 \xi_b (1 - 0.5\xi_b) = 1 \times 9.6 \times 200 \times 435^2 \times 0.55 \times (1 - 0.5 \times 0.55)$$
$$= 144.9 \times 10^6 \text{N} \cdot \text{mm} = 144.9\text{kN} \cdot \text{m} < M = 230\text{kN} \cdot \text{m}$$

说明如果设计成单筋截面，将出现超筋现象，故应设计成双筋截面。

2）求受压钢筋面积 A'_s，令 $x = \xi_b h_0$，并注意到 $x = \xi_b h_0$ 是等号右边第一项，即为 $M_{u,max}$，则

$$A'_s = \frac{M - M_{u,\,max}}{f'_y (h_0 - \alpha'_s)} = \frac{230 \times 10^6 - 148.2 \times 10^6}{300 \times (435 - 35)} = 709.2\text{mm}^2$$

$\rho'_{min} bh = 0.2\% bh = 0.2\% \times 200 \times 500 = 200\text{mm}^2 < A'_s = 709.2\text{mm}^2$ 满足要求。

3）求受拉钢筋面积 A_s，并注意到 $x = \xi_b h_0$，则

$$A_s = \frac{\alpha_1 f_c b \xi_b h_0 + f'_y A'_s}{f_y} = \frac{1 \times 9.6 \times 200 \times 0.55 \times 435 + 300 \times 709.2}{300} = 2240.4\text{mm}^2$$

4）选配钢筋。受拉钢筋选用 6 Φ22（$A_s = 2281\text{mm}^2$），受压钢筋选用 2Φ22（$A'_s = 760\text{mm}^2$），截面配筋如图 6-15 所示。

对于任务实施 6-3，若已在受压区配置了 3Φ22（$A'_s = 941\text{mm}^2$），求受拉钢筋 A_s，操作步骤如下：

因为已知受压钢筋的数量，所以应注意此时 $x \neq \xi_b h_0$，而是一个未知量，由于现在只有 x、A_s 两个未知数，故可直接求解。

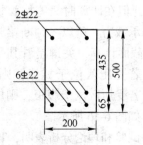

图 6-15　截面配筋（单位：mm）

由公式可得

$$x = h_0 - \sqrt{h_0^2 - \frac{2[M - f'_y A'_s (h_0 - a'_s)]}{\alpha_1 f_c b}}$$

$$= 435 - \sqrt{435^2 - \frac{2 \times [230 \times 10^6 - 300 \times 941 \times (435 - 40)]}{1 \times 9.6 \times 200}}$$

$$= 178.5\text{mm} < \xi_b h_0 = 0.55 \times 435 = 239\text{mm}$$

不会出现超筋破坏现象。

代入公式得

$$A_s = \frac{\alpha_1 f_c b x + f'_y A'_s}{f_y} = \frac{1 \times 9.6 \times 200 \times 178.5 + 300 \times 941}{300} = 2083.4\text{mm}^2$$

比较前后两种情况下的结果可知，因为在第一种情况下混凝土受压区高度 x 取最大值 $\xi_b h_0$，故能充分发挥混凝土的抗压能力，使得钢筋的总数量（$A'_s + A_s = 709.2 + 2240.4 = 2949.6\text{mm}^2$）较后者的钢筋的总数量（$A'_s + A_s = 941 + 2083.4 = 3024.4\text{mm}^2$）少。

6.1.11　T形截面梁受弯构件正截面承载力计算

6.1.11.1　T形截面受弯构件概述

受弯构件产生裂缝后，裂缝截面处的受拉混凝土因开裂而退出工作，拉力可认为全部由受拉钢筋承担，故可将受拉区混凝土的一部分去掉，把原有的纵向受拉钢筋集中布置在腹板，由于在计算中是不考虑混凝土的抗拉作用的（即构件的承载力与截面受拉区的形状无关），所以截面的承载力不但与原有截面相同，而且可以节约混凝土，减轻构件自重。剩下的梁认为是由两部分组成的，T形截面伸出的部分称为翼缘，其宽度为 b'_f，厚度为 h'_f；翼缘以下的部分称为肋，肋的宽度用 b 表示，T形截面总高用 h 表示。

由于T形截面受力比矩形截面合理，所以T形截面梁在工程实践中的应用十分广泛。例如在整体式肋形楼盖中，楼板和梁浇筑在一起形成整体式T形，预制空心板截面形式是矩形，但将其圆孔之间的部分合并，就是T形截面，故其正截面计算也是按T形截面计算。

值得注意的是，若翼缘处于梁的受拉区，当受拉区的混凝土开裂后，翼缘部分的混凝土就不起作用了，所以这种梁形式上是T形，但在计算时只能按腹板为 b 的矩形梁计算承载力。所以，判断梁是按矩形还是按T形截面计算，关键是看其受压区所处的部位。若受压区位于翼缘，则按T形截面计算；若受压区位于腹板，则应按矩形截面计算，如图6-16所示。

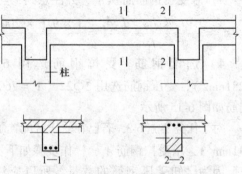

图6-16　整体式楼盖中的T形截面

试验和理论分析表明，T形截面受力后，翼缘的压应力沿翼缘宽度方向分布是不均匀的，距肋部越远，翼缘参与受力越小。因此，与肋部共同参与工作的肋部是有限的。为了简化计算，假定距肋部一定范围以内的翼缘全部参与工作，且在此宽度范围内的应力分布是均匀的，而在此范围以外的部分，完全不参与受力，这个宽度就是 b_f'。《混凝土规范》规定，b_f' 按表 6-7 所示取最小值。

表 6-7　T 形及倒 L 形截面受弯构件翼缘计算宽度 b_f'

考虑情况		T 形截面		倒 L 形截面
		肋形梁（板）	独立梁	肋形梁（板）
按计算跨度 l_0 考虑		$l_0/3$	$l_0/3$	$l_0/6$
按梁（肋）净距 s_0 考虑		$b+s_0$	—	$b+s_0/2$
按翼缘高度 (h_f') 考虑	$h_f'/h_0 \geqslant 0.1$	—	$b+12h_f'$	—
	$0.1 > h_f'/h_0 \geqslant 0.05$	$b+12h_f'$	$b+6h_f'$	$b+5h_f'$
	$h_f'/h_0 < 0.05$	$b+12h_f'$	b	$b+5h_f'$

注：1. 表中 b 为梁腹板的宽度。2. 如果肋形梁在梁跨内设有间距小于纵肋间距的横肋，则可不遵守表列第三种情况的规定。3. 对有加腋的 T 形和倒 L 形截面，当受压加腋的高度 $h_h \geqslant h_f'$ 且加腋的宽度 $b_h \leqslant 3h_h$ 时，则其翼缘计算宽度可按表列第三种情况规定分别增加 $2b_h$（T 形截面）和 b_h（倒 L 形截面）。4. 独立梁受压区的翼缘板在荷载作用下经验算沿纵肋方向可能产生裂缝时，其计算宽度应取腹板宽度 b。

6.1.11.2　截面计算基本公式

T 形截面按中和轴所在的位置不同可分为两类：（1）第一类 T 形截面，中和轴位于翼缘内，$x \leqslant h_f'$，受压区面积为矩形，如图 6-17（a）所示。（2）第二类 T 形截面，中和轴位于梁肋，$x > h_f'$，受压区面积为 T 形，如图 6-17（b）所示。

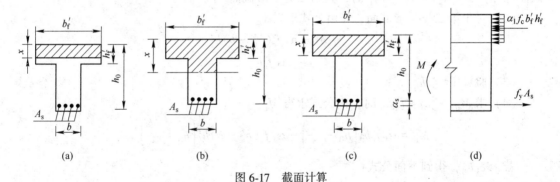

图 6-17　截面计算

在进行 T 形截面受弯构件承载力计算时，首先应判断在给定条件下截面属于哪一类 T 形截面。当受压区高度 x 等于翼缘厚度 h_f' 时，为两类 T 形截面的界限情况，如图 6-17（c）和（d）所示。由平衡条件可得

$$f_y A_s = \alpha_1 f_c b_f' h_f'$$
$$M = \alpha_1 f_c b_f' h_f' (h_0 - 0.5 h_f')$$

因此，当 $f_y A_s \leqslant \alpha_1 f_c b_f' h_f'$ 或 $M \leqslant \alpha_1 f_c b_f' h_f' (h_0 - 0.5 h_f')$ 时，截面属于第一类 T 形截面；反之，为第二类 T 形截面。

A　第一类 T 形截面

中和轴在翼缘内（$x \leqslant h_f'$），受压区为高为 x、宽为 b_f' 的矩形，故第一类 T 形截面的

受弯承载力按相当于宽度为 b_f' 的矩形截面受弯承载力计算。

第一类 T 形截面梁的正截面受弯时的计算简图如图 6-17（a）所示，由平衡条件可得适用条件

$$f_\mathrm{y}A_\mathrm{s} = \alpha_1 f_\mathrm{c} b_\mathrm{f}' x$$

$$M \leqslant \alpha_1 f_\mathrm{c} b_\mathrm{f}' x \left(h_0 - \frac{x}{2} \right)$$

应该指出的是，对于 T 形截面，验算截面最小配筋率时应采用截面的肋部宽 b，不是受压面积的宽度 b_f'。这是因为，受弯构件纵向受拉钢筋的 $\rho_{\min}$ 是根据钢筋混凝土梁的极限弯矩 M_u 等于同样截面同样混凝土强度等级的素混凝土梁的开裂弯矩 M_cr 这一条件确定的。混凝土梁的 M_cr 主要取决于受拉区混凝土面积。T 形截面混凝土梁的 M_cr 接近于高度为 h、宽度为肋宽 b 的矩形截面混凝土梁的 M_cr。为了简化计算，T 形截面受弯构件的最小配筋率按宽度为肋宽的矩形截面（$b×h$）计算。

B　第二类 T 形截面

第二类 T 形截面梁的正截面受弯承载力计算简图如图 6-17（b）所示。受压区为 T 形，为了便于计算，可将受压区混凝土划分为翼缘伸出部分混凝土和肋部矩形截面混凝土两部分。

a　基本公式的应用

已知截面尺寸 b、h 及 b_f'、h_f'，材料强度 f_y、f_c 及纵向受拉钢筋截面面积 A_s，要求计算截面所能承受的极限弯矩。基本步骤如下：

（1）判定截面类型。当 $f_\mathrm{y}A_\mathrm{s} \leqslant \alpha_1 f_\mathrm{c} b_\mathrm{f}' h_\mathrm{f}'$ 时，属第一类 T 形截面，可按 $b_\mathrm{f}' h$ 的单筋矩形截面计算；当 $f_\mathrm{y}A_\mathrm{s} > \alpha_1 f_\mathrm{c} b_\mathrm{f}' h_\mathrm{f}'$ 时，为第二类 T 形截面。

（2）对于第二类 T 形截面，先由公式求出 x。

$$x = \frac{f_\mathrm{y}A_\mathrm{s} - \alpha_1 f_\mathrm{c}(b_\mathrm{f}' - b)h_\mathrm{f}'}{\alpha_1 f_\mathrm{c} b}$$

（3）验算 $x \leqslant \xi_\mathrm{b} h_0$。

（4）求 M_u。当 $x \leqslant \xi_\mathrm{b} h_0$ 时，由公式求得 M_u。

$$M_\mathrm{u} = \alpha_1 f_\mathrm{c} b x \left(h_0 - \frac{x}{2} \right) + \alpha_1 f_\mathrm{c}(b_\mathrm{f}' - b)h_\mathrm{f}' \left(h_0 - \frac{b_\mathrm{f}'}{2} \right)$$

若 $x > \xi_\mathrm{b} h_0$，得到下面公式：

$$M_\mathrm{u} \leqslant \alpha_\mathrm{s} \alpha_1 f_\mathrm{c} b h_0^2 + \alpha_1 f_\mathrm{c}(b_\mathrm{f}' - b)h_\mathrm{f}' \left(h_0 - \frac{b_\mathrm{f}'}{2} \right)$$

并取 $\alpha_\mathrm{s} = \alpha_{\mathrm{s,max}}$，代入得

$$M_\mathrm{u} \leqslant \alpha_{\mathrm{s,max}} \alpha_1 f_\mathrm{c} b h_0^2 + \alpha_1 f_\mathrm{c}(b_\mathrm{f}' - b)h_\mathrm{f}' \left(h_0 - \frac{b_\mathrm{f}'}{2} \right)$$

任务实施 6-4　校核 T 形截面梁

（1）任务引领。已知一 T 形截面梁的截面尺寸，$b = 250\mathrm{mm}$，$h = 700\mathrm{mm}$，$b_\mathrm{f}' = 600\mathrm{mm}$，$h_\mathrm{f}' = 100\mathrm{mm}$，截面配有 8⌀22（$A_\mathrm{s} = 3041\mathrm{mm}^2$）纵向受拉钢筋，采用 HRB335 级钢筋，混凝土强度等级为 C20，梁截面的最大弯矩设计值 $M = 490\mathrm{kN \cdot m}$，试校核该梁是否安全。

（2）任务实施：

1）判别截面类型。

$\alpha_1 = 1.0$, $f_c = 9.6 \text{N/mm}^2$, $f_y = 300 \text{N/mm}^2$, $\xi_b = 0.550$, $h_0 = h - 65 = 700 - 65 = 635 \text{mm}$, $f_y A_s = 300 \times 3041 = 912300 \text{N}$, $\alpha_1 f_c b'_f h'_f = 1.0 \times 9.6 \times 600 \times 100 = 576000 \text{N}$, $f_y A_s > \alpha_1 f_c b'_f h'_f$，为第二类 T 形截面。

2）求 x。

$$x = \frac{f_y A_s - \alpha_1 f_c (b'_f - b) h'_f}{\alpha_1 f_c b} = \frac{300 \times 3041 - 1.0 \times 9.6 \times (600 - 250) \times 100}{1.0 \times 9.6 \times 250}$$

$$= 240.1 \text{mm} < \xi_b h_0 = 0.550 \times 635 = 349 \text{mm}$$

3）求 M_u。

$$M_u = \alpha_1 f_c b x \left(h_0 - \frac{x}{2} \right) + \alpha_1 f_c (b'_f - b) h'_f \left(h_0 - \frac{b'_f}{2} \right)$$

$$= 1.0 \times 9.6 \times 250 \times 240.1 \times \left(635 - \frac{240.1}{2} \right) + 1.0 \times 9.6 \times (600 - 250) \times 100 \times \left(635 - \frac{100}{2} \right)$$

$$= 493 \times 10^6 \text{N} \cdot \text{m} > M = 490 \text{kN} \cdot \text{m}$$

安全。

b　截面设计

已知截面尺寸 b、h、b'_f、h'_f，材料强度 f_y、f_c 及弯矩设计值 M，要求计算截面需配置的纵向受拉钢筋 A_s。基本步骤如下：

（1）判别截面类型。若 $M \leqslant \alpha_1 f_c b'_f h'_f \left(h_0 - \frac{h'_f}{2} \right)$，为第一类 T 形截面，按宽度为 b'_f 的单筋矩形截面进行计算；若 $M > \alpha_1 f_c b'_f h'_f \left(h_0 - \frac{h'_f}{2} \right)$，为第二类 T 形截面。

（2）求 α_s。对第二类 T 形截面

$$\alpha_s = \frac{M - \alpha_1 f_c (b'_f - b) h'_f \left(h_0 - \frac{h'_f}{2} \right)}{\alpha_1 f_c b h_0^2}$$

（3）验算 $\alpha_s \leqslant \alpha_{s,max}$。若 $\alpha_s > \alpha_{s,max}$，可采取的措施：1）加大截面尺寸或提高混凝土强度等级；2）配置受压钢筋。

（4）求 A_s。当 $\alpha_s \leqslant \alpha_{s,max}$ 时，查表 6-5 可以求得相应的 ξ 值，则

$$A_s = \frac{\alpha_1 f_c b h_0 \xi + \alpha_1 f_c (b'_f - b) h'_f}{f_y}$$

任务实施 6-5　设计 T 形截面梁的受拉钢筋

（1）任务引领。某 T 形截面梁 $b \times h = 250 \text{mm} \times 650 \text{mm}$，$b'_f = 600 \text{mm}$，$h'_f = 120 \text{mm}$，混凝土的强度等级为 C25，采用 HRB335 级钢筋，弯矩设计值 $M = 515 \text{kN} \cdot \text{m}$，试求该梁需配置的纵向受拉钢筋。

（2）任务实施。$\alpha_1 = 1.0$，$f_c = 11.9 \text{N/mm}^2$，$f_y = 300 \text{N/mm}^2$，$\alpha_{s,max} = 0.399$。设纵筋按两排布置，$h_0 = h - 60 = 650 - 60 = 590 \text{mm}$。

1）判别截面类型。

$$\alpha_1 f_c b_f' h_f' \left(h_0 - \frac{h_f'}{2}\right) = 1.0 \times 11.9 \times 600 \times 120 \times \left(590 - \frac{120}{2}\right) \times 10^{-6}$$

$$= 454\text{kN} \cdot \text{m} < M = 515\text{kN} \cdot \text{m}$$

属第二类 T 形截面。

2）求 A_s。查表 6-5 得 $\xi = 0.281$，则

$$A_s = \frac{\alpha_1 f_c b h_0 \xi + \alpha_1 f_c (b_f' - b) h_f'}{f_y} = \frac{1.0 \times 11.9 \times 250 \times 590 \times 0.281 + 1.0 \times 11.9 \times (600 - 250) \times 120}{300}$$

$$= 3310\text{mm}^2$$

选用 7Φ25，$A_s = 3436\text{mm}^2$。

6.1.12　梁的斜截面承载力计算

6.1.12.1　梁的斜截面破坏概述

一般情况下，梁作为受弯构件，其截面除作用有弯矩外，还作用有剪力。图 6-18 为受一对集中力作用的简支梁，在集中力之间为纯弯区段，剪力为零，且弯矩值最大，可能发生正截面破坏；在集中力到支座之间的区段，既有弯矩又有剪力（称为弯剪区），剪力和弯矩共同作用引起的主拉应力将使该段产生斜裂

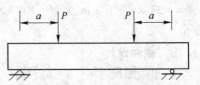

图 6-18　梁在对称集中荷载作用下的计算简图

缝，即可能导致沿斜截面的破坏。所以，对于受弯构件，既要计算正截面的承载力，也要计算斜截面的承载力。

前面已经介绍了受弯构件的正截面是以纵向受拉钢筋来加强的，而斜截面则主要是靠配置箍筋和弯起钢筋来加强的。箍筋和弯起钢筋位于梁的腹部，故通常也统称为"腹筋"。

6.1.12.2　梁的斜截面承载力计算方法

梁斜截面计算中常用的两个参数为剪跨比 λ 和配箍率 ρ_{sv}。

A　广义剪跨比

广义剪跨比 $\lambda = \dfrac{M}{V h_0}$，剪跨比是个无量纲的参数 M 为计算截面的弯矩，V 为相应截面上的剪力，截面的有效高度为 h_0，A 反映计算截面上正应力和剪应力的比值关系，即反映了梁的应力状态。

对于如图 6-18 所示的承受集中荷载的简支梁，集中荷载作用截面的剪跨比 $\lambda = \dfrac{M}{V h_0} = \dfrac{Pa}{P h_0} = \dfrac{a}{h_0}$，$a$ 为集中荷载作用点至支座的距离，称为剪跨。对于有多个集中荷载作用的梁，为简化计算，不再计算最大集中荷载作用截面的广义剪跨比 $\lambda = \dfrac{M}{V h_0}$，而是直接取该

截面到支座的距离作为它的计算剪跨 a，这时的计算剪跨比 $\lambda = \dfrac{a}{h_0}$ 要低于广义剪跨比，但相差不多，故在计算时均以计算剪跨比进行计算。

B　配箍率 ρ_{sv}

箍筋截面面积与对应的混凝土面积的比值，称为配箍率。数学表达式为 $\rho_{sv} = \dfrac{A_{sv}}{bs}$，式中 A_{sv} 为配置在同一截面内的箍筋面积总和，$A_{sv} = nA_{sv1}$，n 为同一截面内箍筋的肢数；A_{sv1} 为单肢箍筋的截面面积；b 为截面宽度，若是 T 形截面，则是梁腹宽度；s 为箍筋沿梁轴线方向的间距。

6.1.12.3　无腹筋梁斜截面的破坏形态

为了了解工程中梁的斜裂缝出现的原因，先对无腹筋梁进行了一系列的试验，众多试验表明，斜裂缝的出现有一个发生、发展的过程。第一条斜裂缝可能由构件受拉边缘的垂直裂缝发展而成，也可能在中和轴附近出现。随着荷载增加，将出现许多新裂缝，其中一条迅速延伸加宽，最后导致斜截面破坏，这条裂缝称为临界斜裂缝，是斜裂缝破坏的显著特征。

斜截面的主要破坏形态有下述三种：

（1）斜拉破坏。集中荷载下的简支梁，当剪跨比 $\lambda > 3$（均布荷载作用时梁跨高比 $l/h > 9$）时，斜裂缝一出现就很快向梁顶发展，形成临界裂缝，并将残余混凝土斜劈成两半，梁被斜向拉断而破坏。这种破坏是突然的脆性破坏，如图 6-19（c）所示。这种梁的强度取决于混凝土在复合受力下的抗拉强度，承载力很低。

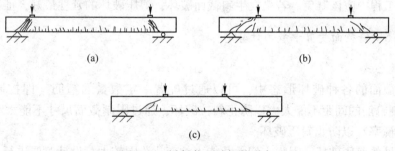

图 6-19　梁斜截面破坏的形态

（2）剪压破坏。当梁的剪跨比 $1 < \lambda \leqslant 3$（均布荷载作用时梁跨高比 $3 < l/h \leqslant 9$）时，在裂缝出现后，荷载仍能有较大增长，并继续出现其他斜裂缝，逐渐形成一条裂缝，向梁顶发展，达到破坏荷载时，斜裂缝上端混凝土被压碎，这种破坏主要是残余截面的混凝土在截面正应力、截面剪应力和荷载的局部竖向压应力的共同作用下发生的主压应力的破坏，称为剪压破坏，承载力高于斜拉破坏，如图 6-19（b）所示。

（3）斜压破坏。当梁的剪跨比 $\lambda \leqslant 1$（均布荷载作用时梁跨高比 $l/h \leqslant 3$）时，集中荷载作用点距支座较近，荷载与支座之间犹如一斜向受压短柱。破坏时裂缝多而密，将梁腹分割成数个倾斜的受压构件，最后混凝土被斜向压坏，故称为斜压破坏。这种破坏主要取决于混凝土的抗压强度，如图 6-19（a）所示。

无腹筋梁除上述三种主要破坏形态外，还可能出现其他破坏形态，如局部挤压破坏、纵筋的锚固破坏等。

总之，剪跨比不同，无腹筋梁的破坏形态不同，承载力不同，但达到承载力时梁的挠度均不大，破坏后荷载均急剧下降，且均为脆性破坏，其中以斜拉破坏最为明显。

6.1.12.4　有腹筋梁斜截面的受力特点及破坏形态

为了提高梁的抗剪能力，防止梁沿斜截面的脆性破坏，在实际工程结构中，梁均配置有腹筋，与无腹筋梁相比，有腹筋梁的受力特点、破坏形态有许多相似之处和一些不同之处。

通过试验发现，对于配置了腹筋的梁，在荷载较小、斜裂缝出现以前，腹筋的应力很小，其作用也不明显，对斜裂缝出现时的荷载影响不大，其受力性能与无腹筋梁基本相近。在斜裂缝出现以后，由于与斜裂缝相交的箍筋或弯起钢筋可以直接承担部分剪力，因此限制了斜裂缝的开展、延伸，加大了剪压区的面积，提高了剪压区的抗剪能力。

如果腹筋配置得适当，随着荷载的增大，与斜裂缝相交的箍筋应力达到屈服强度，同时剪压区混凝土被压碎而破坏，梁破坏前有明显的预兆，属剪压破坏。如果箍筋数量过多，箍筋应力较小，斜裂缝发展缓慢，在箍筋应力未达到屈服强度时，斜裂缝之间的混凝土就会被斜向压碎而破坏，这种破坏属脆性破坏，斜裂缝开展较小，属斜压破坏。如果箍筋配置过少，斜裂缝一旦出现，与斜裂缝相交的箍筋所受的拉力就会突然增大，很快达到屈服强度，箍筋不能再抑制斜裂缝的开展，梁将发生无明显预兆的突然破坏，与无腹筋梁的斜拉破坏类似。

对于有腹筋梁，也存在剪压、斜压、斜拉三种破坏情况，其中，斜压破坏和斜拉破坏呈脆性，在工程中应该避免。若梁发生斜截面破坏，剪压破坏的延性最好，征兆最明显。

6.1.12.5　斜截面受剪承载力计算

A　计算公式

在梁斜截面的各种破坏形态中，可以通过配置一定数量的箍筋（即控制最小配箍率），且限制箍筋的间距不能太大以防止斜拉破坏，通过限制截面尺寸不能太小（相当于控制最大配箍率）以防止斜压破坏。

对于常见的剪压破坏，因为它们承载能力的变化范围较大，设计时要进行必要的斜截面承载力计算。《混凝土规范》给出的基本计算公式就是根据剪压破坏的受力特征建立的。

《混凝土规范》给出的计算公式采用下列表达式：

$$V \leqslant V_u = V_{cs} + V_{sb}$$

式中，V 为构件计算截面的剪力设计值；V_{cs} 为构件斜截面上混凝土和箍筋受剪承载力设计值；V_{sb} 为与斜裂缝相交的弯起钢筋的受剪承载力设计值。

剪跨比 λ 是影响梁斜截面承载力的主要因素之一，但为了简化计算，这个因素在一般计算情况下不予考虑。

《混凝土规范》规定仅对以承受集中荷载为主（即作用有多种荷载，其中集中荷载对支座截面或节点边缘所产生的剪力值占总剪力值的 75% 以上的情况）的矩形、T 形和 I 形截面的独立梁才考虑剪跨比 λ 的影响。

混凝土和箍筋共同承担的受剪承载力可以表达为

$$V_{cs} = V_c + V_{sv}$$

式中，V_c 可以认为是剪压区混凝土的抗剪承载力；V_{sv} 可以认为是与斜裂缝相交的箍筋的抗剪承载力。

《混凝土规范》根据试验资料的分析，对矩形、T 形、I 形截面的一般受弯构件

$$V_{cs} = 0.7f_t bh_0 + 1.25f_{yv}\frac{A_{sv}}{s}h_0$$

对主要以承受集中荷载作用为主的矩形、T 形和 I 形截面独立梁

$$V_{cs} = \frac{1.75}{\lambda + 1}f_t bh_0 + f_{yv}\frac{A_{sv}}{s}h_0$$

式中，f_t 为混凝土轴心抗拉强度设计值；f_{yv} 为箍筋抗拉强度设计值；λ 为计算截面的剪跨比，当 $\lambda = \dfrac{a}{h_0}$ 时，若 $\lambda<1.5$ 取 $\lambda = 1.5$，若 $\lambda>3$ 取 $\lambda = 3$。

需要说明的是，虽然公式中抗剪承载力 V_{cs} 表达为剪压区混凝土的抗剪承载力 V_c 和箍筋的抗剪承载力 V_{sv} 二项相加的形式，但 V_c、V_{sv} 之间是有一定的联系和影响的。若不配置箍筋的话，则剪压区混凝土的抗剪承载力要低于公式等号右边第一项计算出来的值。这是因为配置了箍筋后，限制了斜裂缝的发展，从而也就提高了混凝土的抗剪能力。

如果工程中梁内配置了弯起钢筋，则其抗剪承载力 V_{sb} 的表达式为

$$V_{sb} = 0.8f_y A_{sb}\sin\alpha_s$$

式中，f_y 为弯起钢筋的抗拉强度设计值；A_{sb} 为弯起钢筋的截面面积；α_s 为弯起钢筋与梁轴间的角度，一般取 45°，当梁高 $h>800mm$ 时，取 60°；0.8 为考虑到靠近剪压区的弯起钢筋在破坏时可能达不到抗拉强度设计值的应力不均匀系数。

因此，《混凝土规范》给出了梁内配有箍筋和弯起钢筋的斜截面抗剪承载力计算公式如下：

对矩形、T 形、I 形截面的一般受弯构件

$$V \leqslant V_u = 0.7f_t bh_0 + 1.25f_{yv}\frac{A_{sv}}{s_0}h_0 + 0.8f_y A_{sb}\sin\alpha_s$$

对主要以承受集中荷载作用为主的独立梁

$$V \leqslant V_u = \frac{1.75}{1 + \lambda}f_t bh_0 + f_{yv}\frac{A_{sv}}{s}h_0 + 0.8f_y A_{sb}\sin\alpha_s$$

B 计算公式的适用范围

a 上限值——最小截面尺寸及最大配箍率

当箍筋配置过多时，箍筋的拉应力达不到屈服强度，梁斜截面抗剪能力主要取决于截面尺寸及混凝土的强度等级，而与配箍率无关，此时，梁将发生斜压破坏。因此，为了防止配箍率过高（也就是截面尺寸过小），避免斜压破坏，《混凝土规范》作了如下规定。

对矩形、T 形和 I 形截面的受弯构件，其受剪截面需符合下列条件：

（1）当 $\dfrac{h_w}{b} \leqslant 4$ 时（即一般梁），$V \leqslant 0.25\beta_c f_c bh_0$。

（2）当 $\dfrac{h_{w}}{b} \geqslant 6$ 时（即薄腹梁），$V \leqslant 0.20\beta_{c} f_{c} b h_{0}$。

（3）当 $6 > \dfrac{h_{w}}{b} > 4$ 时，可按线性插值法取用。

式中，V 为截面最大剪力设计值；b 为矩形截面的宽度，T 形或 I 形截面的腹板宽度；h_{w} 为截面的腹板高度，矩形截面取有效高度，T 形截面取有效高度减去翼缘高度，I 形截面取腹板净高；f_{c} 为混凝土轴心抗压强度设计值；β_{c} 为混凝土强度影响系数，当混凝土强度等级不超过 C50 时，$\beta_{c} = 1.0$，当混凝土强度等级为 C80 时，$\beta_{c} = 0.8$，其间按线性内插法确定。

以上两式规定了梁在各种情况下梁斜截面受剪承载力的上限值，相当于限制了梁截面的最小尺寸及最大配箍率，当上述条件不满足时，则应加大截面尺寸或提高混凝土的强度等级。

对于 I 形和 T 形截面的简支受弯构件，当有经验时，式 $V \leqslant 0.25\beta_{c} f_{c} b h_{0}$ 可取为

$$V \leqslant 0.3\beta_{c} f_{c} b h_{0}$$

b　下限值——最小配箍率 $\rho_{sv,min}$

若配箍率过小，即箍筋过少，或箍筋的间距过大，一旦出现斜裂缝，箍筋的拉应力会立即达到屈服强度，不能限制斜裂缝的进一步开展，导致截面发生斜拉破坏。因此，为了防止出现斜拉破坏，箍筋的数量不能过少，间距不能太大。为此，《混凝土规范》规定配箍率的下限值（即最小配箍率）为

$$\rho_{sv,\,min} = \frac{A_{sv}}{bs} = 0.24\frac{f_{t}}{f_{yv}}$$

c　按构造配箍筋

在实际工程中，构件上截面所承受的剪力 V 若符合下列条件：

（1）对矩形、T 形、I 形截面的一般受弯构件，

$$V \leqslant 0.7 f_{t} b h_{0}$$

（2）对主要以承受集中荷载作用为主的独立梁，

$$V \leqslant \frac{1.75}{1 + \lambda} f_{t} b h_{0}$$

均可不进行斜截面的受剪承载力计算，而仅需根据《混凝土规范》的有关规定，按最小配箍率及构造要求配置箍筋。

C　计算位置

在计算受剪承载力时，计算截面的位置按下列规定确定：（1）支座边缘的截面。这一截面属必须计算的截面，因为支座边缘的剪力值是最大的。（2）受拉区弯起钢筋的弯起点对应的横截面。这个截面的抗剪承载力不包括相应弯起钢筋的抗剪承载力。（3）箍筋直径或间距改变处的截面。在此截面箍筋的抗剪承载力有所变化。（4）截面腹板宽度改变处。在此截面混凝土的抗剪承载力有所变化。

D　箍筋配筋计算

已知荷载情况，需要确定截面尺寸及腹筋。一般是在正截面承载力计算后进行，这时截面尺寸已知，仅需确定腹筋。计算步骤如下：

（1）验算截面尺寸和构造要求条件，若 $V \le 0.25\beta_c f_c bh_0 \left(\dfrac{h_w}{b} \le 4\right)$ 满足或 $V \le 0.20\beta_c$ $f_c bh_0 \left(\dfrac{h_w}{b} \ge 6\right)$ 满足，可按公式配置箍筋；若不满足，则需要增大截面尺寸或提高混凝土强度等级。

$$\frac{nA_{sv1}}{s} \ge \frac{V - 0.7f_t bh_0}{1.25 f_{yv} h_0}$$

$$\frac{nA_{sv1}}{s} \ge \frac{V - \dfrac{1.75}{1+\lambda} f_t bh_0}{f_{yv} h_0}$$

（2）根据 $\dfrac{nA_{sv1}}{s}$ 先确定箍筋肢数和直径，然后求间距 s，求得的间距应满足规范对最大间距的要求及箍筋最小直径的要求，具体要求见表 6-8 和表 6-9。

表 6-8 梁中箍筋间距的最大值

梁高 h/mm	$V > 0.7f_t bh_0$	$V \le 0.7f_t bh_0$
$150 < h \le 300$	150	200
$300 < h \le 500$	200	300
$500 < h \le 800$	250	350
$h > 800$	300	400

表 6-9 箍筋的最小直径 （mm）

梁高 h	箍筋直径
$h \le 800$	6
$h > 800$	8

任务实施 6-6 确定梁的箍筋

（1）任务引领。一钢筋混凝土简支梁，其支撑条件及跨度如图 6-20 所示，梁上作用的均布恒荷载标准值 $g_k = 20 \text{kN/m}$，均布活荷载标准值 $q_k = 40 \text{kN/m}$，梁截面尺寸 $b = 200 \text{mm}$，$h = 450 \text{mm}$，按正截面计算已配置了 3 根直径为 20 的 HRB335 级的纵向受力钢筋，混凝土强度等级为 C20（$f_c = 9.6 \text{N/mm}^2$，$f_t = 1.1 \text{N/mm}^2$），箍筋为 HPB300 级钢筋（$f_{yv} = 270 \text{N/mm}^2$）。试确定箍筋的数量。

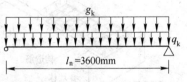

图 6-20 简支梁的支撑条件及跨度

（2）任务实施：

1）支座内力计算。支座边缘处的最大剪力设计值

$$V = \frac{1}{2}ql_n^2 = \frac{1}{2} \times (1.2 \times 20 + 1.4 \times 40) \times 3.6 = 144 \text{kN}$$

2）验算截面尺寸。

$$h_w = h_0 = 450 - 40 = 410 \text{mm}, \quad \frac{h_w}{b} = \frac{410}{200} = 2.05 < 4, \text{ 属一般梁}$$

$$0.25\beta_c f_c b h_0 = 0.25 \times 1.0 \times 9.6 \times 200 \times 410 = 196.8 \text{kN} > 144 \text{kN}$$

$$0.7 f_t b h_0 = 0.7 \times 1.1 \times 200 \times 410 = 63.1 \times 10^3 \text{N} = 63.1 \text{kN} < V = 144 \text{kN}$$

需要按计算来配置箍筋。

3）按公式来选配箍筋，选双肢箍（$n=2$），$\Phi 8$，$A_{sv1}=50.3 \text{mm}^2$。

$$\frac{nA_{sv1}}{s} = \frac{V-0.7f_t b h_0}{1.25 f_{yv} h_0} = \frac{144000-63100}{1.25 \times 270 \times 410} = 0.5846 \text{，则 } s = \frac{2 \times 50.3}{0.5846} = 172.1 \text{mm，取 } s = 170 \text{mm}。$$

4）验算最小配筋率。

$$\rho_{sv} = \frac{nA_{sv1}}{bs} = \frac{2 \times 50.3}{200 \times 170} = 0.296\% > \rho_{sv, min} = 0.24 \frac{f_t}{f_{yv}} = 0.098\%$$

满足要求。

任务 6.2　设计简单的钢筋混凝土板

6.2.1　板的受力特征及配筋

板是受弯构件的典型代表之一，主要承受弯矩的作用较大，受承剪作用相对较小，因此在板内的受力钢筋主要承受弯矩的作用，普通楼板不需要配置箍筋，但厚度很大的板除外。

板内的钢筋通常只配置纵向受力钢筋和分布钢筋，受力钢筋主要承受弯矩的作用，分布钢筋主要将板上所承受的荷载更均匀地传递给受力钢筋，同时来抵抗温度、收缩应力沿分布钢筋方向产生的拉应力，在施工时起到固定受力钢筋的作用。

板内的受力钢筋与分布钢筋如图 6-21 所示。

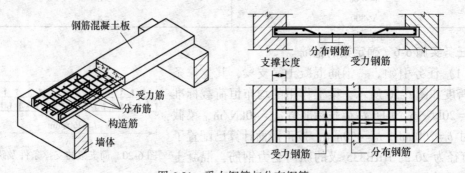

图 6-21　受力钢筋与分布钢筋

6.2.2　板的分类及构造要求

在梁板水平方向分布的结构体系中，板将荷载传递给其支撑构件，由支撑构件将力向下传递。板根据两边尺寸的比值，分为单向板和双向板，当板的长边与短边之比小于或等于 2.0 时，应按双向板计算；当该比值大于 2.0 但小于 3.0 时，宜按双向板计算，当按短边方向受力的单向板计算时，应沿长边方向布置足够数量的构造钢筋；当该比值大于或等于 3.0 时，可按沿短边方向受力的单向板计算。

（1）板的厚度要满足强度、刚度、最大裂缝宽度的要求，此外，还应满足施工方法和经济方面的要求，因为板在楼盖水平结构体系中占的比重很大，因此混凝土用量很大，板的厚度如果过大，则自重大，不经济。反之，板的厚度过小，则变形过大，不能满足刚度的要求。《混凝土规范》给出了按挠度验算和按施工要求的板的厚度与计算跨度的最小比值与现浇混凝土板的最小厚度列表，见表 6-10 和表 6-11。

表 6-10　板的厚度与计算跨度的最小比值

项　次	板的支撑情况	板的种类		
		单向板	双向板	悬臂板
1	简支	1/5	1/45	—
2	连续	1/40	1/45	1/12

表 6-11　现浇混凝土板的最小厚度

板 的 类 别		最小厚度/mm
单向板	屋面板	60
	民用建筑楼板	60
	工业建筑楼板	70
	行车道下的楼板	80
双向板		80
密肋板	肋间距小于或等于 700mm	40
	肋间距大于 700mm	50
悬臂板	板的悬臂长度小于或等于 500mm	60
	板的悬臂长度大于 500mm	80
无梁楼板		150

对于现浇民用建筑楼板，当板的厚度与计算跨度之比满足表 6-11 时，则可认为板的刚度基本满足要求，而不需要挠度验算。若板承受的荷载较大，则需要按钢筋混凝土受弯构件不需挠度验算的最大跨高比条件来确定。

（2）板的常用厚度。工程中单向板常见的板厚有 60mm、70mm、80mm、100mm、120mm，预制板的厚度可比现浇板小一些，且可取 5mm 的倍数。

（3）板的支撑长度：1）现浇板搁置在砖墙上时，其支撑长度 a 应满足 $a \geqslant h$（板厚）及 $a \geqslant 120mm$。2）预制板的支撑长度应满足以下条件：搁置在砖墙上时，其支撑长度 $a \geqslant 100mm$；搁置在钢筋混凝土屋架或钢筋混凝土梁上时，$a \geqslant 80mm$；搁置在钢屋架或钢梁上时，$a \geqslant 60mm$。3）支撑长度还应满足板的受力钢筋在支座内的锚固长度。

（4）板中的构造钢筋构造要求如下：1）分布钢筋。在垂直于受力钢筋方向布置的分布钢筋，放在受力筋的内侧；单位长度上分布钢筋的截面面积不宜小于单位宽度上受力钢筋截面面积的 15%，且每米宽度内不少于 3 根，分布钢筋的间距不宜大于 250mm，直径不宜小于 6mm。2）与主梁垂直的附加负筋。主梁梁肋附近的板面上，由于力总是按最短距离传递的，所以荷载大部分传给主梁，因此存在一定负弯矩。为此，在主梁上部的板面应配置附加短钢筋，其直径不宜小于 8mm，间距不大于 200mm，且单位长度内的总截面面积不宜小于板中单位宽度内受力钢筋截面面积的 1/3，伸入板内的长度从梁边算起每边不宜小于板计算跨度 l_0 的 1/4，如图 6-22 所示。

嵌固在承重砌体墙内的板，由于支座处的嵌固作用将产生负弯矩。所以，沿承重砌体墙应配置不少于 Φ8@200 的附加负筋，伸出墙边长度不小于 $l_0/7$，如图 6-23 所示。

两边嵌入砌体墙内的板角部分，应在板面双向配置不少于 Φ8@200 的附加短钢筋，每一方向伸出墙边长度不小于 $l_0/4$，如图 6-23 所示。

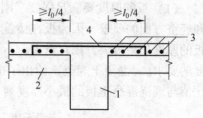

图 6-22　与主梁垂直的附加负筋
1—主梁；2—次梁；3—分布钢筋；4—负筋

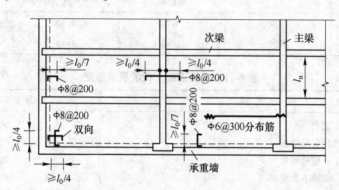

图 6-23　承重砌体墙

6.2.3　板的截面选择

6.2.3.1　单向板肋梁楼盖的布置

单向板肋梁楼盖一般是由板、次梁、主梁等组成的，楼盖则支撑在柱、墙等竖向承重构件上。常见的单向板肋梁楼盖布置的形式如图 6-24 所示。

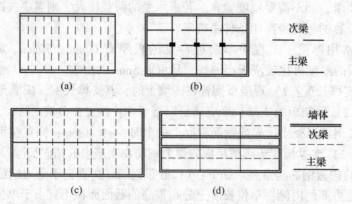

图 6-24　单向板肋梁楼盖布置形式

当屋面的平面尺寸不大于 7m 时，可不设主梁，仅在一个方向布置次梁，此时，次梁可直接搁置于纵墙上，如图 6-24（a）所示。

当房屋平面尺寸较大时，则应在两个方向布置梁，此时一般需布置柱子。主梁布置在短跨方向，垂直于纵墙，如图 6-24（b）所示。主梁也可以平行于纵墙，如图 6-24（c）所示。若房屋设置内走廊，如常见的宿舍楼、教学楼、办公楼等，主梁一般沿横墙方向搁置在外纵墙上，如图 6-24（d）所示。

6.2.3.2　单向板的跨度

在单向板肋形楼盖中，次梁的间距决定板的跨度；单向板的跨度常用的为 1.7 ~ 2.5m，一般不宜超过 3m。

6.2.4　板的内力计算

任务实施 6-7　计算板的配筋

（1）任务引领。某单跨简支钢筋混凝土板如图 6-25 所示，计算跨度 $l_0 = 2.04$m，板厚 80mm，采用 C15 混凝土，HPB300 级钢筋，楼面板活荷载标准值 2.0kN/m，可变荷载分项系数为 1.4，永久荷载分项系数为 1.2，自重标准值 25kN/m。试确定板的配筋 A_s。

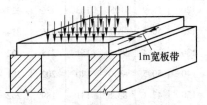
图 6-25　某单跨简支钢筋混凝土板

（2）任务实施。板的受弯配筋计算理论同梁的受弯配筋计算理论，具体可简述为：统计荷载，计算跨中或连续板支座弯矩，按弯矩的大小进行配筋，取 1m 宽的板带作为计算单元，即 $b = 1000$mm，截面最大弯矩 M 的计算如下：

$$M = \frac{1}{8}(\gamma_G g_k + \gamma_Q q_k)l_0^2 = \frac{1}{8}(1.2 \times 0.08 \times 25 + 1.4 \times 2.0) \times 2.04^2$$

$$= 2.70504 \text{kN} \cdot \text{m} = 2705040 \text{N} \cdot \text{mm}$$

由受弯构件计算公式：$M = \alpha_s \alpha_1 f_c b h_0^2$，求得

$$\alpha_s = \frac{M}{\alpha_1 f_c b h_0^2} = \frac{2705040}{1.0 \times 7.2 \times 1000 \times (80 - 25)^2} = 0.1242$$

查表 6-5，$\gamma_s = 0.933$，则

$$A_s = \frac{M}{\gamma_s h_0 f_y} = \frac{2705040}{0.933 \times 55 \times 270} = 195.2 \text{mm}^2$$

查表 6-12，得 φ8@240mm，$A_s = 209$mm² 满足要求。

验算最小配筋率

$$\rho = \frac{A_s}{bh} = \frac{209}{1000 \times 80} = 0.261\% > \rho_{min} = 0.2\% > 0.45\frac{f_t}{f_y} = 0.152\%$$

根据构造要求，分布钢筋可取 φ6@250mm。

表 6-12　每米板宽内的钢筋截面面积

钢筋间距/mm	当钢筋直径（mm）为下列数值时的钢筋截面面积/mm²													
	3	4	5	6	6/8	8	8/10	10	10/12	12	12/14	14	14/16	16
70	101	179	281	404	561	719	920	1121	1369	1616	1908	2199	2536	2872
75	94.3	167	262	377	524	671	859	1047	1277	1508	1780	2053	2367	2681

钢筋间距/mm	当钢筋直径（mm）为下列数值时的钢筋截面面积/mm²													
	3	4	5	6	6/8	8	8/10	10	10/12	12	12/14	14	14/16	16
80	88.4	157	245	354	491	629	805	981	1198	1414	1669	1924	2218	2513
85	83.2	148	231	333	462	592	758	924	1127	1331	1571	1811	2088	2365
90	78.5	140	218	314	437	559	716	872	1064	1257	1484	1710	1972	2234
95	74.5	132	207	298	414	529	678	826	1008	1190	1405	1620	1868	2116
100	70.6	126	196	283	393	503	644	785	958	1131	1335	1539	1775	2011
110	62.4	114	178	257	357	457	585	714	871	1028	1214	1399	1614	1828
120	58.9	105	163	236	327	419	537	654	798	942	1112	1283	1480	1676
125	56.5	100	157	226	314	402	515	628	766	905	1068	1232	1420	1608
130	54.4	96.6	151	218	302	387	495	604	737	870	1027	1184	1366	1547
140	50.5	89.7	140	202	281	359	460	561	684	808	954	1100	1268	1436
150	47.1	83.8	131	189	262	335	429	523	639	754	890	1026	1183	1340
160	44.1	78.5	123	177	246	314	403	491	599	707	834	962	1110	1257
170	41.5	73.9	115	166	231	296	379	462	564	665	786	906	1044	1183
180	39.2	69.8	109	157	218	279	358	436	532	628	742	855	985	1117
190	37.2	66.1	103	149	207	265	339	413	504	595	702	810	934	1058
200	35.3	62.8	98.2	141	196	251	322	393	479	565	647	770	888	1005
220	32.1	57.1	89.3	129	178	228	292	357	436	514	607	700	807	914
240	29.4	52.4	81.9	118	164	209	268	327	399	471	556	641	740	838
250	28.3	50.2	78.5	113	157	201	258	314	383	452	534	616	710	804
260	27.2	48.3	75.5	109	151	193	248	302	368	435	514	592	682	773
280	25.2	44.9	70.1	101	140	180	230	281	342	404	477	550	634	718
300	23.2	41.9	66.5	94	131	168	215	262	320	377	445	513	592	670
320	22.1	39.2	61.4	88	123	157	201	245	299	353	417	481	554	628

注：表中钢筋直径中的 6/8、8/10 等是指两种直径的钢筋间隔放置。

板的抗剪承载力计算，对于一般的板类构件，无需配置箍筋和弯起钢筋，斜截面承载力可按下式计算：

$$V \leqslant V_{\mathrm{c}} = 0.7\beta_{\mathrm{h}}f_{\mathrm{t}}bh_0$$

式中，V 为斜截面上最大剪力设计值；V_{c} 为混凝土的受剪承载力；f_{t} 为混凝土的轴心抗拉强度设计值；β_{h} 为截面高度影响系数，$\beta_{\mathrm{h}} = \left(\dfrac{800}{h_0}\right)^{1/4}$，当 $h_0 < 800\mathrm{mm}$ 时，取 $h_0 = 800\mathrm{mm}$，当 $h \geqslant h_0$ 时，取 $h_0 = 2000\mathrm{mm}$。

任务 6.3　验算梁、板结构变形

钢筋混凝土结构在不同受力状态下的承载力计算是为了满足结构安全的需要，而结构的变形验算则是为了满足正常使用性的需要，如支撑精密仪器的楼层梁、板刚度不足，将会影响仪器的使用；吊车梁挠度过大会妨碍吊车的正常运行，加剧轨道及扣件的磨损。又如，钢筋混凝土构件的裂缝宽度过大会影响观瞻，引起使用者的不安；在有侵蚀性介质环境下，裂缝过大会增加钢筋锈蚀的危险，影响结构的耐久性。因此，对混凝土结构的变形验算是结构设计中的一个重要环节。在结构的使用过程中，由于混凝土的收缩、徐变与时间有密切的关系，所以在正常使用极限状态计算中需要按照荷载作用持续时间的不同，分别按荷载效应的永久组合、准永久组合或标准组合并考虑长期作用影响进行计算。

6.3.1 受弯构件裂缝宽度的验算

钢筋混凝土构件的裂缝宽度计算是一个比较复杂的问题，各国学者对此进行了大量的试验分析和理论研究，提出了一些不同的裂缝宽度计算模式。目前，我国《混凝土规范》提出的裂缝宽度计算公式主要是以黏结滑移理论为基础，同时考虑了混凝土保护层厚度及钢筋有效约束区的影响。

受弯构件的裂缝包括由弯矩产生的正应力引起的垂直裂缝和由弯矩、剪力产生的主拉应力引起的斜裂缝。对于由主拉应力引起的斜裂缝，当按斜截面抗剪承载力计算配置了足够的腹筋后，其斜裂缝的宽度一般都不会超过规范所规定的最大裂缝宽度允许值，所以在此主要讨论由弯矩引起的垂直裂缝的情况。

6.3.1.1 受弯构件裂缝出现、开展的过程

一简支梁受力如图 6-26 所示，其跨中 CD 段为纯弯段，设 M 为外荷载产生的弯矩，M_{cr} 为构件正截面的开裂弯矩，即构件垂直裂缝即将出现时的弯矩。当 $M<M_{cr}$ 时，受弯构件的混凝土受拉边缘拉应力小于混凝土的抗拉强度，混凝土不会开裂，当荷载 P 继续增大使得 $M=M_{cr}$ 时，在纯弯段各截面的弯矩均相等，故理论上来说各截面受拉区混凝土的拉应力都同时达到混凝土的抗拉强度，各截面均进入裂缝即将出现的极限状态。然而，实际上由于构件混凝土的实际抗拉强度的分布是不均匀的，故在混凝土最薄弱的截面将首先出现第一条裂缝。在第一条裂缝出现之后，裂缝截面处的受拉混凝土退出工作，荷载产生的拉应力全部由钢筋承担，使开裂截面处纵向受拉钢筋的拉应力突然增大，而裂缝处混凝土的拉应力降为零，裂缝两侧尚未开裂的混凝土必然试图也使其拉应力降为零，从而使该处的混凝土向裂缝两侧回缩，混凝土与钢筋表面出现相对滑移并产生变形差，故裂缝一出现即具有一定的宽度由于钢筋和混凝土之间存在黏结应力，因而裂缝截面处钢筋应力又通过黏结应力逐渐传递给混凝土，钢筋的拉应力则相应减小，而混凝土拉应力则随着离开裂缝截面的距离的增大而逐渐增大，随着弯矩的增加。当 $M>M_{cr}$ 时，在离开第一条裂缝一定距离的截面的混凝土拉应力又达到了其抗拉强度，从而出现第二条裂缝。在第二条裂缝处的混凝土同样向裂缝两侧滑移，混凝土的拉应力又逐渐增大，当其达到混凝土的抗拉强度时，又出现新的裂缝。按类似的规律，新的裂缝不断产生，裂缝间距不断减小，当减小到无法使未产生裂缝处的混凝土的拉应力增大到混凝土的抗拉强度时，这时即使弯矩继续增加，也不会产生新的裂缝，因而可以认为此时裂缝出现已经稳定。

当荷载继续增加，即 M 由 M_{cr} 增加到使用阶段荷载效应的标准组合的弯矩标准值 M_s 时，对一般梁，在使用荷载作用下裂缝的发展已趋于稳定，新的裂缝将不再增加。最后，

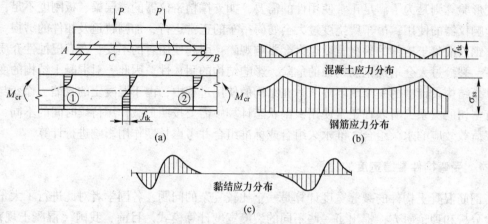

图 6-26 钢筋混凝土梁裂缝出现开展过程中应力变化

各裂缝宽度达到一定的数值。裂缝截面处受拉钢筋的应力达到 σ_{ss}。

6.3.1.2 裂缝宽度计算

A 平均裂缝间距 l_{cr}

计算受弯构件裂缝宽度时，需先计算裂缝的平均间距。根据试验结果，平均裂缝间距 l_{cr} 与混凝土保护层厚度及相对滑移引起的应力传递长度有关，其值可由半经验半理论公式计算：

$$l_{cr} = 1.9c + 0.08 \frac{d_{eq}}{\rho_{te}}$$

式中，c 为混凝土保护层厚度，当 $c<20\text{mm}$ 时，取 $c=20\text{mm}$，当 $c>65\text{mm}$ 时，取 $c=65\text{mm}$；ρ_{te} 为按有效受拉区混凝土截面计算的纵向受拉钢筋率，$\rho_{te} = \frac{A_s}{A_{te}}$，当计算得出的 $\rho_{te}<0.01$ 时，取 $\rho_{te}=0.01$；A_{te} 为受拉区有效受拉混凝土的截面面积，对于轴心受拉构件，取构件截面面积，对受弯、偏心受压和偏心受拉构件，A_{te} 的取值方法如图 6-27 所示，受拉区为 T 形时，$A_{te} = 0.5bh + (b_f - b)h_f$，其中 b_f 为受拉翼缘的宽度，h_f 为受拉翼缘的高度，受拉区为矩形截面时，$A_{te} = 0.5bh$；d_{eq} 为纵向受拉钢筋的等效直径，以 $d_{eq} = \frac{\sum n_i d_i^2}{\sum n_i v_i d_i}$，当采用同一种纵向受拉钢筋时，$d_{eq} = \frac{d}{v}$，$v_i$ 为第 i 种纵向受拉钢筋的相对黏结特性系数，带肋钢筋 $v_i = 1.0$，光圆钢筋 $v_i = 0.7$，对于环氧树脂涂层的钢筋，v_i 按上述数值的 0.8 倍采用。

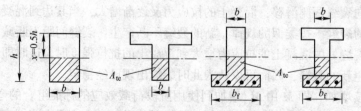

图 6-27 受拉区有效受拉混凝土截面面积 A_{te} 的取值

B　平均裂缝宽度 ω_m

由混凝土裂缝开展试验分析知，裂缝的开展是混凝土的收缩造成的，因此两条裂缝之间受拉钢筋的伸长值与同一处受拉混凝土伸长值的差值就是构件的平均裂缝宽度，由此可推得受弯构件的平均裂缝宽度 ω_m 为

$$\omega_m = 0.85\psi\frac{\sigma_{sk}}{E_s}l_{cr}$$

$$\sigma_{sk} = \frac{M_k}{\eta h_0 A_s} = \frac{M_k}{0.87 h_0 A_s}$$

$$\psi = 1.1 - \frac{0.65 f_{tk}}{\rho_{te}\sigma_{sk}}$$

式中，σ_{sk} 为按荷载效应的标准组合计算的受弯构件裂缝截面处纵向受拉钢筋的应力；η 为内力臂系数，近似取 0.87；M_k 为按荷载效应的标准组合计算的弯矩值；ψ 为裂缝间纵向受拉钢筋应变不均匀系数，通过试验分析，对矩形、T 形、倒 T 形、I 形截面的钢筋混凝土受弯构件，ψ 按公式计算，其中 f_{tk} 为混凝土抗拉强度标准值，当 $\psi < 0.2$ 时，取 $\psi = 0.2$，当 $\psi > 1.0$ 时，取 $\psi = 1.0$，对直接承受重复荷载的构件，考虑荷载重复作用不利于裂缝间混凝土共同工作，为安全计，取 $\psi = 1.0$；E_s 为钢筋的弹性模量；l_{cr} 为受弯构件平均裂缝间距。

C　最大裂缝宽度 ω_{max}

混凝土材料本身的非均质性和裂缝出现的随机性，导致裂缝间距和裂缝宽度的差异也较大。因此，计算裂缝最大宽度时，必须考虑裂缝分布和开展的不均匀性。

按公式计算出的平均裂缝宽度应乘以考虑裂缝不均匀性的扩大系数，使计算出来的最大裂缝宽度 ω_{max} 具有 95% 的保证率，由试验知，梁的裂缝宽度的分布基本上满足正态分布，故相对最大裂缝宽度由下式计算：

$$\omega_{max} = \omega_m(1 + 1.645\delta)$$

取裂缝宽度变异系数 δ 为 0.4，则 $\omega_{max} = 1.66\omega_m$。

在长期荷载作用下，由于混凝土的收缩、徐变及受拉区混凝土的应力松弛和滑移徐变，裂缝间的受拉钢筋的平均应变不断增大，使构件的裂缝宽度不断增大。因此，在长期荷载作用下，最大裂缝宽度还应乘上一个裂缝宽度增大系数 1.5，从而受弯构件最大裂缝宽度 ω_{max} 的计算公式如下：

$$\omega_{max} = 1.5 \times 1.66\omega_m = 1.5 \times 1.66 \times 0.85\psi\frac{\sigma_{sk}}{E_s}l'_{cr} = 2.1\psi\frac{\sigma_{sk}}{E_s}\left(1.9c + 0.08\frac{d_{eq}}{\rho_{te}}\right)$$

《混凝土规范》规定：对直接承受轻中级工作制吊车的受弯构件，可将计算求得的最大裂缝宽度乘以 0.85。这是因为，对直接承受吊车荷载的受弯构件，考虑承受短期荷载、满载的机会较少，且计算中已取 $\psi = 1.0$，故将计算所得的最大裂缝宽度乘以折减系数 0.85。

对于裂缝宽度的控制，在进行结构设计时，应根据使用要求将裂缝控制在相应的等级。《混凝土规范》将裂缝等级划分为三级：

(1) 一级。严格要求不出现裂缝的构件。按荷载效应标准组合进行计算时，构件受拉边缘的混凝土不产生拉应力。

(2) 二级。一般要求不出现裂缝的构件。按荷载效应标准组合进行计算时，构件受拉边缘的混凝土拉应力不应大于混凝土轴心抗拉强度标准值；按荷载效应准永久组合进行

计算时，构件受拉边缘的混凝土不宜产生拉应力。

（3）三级：允许出现裂缝的构件。荷载效应标准组合并考虑长期作用影响计算时，构件的最大裂缝宽度 ω_{max} 不应超过允许的最大裂缝宽度限值 $[\omega_{lim}]$，具体规定见表6-13。

表6-13　结构构件的裂缝控制等级及最大裂缝宽度限值

环境类别	钢筋混凝土结构		预应力混凝土结构	
	裂缝控制等级	$[\omega_{lim}]$	裂缝控制等级	$[\omega_{lim}]$
一	三级	0.30（0.40）	三级	0.20
二 a				0.10
二 b		0.20	二级	—
三 a、三 b			一级	—

注：1. 表中的规定适用于采用热轧钢筋的钢筋混凝土构件和采用预应力钢丝、钢绞线及热处理钢筋的预应力混凝土构件；当采用其他类别的钢丝或钢筋时，其裂缝控制要求可按专门标准确定。2. 对处于年平均相对湿度小于60%地区一类环境下的受弯构件，其最大裂缝宽度限值可采用括号内的数值。3. 在一类环境下，对钢筋混凝土屋架、托架及需作疲劳验算的吊车梁，其最大裂缝宽度限值应取 0.2mm；对钢筋混凝土屋面梁和托梁，其最大裂缝宽度限值应取为 0.3mm。4. 在一类环境下，对预应力混凝屋架、托架及双向板体系，应按二级裂缝控制等级进行验算；在一类环境下的预应力混凝土屋面梁、托梁、单向板，按表中二 a 级环境的要求进行验算；在一类和二类环境下的需作疲劳验算的预应力混凝土吊车梁，应按一级裂缝控制等级进行验算。5. 表中规定的预应力混凝土构件的裂缝控制等级和最大裂缝宽度仅适用于正截面的验算。6. 对于烟囱、筒仓和处于液体压力下的结构构件，其裂缝控制要求应符合专门标准的有关规定。7. 对于处于四、五类环境下的结构构件，其裂缝控制要求应符合专门标准的有关规定。8. 混凝土保护层厚度较大的构件，可根据实践经验对表中最大裂缝宽度限值适当放宽。

D　验算最大裂缝宽度的步骤

任务实施6-8　验算梁裂缝宽度

（1）任务引领。某教学楼楼盖的一根钢筋混凝土梁，计算跨度 $l_0 = 6m$，截面尺寸 $b = 240mm$，$h = 650mm$，混凝土强度等级为 C20（$E_c = 2.55 \times 10^4 N/mm^2$，$f_{tk} = 1.54N/mm^2$），按正截面承载力计算已配置了 4$\Phi$20 的钢筋（$E_s = 2 \times 10^5 N/mm^2$，$A_s = 1256mm^2$），梁所承受的永久荷载标准值（包括梁自重）$g_k = 17.6kN/m$，可变荷载标准值 $q_k = 14kN/m$。试验算其裂缝宽度。

（2）任务实施：

1）按荷载效应的标准组合计算弯矩 M_k。

$$M_k = \frac{1}{8}ql_0^2 = \frac{1}{8}(17.6 + 14) \times 6^2 = 142.2 kN \cdot m$$

2）计算裂缝截面处的钢筋应力 σ_{sk}。

$$\sigma_{sk} = \frac{M_k}{0.87h_0A_s} = \frac{142.2 \times 10^6}{0.87 \times (650 - 35) \times 1256} = 211.6 N/mm^2$$

3）计算有效配筋率 ρ_{te}。

$$A_{te} = 0.5bh = 0.5 \times 240 \times 650 = 78000mm^2$$

$$\rho_{te} = \frac{A_s}{A_{te}} = \frac{1256}{78000} = 0.0161 > 0.01$$

4）计算受拉钢筋应变的不均匀系数 ψ。

$$\psi = 1.1 - \frac{0.65f_{tk}}{\rho_{te}\sigma_{sk}} = 1.1 - \frac{0.65 \times 1.54}{0.0161 \times 211.6} = 0.8062$$

介于 0.2 与 1.0 之间，故取 $\psi = 0.8062$。

5) 计算混凝土最大裂缝宽度 ω_{max}。

在本任务中钢筋均采用 HRB335 级钢筋，且为同一种受拉钢筋，$d_{eq} = \dfrac{d}{v}$，$v = 1.0$，则

$$\omega_{max} = 2.1\psi \frac{\sigma_{sk}}{E_s}\left(1.9c + 0.08\frac{d_{eq}}{\rho_{te}}\right)$$

$$= 2.1 \times 0.8062 \times \frac{211.6}{2 \times 10^5} \times \left(1.9 \times 25 + 0.08 \times \frac{20}{1.0 \times 0.0161}\right) = 0.2631\text{mm}$$

6) 查表 6-13，得最大裂缝宽度的限值 $[\omega_{lim}] = 0.3\text{mm}$，因此 $\omega_{max} \leqslant [\omega_{lim}]$，裂缝宽度满足要求。

6.3.2　受弯构件挠度的验算

6.3.2.1　混凝土受弯构件挠度验算的特点

在项目 3 中，学习过梁的挠度计算，对于均质弹性材料做成的跨度为 l_0 的简支梁，当上面满布均布荷载 q 时，梁的自重荷载为 g，其跨中的最大挠度为

$$f_{max} = \frac{5(g+q)l_0^4}{384EI} = \frac{5Ml_0^2}{48EI} = \beta\frac{Ml_0^2}{EI}$$

式中，EI 为梁的截面刚度，当梁的材料、截面尺寸确定后，EI 是个常数；M 为跨中最大弯矩，$M = \dfrac{1}{8}(g+q)l_0^2$；$\beta$ 为与构件的支撑条件及所受荷载形式有关的挠度系数。

由适筋梁的破坏过程知，当梁上荷载不大时，混凝土梁受拉区就已开裂，开裂的临界点对应于适筋梁第一受力阶段末；随着梁上荷载的不断增大，裂缝的宽度和高度也随之增加，裂缝处的实际截面减小，即梁的惯性矩 I 减小，导致梁的刚度下降。此外，随着弯矩的增加，梁的塑性变形发展，变形模量也随之减小，即 E 也随之减小。由此可见，钢筋混凝土梁的截面抗弯刚度不是一个常数，而是随着弯矩的大小而变化，并与裂缝的出现和开展有关。同时，随着荷载作用持续时间的增加，钢筋混凝土梁的截面抗弯刚度还将不断减小，梁的挠度还将进一步增大。因此，在钢筋混凝土结构中，在荷载的作用下，梁的抗弯刚度 EI 不再是一个常数，而是一个变量。

为了区别匀质弹性材料受弯构件的抗弯刚度，用 B 代表钢筋混凝土受弯构件的刚度。钢筋混凝土梁在荷载效应的标准组合作用下的截面抗弯刚度，简称为短期刚度，用 B_s 表示。钢筋混凝土梁在荷载效应的标准组合作用下并考虑荷载长期作用的截面抗弯刚度，简称为长期刚度，用 B_1 表示。

对于钢筋混凝土受弯构件的挠度计算，其实质就是计算它的抗弯刚度 B_1，算出 B_1 后，代入力学计算公式中，换掉 EI，可求得受弯构件的挠度。

6.3.2.2　受弯构件在荷载效应的标准组合作用下的刚度（短期刚度）B_s

通过平截面假设和几何关系，考虑到钢筋混凝土的受力变形特点，《混凝土规范》给出钢筋混凝土受弯构件短期刚度的计算公式如下：

$$B_s = \frac{E_s A_s h_0^2}{1.15\psi + 0.2 + \dfrac{6\alpha_E\rho}{1 + 3.5\gamma_f'}}$$

对于预应力混凝土受弯构件的短期抗弯刚度计算如下：

（1）要求不出现裂缝的构件。

$$B_s = 0.85E_eI_0$$

（2）允许出现裂缝的构件。

$$B_s = \frac{0.85E_eI_0}{k_{cr} + (1 - k_{cr})\omega}$$

$$k_{cr} = \frac{M_{cr}}{M_k}$$

$$\omega = \left(1.0 + \frac{0.21}{\alpha_E\rho}\right)(1 + 0.45\gamma_f) - 0.7$$

$$M_{cr} = (\sigma_{pc} + \gamma f_{tk})W_0$$

$$\gamma_f = \frac{(b_f - b)h_f}{bh_0}$$

式中，E_s 为纵向受拉钢筋的弹性模量；A_s 为纵向受拉钢筋截面面积；h_0 为梁截面有效高度；α_E 为钢筋弹性模量与混凝土弹性模量的比值，$\alpha_E = \dfrac{E_s}{E_c}$；$\rho$ 为纵向受拉钢筋配筋率，对于钢筋混凝土受弯构件，$\rho = \dfrac{A_s}{bh_0}$，对于预应力混凝土受弯构件，取 $\rho = \dfrac{A_s + A_p}{bh_0}$；$\gamma_f'$ 为 T 形、I 形截面受压翼缘面积与腹板有效面积的比值，$\gamma_f' = \dfrac{(b_f' - b)h_f'}{bh_0}$，其中，$b_f'$、$h_f'$ 分别为受压翼缘的宽度、厚度，当受压翼缘厚度较大时，由于靠近中和轴的翼缘部分受力较小，如仍按 h_f' 计算 γ_f'，计算的刚度偏高，为安全起见，《混凝土规范》规定，当 $h_f' > 0.2h_0$ 时，仍取 $h_f' = 0.2h_0$；I_0 为换算截面惯性矩；k_{cr} 为预应力受弯构件正截面的开裂弯矩 M_{cr} 与弯矩 M_k 的比值；M_k 为按荷载效应的标准组合计算的弯矩，取计算区段内的最大弯矩值；σ_{pc} 为扣除全部预应力损失后，由预加力在抗裂验算边缘产生的混凝土预压应力；γ 为混凝土构件的截面抵抗矩塑性影响系数，关于 γ 的计算可查《混凝土规范》第 7.2.4 条。

6.3.2.3　按荷载效应的标准组合并考虑荷载长期作用影响的长期刚度 B_1

在长期荷载作用下，钢筋混凝土梁的挠度将随时间而不断缓慢增长，抗弯刚度随时间则不断降低，这一过程要持续很长时间。这种变化的主要原因是受压区混凝土的徐变变形，使混凝土的压应变随时间而增长。另外，裂缝之间受拉区混凝土的应力松弛、受拉钢筋和混凝土之间的黏结滑移徐变，都使受拉混凝土不断退出工作，从而使受拉钢筋平均应变增大。由此可知，影响混凝土收缩、徐变的因素如加载龄期、使用环境的温湿度、受压钢筋的配筋率等，都对长期荷载作用下构件的挠度有影响。

长期荷载作用下受弯构件挠度的增长可用挠度增大系数 θ 来表示，$\theta = \dfrac{f_1}{f_s}$ 为长期荷载作用下挠度 f_1 与短期荷载作用下挠度 f_s 的比值，它可由试验确定。影响 θ 的主要因素是受压钢筋，因为受压钢筋对混凝土的徐变有约束作用，可减少构件在长期荷载作用下的挠度增长。

《混凝土规范》给出混凝土受弯构件考虑长期荷载作用的刚度的计算公式如下：

$$B = \frac{M_k}{M_q(\theta - 1) + M_k} B_s$$

式中，M_k 为按荷载效应的标准组合计算的弯矩，取计算区段内的最大弯矩值；B_s 为按荷载效应的标准组合作用下的短期刚度；M_q 为按荷载效应的准永久组合计算的弯矩，取计算区段内的最大弯矩值；θ 为考虑荷载长期作用对挠度增大的影响系数，θ 可按下列规定取用：当纵向受压钢筋配筋率 $\rho' = 0$ 时，$\theta = 2.0$；当 $\rho' = \rho$ 时，$\theta = 1.6$；当 ρ' 为中间数值时，$\theta = 2 - 0.4 \dfrac{\rho'}{\rho}$。对翼缘位于受拉区的倒 T 形截面，$\theta$ 增加 20%，对于预应力混凝土受弯构件，$\theta = 2.0$。上式对矩形、T 形、I 形截面均适用。

任务实施 6-9 验算梁的挠度

（1）任务引领。已知条件同任务实施 6-8，可变荷载的准永久值系数 $\psi_q = 0.5$，规范规定的挠度限值为 $\dfrac{l_0}{250}$，试验算该梁的挠度是否满足要求。

挠度验算的具体过程：

1）按受弯构件荷载效应的标准组合、准永久组合计算弯矩 M_k、M_q；

2）按公式计算受拉钢筋应变不均匀系数 ψ；

3）计算构件的短期刚度 B_s；

4）计算构件危险截面的刚度 B；

5）代入挠度计算公式 $f_{\max} = \beta \dfrac{M_k l_0^2}{B}$；

6）比较 $f_{\max}$ 与规范许用挠度的大小，确定挠度是否符合要求。

（2）任务实施。由任务实施 6-8 已经求得 $M_k = 142.2\text{kN} \cdot \text{m}$，$\sigma_{sk} = 211.6\text{N/mm}^2$，$A_{te} = 78000\text{mm}^2$，$\rho_{te} = 0.0161$，$\psi = 0.8062$。

1）计算按荷载效应的准永久组合计算的弯矩值。

$$M_q = \frac{1}{8}(g_k + \psi_q q_k) l_0^2 = \frac{1}{8}(17.6 + 0.5 \times 14) \times 6^2 = 110.7\text{kN} \cdot \text{m}$$

2）计算构件的短期刚度 B_s。

钢筋与混凝土弹性模量的比值 $\alpha_k = \dfrac{E_s}{E_c} = \dfrac{2 \times 10^5}{2.55 \times 10^4} = 7.84$

纵向受拉钢筋配筋率 $\rho = \dfrac{A_s}{bh_0} = \dfrac{1256}{240 \times 615} = 0.0085$

因为是矩形截面，$\gamma_f' = 0$。

计算短期刚度 B_s。

$$B_s = \frac{E_s A_s h_0^2}{1.15\psi + 0.2 + \dfrac{6\alpha_E \rho}{1 + 3.5\gamma_f'}} = \frac{2.0 \times 10^5 \times 1256 \times 615^2}{1.15 \times 0.8062 + 0.2 + \dfrac{6 \times 7.84 \times 0.0085}{1 + 3.5 \times 0}}$$

$$= 6.222 \times 10^{13}\text{N} \cdot \text{mm}^2$$

3）计算刚度 B。因为未配置受压钢筋，故 $\rho' = 0$，$\theta = 2.0$。

$$B = \frac{M_k}{M_q(\theta - 1) + M_k}B_s = \frac{142.2}{110.7 \times (2.0 - 1) + 142.2} \times 6.222 \times 10^{13}$$

$$= 3.4985 \times 10^{13}\text{N} \cdot \text{mm}^2$$

验算构件挠度

$$f = \frac{5}{48}\frac{M_k l_0^2}{B} = \frac{5}{48} \times \frac{142.2 \times 10^6 \times 6^2 \times 10^6}{3.4985 \times 10^{13}} = 15.24\text{mm} < \frac{l_0}{250} = \frac{6000}{250} = 24\text{mm}$$

挠度满足要求。

任务 6.4 识读梁平法施工图

任务实施 6-10 识读平面注写方式的梁平法施工图

平面注写方式：平面注写方式是在梁平面布置图上，分别在不同编号的梁中各选一根梁，以在其上注写截面尺寸和配筋具体数值的方式来表达梁平法施工图。

平面注写包括集中标注与原位标注，集中标注表达梁的通用数值，原位标注表达梁的特殊数值。

（1）任务引领。识读图 6-28 所示梁平法施工图，能够明确图中所示梁的配筋。

（2）任务实施。采用平面注写方式的梁平法施工图的识读方法如下。

当集中标注中的某项数值不适应于梁的某部位时，则将该项数值原位标注，施工时，原位标注取值优先，如图 6-29 所示。图 6-29 中四个梁截面是采用传统表示方法绘制，用于对比按平面注写方式表达的同样内容。实际采用平面注写方式表达时，不需绘制梁截面配筋图和图 6-29 中的相应截面号。

1）梁集中标注的内容。梁集中标注有梁编号、梁截面尺寸、梁箍筋、梁上部通长筋或架立筋、梁侧面纵向构造钢筋或受扭钢筋及梁顶面标高高差等内容。

①梁编号。该项为必注值。梁编号由梁类型代号、序号、跨数及有无悬挑代号几项组成，并应符合表 6-14 的规定。如图 6-28 中 KL4（3A）表示第 4 号框架梁，3 跨，一端有悬挑；L3（1）表示第 3 号非框架梁，1 跨。

②梁截面尺寸。该项为必注值。等截面梁的梁截面尺寸用 $b \times h$ 表示，其中 b 为梁宽，h 为梁高；竖向加腋梁的梁截面尺寸用 $b \times h$、$Y c_1 \times Y c_2$ 表示，其中 c_1 为腋长，c_2 为腋高，如图 6-30 所示；水平加腋梁一侧加腋时，梁截面尺寸用 $b \times h$、$PY c_1 \times Y c_2$ 表示，其中 c_1 为腋长，c_2 为腋高，加腋部位应在平面图中绘制，如图 6-31 所示。当有悬挑梁且根部和端部高度不同时，用斜线分隔根部与端部的高度，梁截面尺寸表示为 $b \times h_1/h_2$，其中 h_1 为根部高度，h_2 为端部高度，如图 6-32 所示。

③梁箍筋，包括钢筋等级、直径、加密区与非加密区的间距及肢数。该项为必注值。箍筋加密区与非加密区的不同间距及肢数需用斜线"／"分隔；当梁箍筋为同一种间距及肢数时，则不需用斜线；当加密区与非加密区的箍筋肢数相同时，则将肢数注写一次，箍

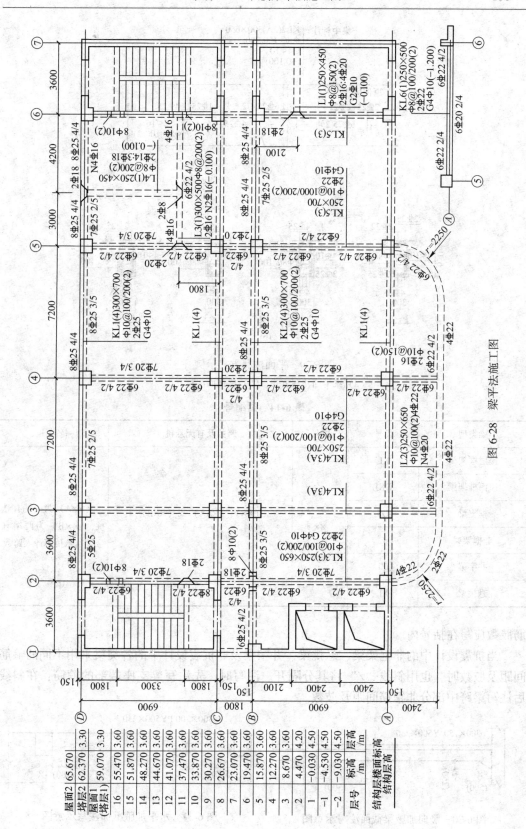

图 6-28 梁平法施工图

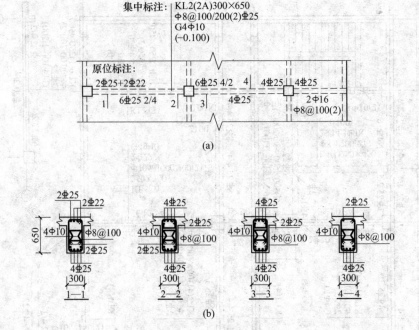

图 6-29　平面注写方式示例

(a) 梁平面注写方式；(b) 梁截面注写方式

表 6-14　梁编号

梁类型	代号	序号	跨数及有无悬挑	备　注
楼层框架梁	KL			
屋面框架梁	WKL			
框支梁	KZL	××	(××)、(××A) 或 (××B)	(××A) 为一端有悬挑，(××B) 为两端有悬挑，悬挑不计入跨数
非框架梁	L			
井字梁	JZL			
悬挑梁	XL		—	

筋肢数应写在括号内。

当抗震设计中的非框架梁、悬挑梁、井字梁及非抗震设计中的各类梁采用不同的箍筋间距及肢数时，也用斜线 "/" 将其分隔开。注写时，先注写梁支座端部的箍筋，在斜线后注写梁跨中部分非箍筋间距及肢数。

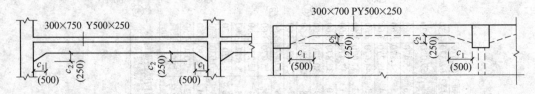

　　图 6-30　竖向加腋梁截面注写示意图　　　　图 6-31　水平加腋截面注写示意图

④梁上部通长筋或架立筋配置。该项为必注值。所注规格与根数根据结构受力要求及箍筋肢数等构造要求而定。当同排纵筋中既有通长筋又有架立筋时，应用加号"+"将通长筋和架立筋相连。注写时需将角部纵筋写在加号的前面，架立筋写在加号后面的括号内，以示不同直径及与通长筋的区别。当全部采用架立筋时，则将其写入括号内。

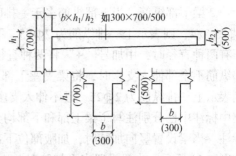

图 6-32　悬挑梁不等高截面注写示意图

当梁的上部纵筋和下部纵筋为全跨相同，且多数跨配筋相同时，此项可加注下部纵筋的配筋值，用分号"；"将上部与下部纵筋的配筋值分隔开；少数跨不同者，按规定进行处理。

⑤梁侧面纵向构造钢筋或受扭钢筋配置，该项为必注值。

当梁腹板高度 $h_w \geqslant 450mm$ 时，需配置纵向构造钢筋，所注规格与根数应符合规范。此项注写值以大写字母 G 打头，连续注写设置在梁两个侧面的总配筋值，且对称配置。如 G4⌀12，表示梁的两个侧面共配置 4⌀12 的纵向构造钢筋，每侧各配置 2⌀12。

当梁侧面需配置受扭纵向钢筋时，此项注写值以大写字母 N 打头，接续注写配置在梁两个侧面的总配筋值，且对称配置。受扭纵向钢筋应满足梁侧面纵向构造钢筋的间距要求，且不再重复配置纵向构造钢筋。如 N6⌀22，表示梁的两个侧面均配置 6⌀22 的受扭纵向钢筋，每侧各配置 3⌀22。

⑥梁顶面标高高差。该项为选注值。梁顶面标高高差，是指相对于结构层楼面标高的高差值，对于位于结构夹层的梁，则指相对于结构夹层楼面标高的高差。有高差时，需将其写入括号内，无高差时不标注。

2）梁原位标注。

①梁支座上部纵筋，该部位通长筋在内的所有纵筋。当上部纵筋多于一排时，用斜线"/"将各排纵筋自上而下分开。如 6⌀22 4/2 表示上一排纵筋为 4⌀22，下一排纵筋为 2⌀22。当同排纵筋有两种直径时，用加号"+"将两种直径的纵筋相连，将角部纵筋写在前面。如 2⌀25+2⌀22/3⌀22，表示上一排纵筋为 2⌀25 和 2⌀22，其中 2⌀25 放在角部，下一排纵筋为 3⌀22。当梁中间支座两边的上部纵筋不同时，需在支座两边分别标注；当梁中间支座两边的上部纵筋相同时，可仅在支座的一边标注配筋值，另一边省去不注，如图 6-33 所示。

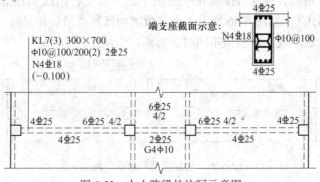

图 6-33　大小跨梁的注写示意图

②梁下部纵筋。当下部纵筋多于一排时,用斜线"/"将各排纵筋自上而下分开。如 6Φ25 2/4,则表示上一排纵筋为 2Φ25,下一排纵筋为 4Φ25,全部伸入支座。当同排纵筋有两种直径时,用加号"+"将两种直径的纵筋相连,角部的钢筋应放在前面。当梁下部纵筋不全部伸入支座时,将梁支座下部减少的数量写在括号内。如 6Φ25 2(−2)/4,则表示上一排纵筋为 2Φ25,且不伸入支座,下一排纵筋为 4Φ9,全部伸入支座。当梁的集中标注中已分别注写了梁上部和下部均为通长的纵筋值时,则不需在梁下部重复做原位标注。当梁设置竖向加腋时,加腋部位下部斜纵筋应在支座下部以 Y 打头注写在括号内,如图 6-34 所示。当梁设置水平加腋时,水平加腋内上、下部斜纵筋应在加腋支座上部以 Y 打头注写在括号内,上下部斜纵筋之间用"/"分隔,如图 6-35 所示。

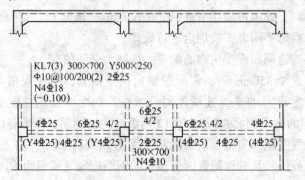

图 6-34　梁竖向加腋平面注写示意图

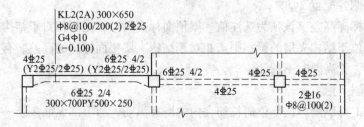

图 6-35　梁水平加腋平面注写示意图

③当在梁上集中标注的内容不适用于某跨或某悬挑部分时,则将其不同数值原位标注在该跨或该悬挑部位,施工时应按原位标注数值取用。当在多跨梁的集中标注中已注明加腋,而该梁某跨的根部不需要加腋时,则应在该跨原位标注等截面的 $b \times h$,以修正集中标注中的加腋信息,如图 6-34 所示。

④附加箍筋或吊筋,将其直接画在平面图中的主梁上,用线引注总配筋值(附加箍筋的肢数注在括号内),如图 6-36 所示。当多数附加箍筋或吊筋相同时,可在梁平法施工图上统一注明,少数与统一注明值不同时,再原位引注。

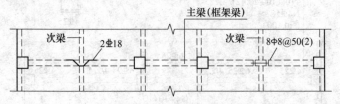

图 6-36　附加箍筋和吊筋的画法

⑤在梁平法施工时，当局部梁的布置过密时，可将过密区用虚线框出，适当放大比例后再用平面注写方式表示。

任务实施 6-11　采用截面注写方式的梁平法施工图

（1）任务引领。识读图 6-37 所示施工图，绘制 1—1、2—2、3—3 剖面。

（2）任务实施。采用截面注写方式的梁平法施工图的识读方法：

1）截面注写方式，是在分标准层绘制的梁平面布置图上，分别在不同编号的梁中各选择一根梁用剖面号引出配筋图，并在其上注写截面尺寸和配筋具体数值的方式来表达梁平法施工图，如图 6-37 所示。

2）对所有梁按表 6-14 的规定进行编号，从相同编号的梁中选择一根梁，先将"单边截面号"画在该梁上，再将截面配筋详图画在本图或其他图上。当某梁的顶面标高与结构层的楼面标高不同时，还应继其梁编号后注写梁顶面标高高差（注写规定与平面注写方式相同）。

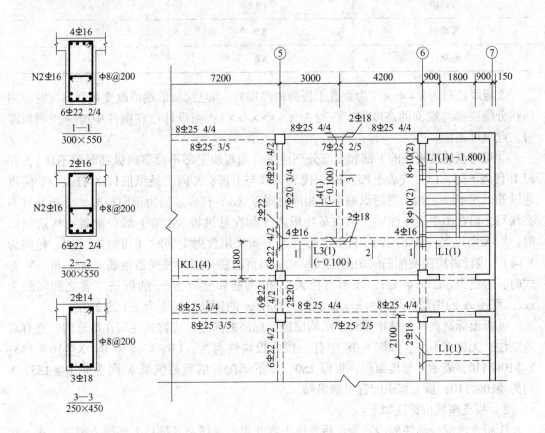

图 6-37　截面注写方式的梁平法施工图

3）在截面配筋详图上注写截面尺寸 $b \times h$、上部筋、下部筋、侧面构造筋或受扭筋及箍筋的具体数值时，其表达形式与平面注写方式相同。

4）截面注写方式既可以单独使用，也可与平面注写方式结合使用。

任务 6.5　有梁楼盖平法施工图

任务实施 6-12　识读有梁楼盖平法施工图

（1）任务引领。识读图有梁楼盖平法施工图，确定楼盖配筋。

（2）任务实施。有梁楼盖平法施工图的识读方法如下：

1）板块集中标注的内容为板块编号、板厚、贯通纵筋以及当板面标高不同时的标高高差。

①板块编号按表 6-15 的规定。

表 6-15　板块编号

板 类 型	代 号	序 号
楼面板	LB	××
屋面板	WB	××
悬挑板	XB	××

②板厚注写为 $h=×××$（为垂直于板面的厚度）；当悬挑板的端部改变截面厚度时，用斜线分隔根部与端部的高度值，注写为 $h=×××/×××$；当设计已在图注中统一注明板厚时，此项可不注。

③贯通纵筋按板块的下部和上部分别注写（当板块上部不设贯通纵筋时则不注），并以 B 代表下部，以 T 代表上部，B&T 代表下部与上部；X 向贯通纵筋以 X 打头，Y 向贯通纵筋以 Y 打头，两向贯通纵筋配置相同时则以 X&Y 打头。当为单向板时，分布筋可不必注写，而在图中统一注明。当在某些板内（如在悬挑板 XB 的下部）配置有构造钢筋时，则 X 向以 Xc、Y 向以 Yc 打头注写。当 Y 向采用放射配筋时（切向为 X 向、径向为 Y 向），设计者应注明配筋间距的定位尺寸。当贯通筋采用两种规格钢筋"隔一布一"方式时，表达为 $\phi xx/yy@xxx$，表示直径为 xx 的钢筋和直径为 yy 的钢筋二者之间间距为 xxx，直径 xx 的钢筋的间距为 xxx 的 2 倍，直径 yy 的钢筋的间距为 xxx 的 2 倍。

④板面标高高差，是指相对于结构层楼面标高的高差，应将其注写在括号内，且有高差则注，无高差不注。如图 6-38 中有一楼面板块注写为：LB5 $h=150$ B：X⌀10@135；Y⌀10@110，表示 5 号楼面板，板厚 150，板下部配置的贯通纵筋 X 向为⌀10@135，Y 向为⌀10@110；板上部未配置贯通纵筋。

2）板支座原位标注如下：

①板支座原位标注的内容为：板支座上部非贯通纵筋和悬挑板上部受力钢筋。板支座原位标注的钢筋，应在配置相同跨的第一跨表达（当在梁悬挑部位单独配置时则在原位表达）。在配置相同跨的第一跨（或梁悬挑部位），垂直于板支座（梁或墙）绘制一段适宜长度的中粗实线（当该筋通长设置在悬挑板或短跨板上部时，实线段应画至对边或贯通短跨），以该线段代表支座上部非贯通纵筋，并在线段上方注写钢筋编号（如①、②等）、配筋值、横向连续布置的跨数（注写在括号内，且当为一跨时可不注），以及是否横向布置到梁的悬挑端。

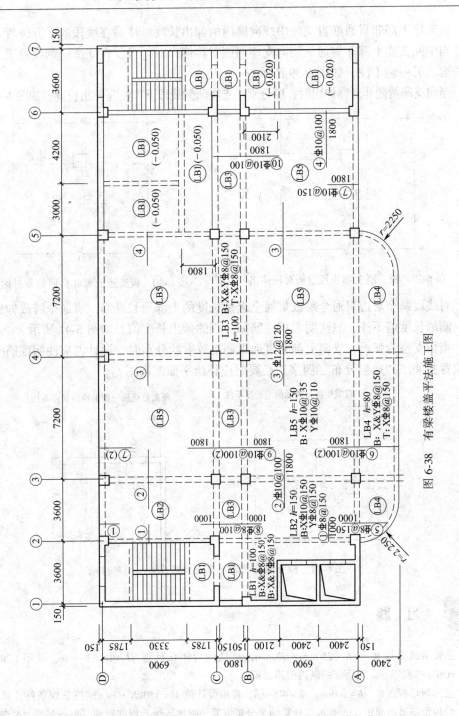

图 6-38　有梁楼盖平法施工图

板支座上部非贯通筋自支座中线向跨内的伸出长度，注写在线段的下方位置。

当中间支座上部非贯通纵筋向支座两侧对称伸出时，可仅在支座一侧线段下方标注伸出长度，另一侧不注，如图 6-39 所示。

当向支座两侧非对称伸出时，应分别在支座两侧线段下方注写伸出长度，如图 6-40 所示。

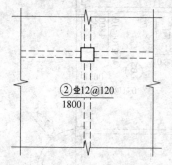

图 6-39　板支座上部非贯通筋对称伸出

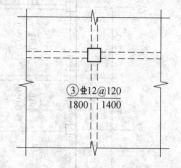

图 6-40　板支座上部非贯通筋非对称伸出

对线段画至对边贯通全跨或贯通全悬挑长度的上部通长纵筋，贯通全跨或伸出至全悬挑一侧的长度值不注，只注明非贯通筋另一侧的伸出长度值，如图 6-41 所示。

当板支座为弧形，支座上部非贯通纵筋呈放射状分布时，设计者应注明配筋间距的度量位置并加注"放射分布"四字，必要时应补绘平面配筋图。

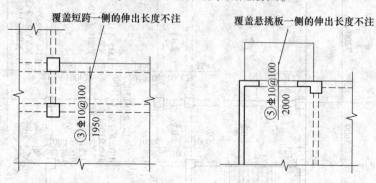

图 6-41　板支座非贯通筋贯通全跨或伸出至悬挑端

 习　题

(1) 已知梁截面尺寸 $b \times h = 250\text{mm} \times 600\text{mm}$，承受的弯矩设计值 $M = 160\text{kN} \cdot \text{m}$，采用 C20 混凝土，HRB335 级钢筋。求所需的纵向钢筋面积。

(2) 已知矩形截面梁，$b = 200\text{mm}$，$h = 400\text{mm}$，弯矩设计值 $M = 150\text{kN} \cdot \text{m}$。试按下列条件计算梁的纵向受拉钢筋截面面积 A_s，并根据计算结果分析混凝土强度等级及钢筋级别对钢筋混凝土受弯构件截面配筋 A_s 的影响：

1）混凝土强度等级为 C25，纵筋为 HPB300 级钢筋；

2）混凝土强度等级为 C25，纵筋为 HRB3335 级钢筋；

3）混凝土强度等级为 C30，纵筋为 HRB335 级钢筋；

4）混凝土强度等级为 C30，纵筋为 HRB400 级钢筋。

(3) 某教学楼内走廊为现浇钢筋混凝土简支板，计算跨度 $l_0 = 2.40\text{m}$，承受均布荷载设计值 5kN/m^2（包括自重），采用 C20 混凝土，HPB300 级钢筋。试确定板的厚度 h，计算所需受力钢筋截面面积，并画出配筋图。

(4) 钢筋混凝土矩形截面简支梁，计算跨度 $l_0 = 5.5m$，梁上作用的均布荷载设计值 $q = 22kN/m$（不包括梁自重）。试选择此梁的截面尺寸、材料强度等级，并计算所需的纵向受力钢筋。

(5) 已知钢筋混凝土矩形截面梁 $b \times h = 200mm \times 500mm$，梁承受的弯矩设计值 $M = 270kN \cdot m$，混凝土强度等级为 C25，纵筋为 HRB335 级钢筋，已配有纵向受拉钢筋 6Φ20，试复核该梁是否安全？若不安全，则重新设计。

(6) 一 T 形截面梁，$b = 200mm$，$h = 600mm$，$b'_f = 500mm$，$h'_f = 150mm$，混凝土强度等级为 C25，纵向钢筋采用 HRB335 级钢筋，该梁能承受的最大弯矩为 $M = 170 kN \cdot m$。试求力钢筋截面面积。

(7) 一 T 形截面梁，$b = 200mm$，$h = 600mm$，$b'_f = 1200mm$，$h'_f = 100mm$，混凝土强度等级为 C25，纵向钢筋采用 HRB335 级钢筋，配置受拉钢筋 4Φ18，当弯矩设计值 $M = 130 kN \cdot m$ 时，该梁是否安全？

(8) 砖混结构中一钢筋混凝土简支梁，两端搁在 240mm 厚的砖墙上，净跨 $l_0 = 3.76m$，梁上承受均布荷载 $q = 70kN/m$；截面尺寸 $b \times h = 200mm \times 500mm$，采用 C20 混凝土，HPB300 级箍筋，HRB335 级纵筋。试进行斜截面承载力计算。

(9) 一矩形截面简支梁，截面尺寸 $b = 250mm$，$h = 650mm$，净跨 $l_n = 6500mm$，梁上承受均布荷载 $q = 56kN/m$（包括梁自重）、纵筋采用 HRB335 级钢筋，箍筋采用 HPB300 级钢筋，混凝土强度等级为 C25，经正截面承载力计算已配置纵向受力钢筋 4Φ22+2Φ20。试确定腹筋的数量。

(10) 一钢筋混凝土简支梁，截面尺寸为 $b \times h = 250mm \times 500mm$，混凝土强度等级为 C20，由正截面承载力计算已配置了 4Φ18 的 HRB335 级钢筋，荷载标准值的最大弯矩 $M_k = 98kN \cdot m$，最大裂缝宽度的限值 $[\omega_{lim}] = 0.3mm$。试验算该梁的裂缝宽度是否满足要求。

(11) 识读一层梁施工图（见图 6-42）回答下列问题。

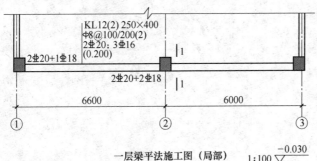

屋顶	24.900	
7	21.870	3.030
6	18.270	3.600
5	14.670	3.600
4	11.070	3.600
3	7.470	3.600
2	3.870	3.600
1	−0.030	3.900
地下室	−3.630	3.600
层号	标高/m	层高/m

结构层楼面标高
结构层高

一层梁平法施工图（局部）　　1:100　$\nabla \dfrac{-0.030}{}$

图 6-42　习题（11）

1) KL12 梁顶面标高为 _____。

2) KL12 的通常钢筋为 _____。

3) 试解释图中集中标注的含义：_____。

4) 一层结构层高为 ____。

5) 绘制截面 1—1 的配筋图。

(12) 识读三层梁施工图（见图 6-43）回答下列问题。

1) 对该进行图纸会审，指出错误：_____。

2) L1 的支座为 _____。

3) 三层梁底部高度为 _____。

4) 三层楼板厚度为 _____。

5) KL12 的混凝土为 _____，其中的钢筋为 _____级钢。

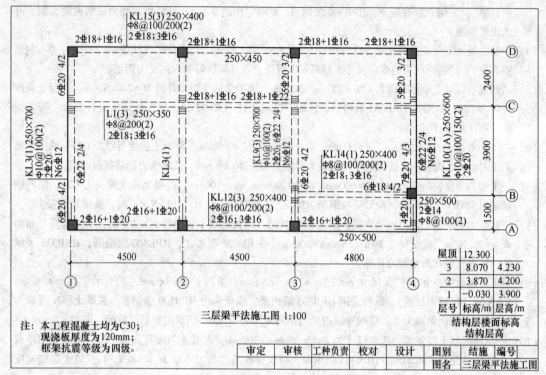

图 6-43　习题（12）

项目 7 识读受扭构件的配筋图

【知识目标】 了解矩形截面纯扭构件承载力计算、矩形截面弯剪扭构件承载力计算；掌握受扭构件的构造要求；熟悉楼梯和雨篷的计算原理。

【能力目标】 能依据受扭构件的设计原理识读受扭构件的配筋详图，能绘制楼梯、雨棚的节点配筋图，能识读楼梯配筋图。

【素质目标】 培养学生严谨细致的识图态度。

任务 7.1 认识受扭构件

7.1.1 受扭构件

混凝土结构构件，除承受弯矩、轴力和剪力外，还可能承受扭矩的作用。工程中，混凝土构件受到的扭矩有两类：一类是由外荷载直接作用产生的扭矩，可以直接由荷载静力平衡求出，与构件的抗扭刚度无关，一般也称为平衡扭矩。如图 7-1 (a) 和 (b) 所示的吊车梁和边梁，其截面上承受的扭矩都是这一类扭矩。另一类是超静定结构中由于变形的协调使截面产生的扭矩，称为协调扭矩，又称为约束扭矩，对于约束扭转，由于受扭构件在受力过程中的非线性性质，扭矩大小与构件受力阶段的刚度比有关，不是定值，需要考虑内力重分布进行计算如图 7-1 (c) 和 (d) 所示的雨篷梁和折线梁。

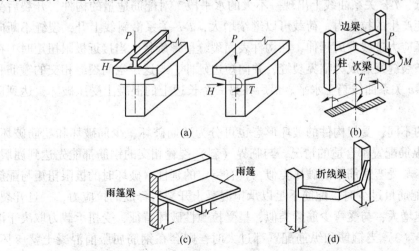

图 7-1 常见的受扭构件

(a) 吊车梁；(b) 边梁；(c) 雨篷梁；(d) 折线梁

7.1.2　纯扭构件的试验研究

7.1.2.1　开裂前的应力状态

裂缝出现前，钢筋混凝土纯扭构件的受力与弹性扭转理论基本吻合。由于开裂前受扭钢筋的应力很低，分析时可忽略钢筋的影响。矩形截面受扭构件在扭矩 T 作用下截面上的剪应力分布情况，最大剪应力 τ_{max} 发生在截面长边中点。

由材料力学知，构件侧面产生主拉应力 σ_{tp} 和主压应力 σ_{cp}，$\sigma_{tp} = \sigma_{cp} = \tau_{max}$。主拉应力和主压应力迹线沿构件表面呈螺旋形。当主拉应力达到混凝土的抗拉强度时，在构件中某个薄弱部位形成裂缝，裂缝沿主压应力迹线迅速延伸，对于素混凝土构件，开裂会迅速导致构件破坏，破坏面呈一空间扭曲曲面，如图 7-2 所示。

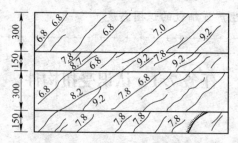

图 7-2　钢筋混凝土受扭试件的破坏展开（单位：mm）

由前述主拉应力方向可见，受扭构件最有效的配筋形式应是沿主拉应力迹线呈螺旋形布置。但螺旋形配筋施工复杂，且不能适应变号扭矩的作用。因此，实际受扭构件的配筋是采用箍筋与抗扭纵筋形成的空间配筋方式。

7.1.2.2　裂缝出现后的性能

开裂前，$T\text{-}\varepsilon$ 关系基本呈直线关系。开裂后，由于部分混凝土退出受拉工作，构件的抗扭刚度明显降低，$T\text{-}\varepsilon$ 关系曲线上出现一不大的水平段。对配筋适量的构件，开裂后受扭钢筋将承担扭矩产生的拉应力，荷载可以继续增大，$T\text{-}\varepsilon$ 关系沿斜线上升，裂缝不断向构件内部和沿主压应力迹线发展延伸，在构件表面裂缝呈螺旋状。当接近极限扭矩时，在构件长边上有一条裂缝发展成为临界裂缝，并向短边延伸，与这条空间裂缝相交的箍筋和纵筋达到屈服，$T\text{-}\varepsilon$ 关系曲线趋于水平。最后在另一个长边上的混凝土受压破坏，达到极限扭矩。

按照配筋率的不同，受扭构件的破坏形态也可分为适筋破坏、少筋破坏和超筋破坏。（1）对于箍筋和纵筋配置都合适的情况，与临界（斜）裂缝相交的钢筋都能先达到屈服，然后混凝土压坏，与受弯适筋梁的破坏类似，具有一定的延性。破坏时的极限扭矩与配筋量有关。（2）当配筋量过少时，配筋不足以承担混凝土开裂后释放的拉应力，一旦开裂，将导致扭转角迅速增大，与受弯少筋梁类似，呈受拉脆性破坏特征，受扭承载力取决于混凝土的抗拉强度。（3）当箍筋和纵筋配置都过大时，则会在钢筋屈服前混凝土就压坏，为受压脆性破坏。受扭构件的这种超筋破坏称为完全超筋，受扭承载力取决于混凝土的抗压强度。（4）由于受扭钢筋由箍筋和受扭纵筋两部分钢筋组成，当两者配筋量相差过大时，会出现一个未达到屈服、另一个达到屈服的部分超筋破坏情况。

任务 7.2　熟悉受扭构件承载力设计

7.2.1　矩形截面钢筋混凝土纯扭构件承载力计算

矩形截面钢筋混凝土纯扭构件在适筋破坏时的承载力 T_u 的计算公式为

$$T_u = 0.35 f_t W_t + 1.2\sqrt{\zeta}\,\frac{f_{yv}A_{stl}}{s_t}A_{cor}$$

式中，f_t 为混凝土的抗拉强度设计值；W_t 为截面受扭塑性抵抗矩，$W_t = b^2(3h - b)/6$，b、h 分别为矩形截面的短边尺寸、长边尺寸；A_{cor} 为截面核心部分的面积，$A_{cor} = b_{cor}h_{cor}$；f_{yv} 为箍筋抗拉强度设计值；ζ 为受扭纵筋与箍筋的配筋强度比，按下式计算：

$$\zeta = \frac{f_y A_{stl} s_t}{f_{yv}A_{stl}\mu_{cor}}$$

式中，f_y 为钢筋抗拉强度设计值；A_{stl} 为对称布置在截面中的全部受扭纵筋截面面积；A_{stl} 为受扭箍筋的单肢截面面积；μ_{cor} 为截面核心部分的周长，$\mu_{cor} = 2(b_{cor} + h_{cor})$，$b_{cor}$ 和 h_{cor} 分别为从箍筋内表面计算的截面核心部分的短边尺寸和长边尺寸，一般取 $b_{cor} = (b - 50)$ mm，$h_{cor} = (h - 50)$ mm；s_t 为受扭箍筋的间距。

为保证构件中的受扭纵筋和箍筋能同时或先后达到屈服强度，构件才宣告破坏，《混凝土规范》规定 ζ 应符合下列条件：$0.6 \leqslant \zeta \leqslant 1.7$。试验表明，最佳配筋强度比 $\zeta = 1.2$。

结构中的构件一般处于较复杂的受力状态中，往往构件上作用有弯矩、剪力、扭矩，构件在这三种内力的作用下，将发生什么破坏？通过结构试验分析，发现构件在弯矩、剪力、扭矩的共同作用下将发生以下三种破坏：(1) 弯型破坏，这种破坏以弯曲破坏为主，剪力、扭矩的作用处于次要位置。(2) 扭型破坏，以扭转作用占主导地位，剪力、弯矩的作用处于次要位置。(3) 剪扭型破坏，剪力和扭矩均较大，受弯作用较小，如图 7-3 所示。

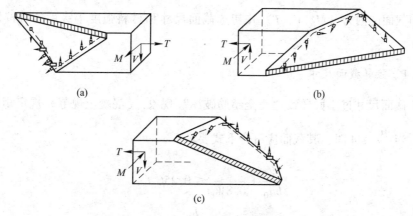

图 7-3　受扭构件破坏特征示意图

(a) 弯型破坏；(b) 扭型破坏；(c) 剪扭型破坏

弯矩、剪力、扭矩共同作用时，构件的受力情况很复杂，三者相互影响，为了简化计算，目前仅考虑剪与扭之间的相互影响和弯与扭之间的相互影响。

7.2.2　矩形截面剪扭承载力计算

对于剪力和扭矩共同作用下的矩形截面一般剪扭构件，剪力的存在会使混凝土构件的受扭承载力降低，降低系数为 β_t。

$$\beta_t = \frac{1.5}{1 + 0.5 \dfrac{V W_t}{T b h_0}}$$

式中，V 为剪力设计值；T 为扭矩设计值。

（1）剪扭构件的受扭承载力为

$$T_u = 0.35 \beta_t f_t W_t + 1.2 \sqrt{\zeta} \frac{f_{yv} A_{stl}}{s} A_{cor}$$

式中，s 为受剪扭箍筋的间距。

（2）剪扭构件的受剪承载力为

$$V_u = 0.7(1.5 - \beta_t) f_t b h_0 + f_{yv} \frac{n A_{stl}}{s} h_0$$

对于以集中荷载为主的矩形截面独立梁，式中 0.7 改为 $1.75/(1 + \lambda)$，λ 为剪跨比，在 1.5 和 3.0 之间取值。

7.2.3　矩形截面弯扭承载力计算

《混凝土规范》近似地采用叠加法进行这种计算，即先分别按受弯和受扭计算，然后将所需的纵向钢筋数量按以下原则布置并叠加：（1）抗弯所需的纵筋布置在截面的受拉边。（2）抗扭所需的纵筋沿截面核心周边均匀、对称布置。

7.2.4　矩形截面弯剪扭构件的截面设计计算步骤

当已知截面的内力（M、V、T）并初选截面尺寸和材料强度等级后，可按以下步骤计算。

7.2.4.1　验算截面尺寸

为防止截面尺寸过小而导致"完全超筋破坏"现象，《混凝土规范》规定矩形截面弯剪扭构件，当 $\dfrac{h_0}{b} \leqslant 4$ 时，其截面应符合下式要求：

$$\frac{V}{b h_0} + \frac{T}{0.8 W_t} \leqslant 0.25 \beta_c f_c$$

当 $\dfrac{h_0}{b} = 6$ 时，系数 0.25 改为 0.2，当 $4 < \dfrac{h_0}{b} < 6$ 时，系数按线性内插法确定。式中，β_c 为混凝土强度影响系数，仅在强度高于 C50 时考虑，f_c 为混凝土轴心抗压强度设计值。

当不满足上式要求时，应增大截面尺寸或提高混凝土的强度等级。当 $\dfrac{h_0}{b} > 6$ 时，钢筋混凝土弯剪扭构件的截面承载力计算应符合专门规定。

7.2.4.2　确定是否需进行受扭和受剪承载力计算

（1）当 $V \leqslant 0.35 f_t bh_0$ 或 $\dfrac{0.875}{1+\lambda} f_t bh_0$（以集中荷载为主的矩形截面独立梁）时，可不考虑剪力，仅按弯扭构件计算。

（2）当 $T \leqslant 0.175 f_t W_t$ 时，可不考虑扭矩，仅按弯剪构件计算。

（3）当 $\dfrac{V}{bh_0} + \dfrac{T}{W_t} \leqslant 0.7 f_t$ 时，可不进行剪扭计算，而按构造要求配置箍筋和抗扭纵筋。
若不属于上述情况，按剪扭构件或弯扭构件计算。

7.2.4.3　确定箍筋的用量

（1）计算混凝土受扭能力降低系数 β_t。

（2）计算受剪所需单肢箍筋的用量 $\dfrac{A_{svl}}{s_v}$。

（3）计算受扭所需单肢箍筋的用量 $\dfrac{A_{stl}}{s_t}$。

（4）计算受剪扭箍筋的单肢总用量 $\dfrac{A_{svtl}}{s}$，并选配箍筋。

（5）验算箍筋的最小配筋率。

为防止受扭构件出现少筋破坏，《混凝土规范》规定弯剪扭构件箍筋和纵筋的配筋率均不得小于各自的最小配筋率，即应符合以下各式的要求：

箍筋
$$\rho_{svl} = \dfrac{nA_{svtl}}{bs} \geqslant \rho_{svt,min}$$

纵筋
$$\rho = \dfrac{A_{sm} + A_{stl}}{bh} \geqslant \rho_{sm,min} + \rho_{stl,min}$$

式中，$\rho_{svt,min}$ 为剪扭箍筋的最小配筋率，按下式计算：

$$\rho_{svt,min} = 0.28 \dfrac{f_t}{f_{yv}}$$

式中，A_{sm} 为受弯纵筋的截面面积；$\rho_{sm,min}$ 为受弯纵筋的最小配筋率，查项目 6 中表 6-4；$\rho_{stl,min}$ 为受扭纵筋的最小配筋率，按下式计算：

$$\rho_{stl,min} = 0.6 \sqrt{\dfrac{T}{Vb}} \dfrac{f_t}{f_y}$$

当 $\dfrac{T}{Vb} > 2.0$ 时，取 $\dfrac{T}{Vb} = 2.0$。

7.2.4.4　确定纵筋用量

（1）计算受扭纵筋的截面面积 A_{stl}，并验算最小配筋量。

（2）计算受弯纵筋的截面面积 A_{sm} ，并验算最小配筋量。

（3）弯扭纵向钢筋用量叠加，并选筋。叠加原则是 A_{sm} 配在受拉边，A_{stl} 沿截面核心周边均匀、对称布置。

7.2.5　受扭构件构造要求

受扭构件构造要求如下：

（1）受扭构件四边均有可能受拉，故箍筋必须做成封闭式。箍筋末端应做成 135° 的弯钩，且应钩住纵筋，弯钩端头的平直段长度不小于 $10d$ 。

（2）受扭箍筋的直径和间距的要求与普通梁相同。

（3）受扭纵筋原则上沿截面周边均匀、对称布置，且截面四角必须设置，其间距应不大于 200mm 和梁的短边尺寸。

（4）受扭纵筋的接头和锚固要求均应按钢筋充分受拉考虑。

任务 7.3　依据受扭构件原理识读常见受扭构件配筋图

7.3.1　楼梯

在多层房屋中，楼梯是各楼层间的主要交通设施。由于钢筋混凝土具有坚固、耐久、耐火等特点，故而钢筋混凝土楼梯在多层建筑中得到广泛应用。

钢筋混凝土楼梯有现浇整体式和预制装配式两类，但预制装配式整体性较差，现已很少采用。在现浇整体式楼梯中有平面受力体系的普通楼梯和空间受力体系的螺旋式或剪刀式楼梯，以下仅介绍在工程中大量采用的平面受力体系的普通楼梯。

在现浇钢筋混凝土普通楼梯中，根据梯段中有无斜梁，分为梁式楼梯和板式楼梯两种。梁式楼梯在大跨度（如大于 4m）时较经济，但构造复杂，且外观笨重，在工程中较少采用；而板式楼梯虽在大跨度时不太经济，但因构造简单，且外观轻巧，在工程中得到广泛的应用。

板式楼梯有普通板式和折板式两种形式。

7.3.1.1　普通板式

A　结构组成和荷载传递

普通板式楼梯（见图 7-4）的梯段为表面带有三角形的斜板，梯段上的荷载以均布荷载的形式传给斜板，斜板以均布荷载的形式传给平台梁，故而平台梁上不存在集中荷载。

B　设计要点

斜板厚度可取为 $h = l_0/30 \sim l_0/25$ ，l_0 为斜板的水平计算跨度。斜板可按简支构件计算，但因平台梁对斜板有一定的约束，斜板的跨中弯矩可取 $(g + q)l_0^2/10$ ，因斜板与平台板实际上具有连续性，故在斜板靠平台梁处应设置板面负筋，其用量应大于一般构造负筋，但可略小于跨中配筋（例如直径小于 2mm，间距不变）。受力筋可采用分离式，支座负筋伸进斜板 $l_n/4$ ，l_n 为斜板的净跨。

平台板一般为单向板。这时，可取 1m 宽板带为设计单元，按简支板计算，$M_{max} =$

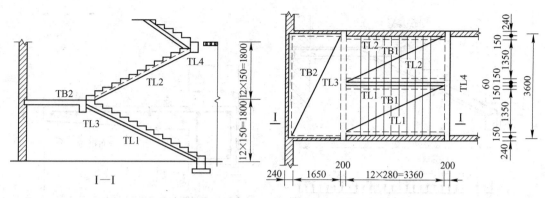

图 7-4　现浇梁式楼梯结构示意图（单位：mm）

$(g+q)l_0^2/8$，两端与梁整浇时可取为 $M_{\max}=(g+q)l_0^2/10$。当为双向板时则可按四边简支的双向板计算。因板的四周受到梁或墙的约束，故应配构造负筋不少于 φ8@ 200，伸出支座边 $l_0/4$。

平台梁可按简支矩形梁计算。平台梁虽有平台板协同工作，但仍宜按矩形截面计算，且宜将配筋适当增加。这是因为平台梁两边荷载不平衡，梁中实际存在着一定的扭矩，虽在计算中为简化起见而不考虑扭矩，但必须考虑该不利因素。

7.3.1.2　折板式

当板式楼梯设置平台梁有困难时，可取消平台梁，做成折板式，如图 7-5 所示。折板由斜板和一小段平板组成，两端支撑于楼盖梁和楼梯间纵墙上，故而跨度较大。折板式楼梯的设计要点如下：（1）斜板和平板厚度可取为 $h=l_0/30\sim l_0/25$。（2）因板较厚，楼盖梁对板的相对约束较小，折板可视为两端简支。（3）折板水平段的恒载 g_2 小于斜段的恒载 g_1，但因水平段较短，也可将恒载都取为 $g=g_1$，即可取 $M_{\max}=(g+q)l_0^2/8$。（4）内折角处的受拉钢筋必须断开后分别锚固，当内折角与支座边的距离小于 $l_n/4$ 时，内折角处的板面应设构造负筋，伸出支座边 $l_n/4$。

7.3.2　雨篷

钢筋混凝土雨篷，当外挑长度不大于 3m 时，一般可不设外柱而做成悬挑结构。其中，当外挑长度大于 1.5m 时，宜设计成含有悬臂梁的梁板式雨篷；当外挑长度不大于 1.5m 时，可设计成结构最为简单的悬臂板式雨篷。这里仅介绍悬臂板式雨篷，如图 7-6 所示。

悬臂板式雨篷可能发生的破坏有三种：雨篷板根部断裂、雨篷梁弯剪扭破坏和雨篷整体倾覆。为防止以上破坏，应对悬臂板式雨篷进行三方面的计算：雨篷板的承载力计算、雨篷梁的承载力计算和雨篷抗倾覆验算。此外，悬臂板式雨篷还应满足以下构造要求：板的根部厚度不小于 $l_s/12$ 和 80mm，端部厚度不小于 60mm；板的受力筋必须置于板上部，深入支座长度 l_a，与梁的箍筋必须良好搭接。

7.3.2.1　雨篷的承载力计算图

雨篷可视为固定于雨篷梁上的悬臂板，其承载力按受弯构件计算，取其挑出长度为计

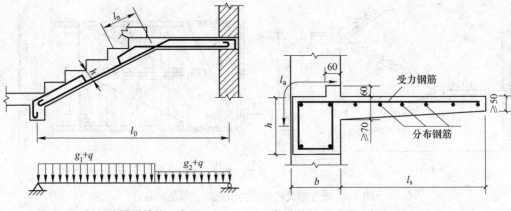

图7-5　折板式楼梯结构示意图　　　图7-6　悬臂板式雨篷（单位：mm）

算跨度，并取1m宽板带为设计单元。

　　雨篷板的荷载一般考虑恒载和活载。恒载包括板的自重、面层及板底粉刷，活载则考虑标准值为 $0.5kN/m^2$ 的等效均布活载或标准值为 1kN 的板端集中检修活荷载。两种荷载情况下的计算简图如图7-7所示，其中 g 和 q 分别为均布恒载和均布活载的设计值，Q 为板端集中活载的设计值。

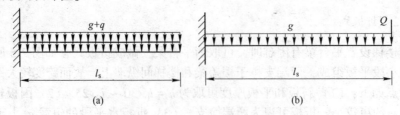

图7-7　雨篷板的计算简图
（a）均布恒载和均布活载；（b）均布恒载和集中活载

　　雨篷板只需进行正截面承载力计算，并且只需计算板的根部截面，由计算简图7-7可得板的根部弯矩计算式为

$$M = \frac{1}{2}(g + q)l_s^2$$

或

$$M = \frac{1}{2}gl_s^2 + Ql_s$$

在以上两个计算结果中，取弯矩较大值配置板受力筋并置于板的上部。

7.3.2.2　雨篷梁的承载力计算

　　雨篷梁下面为洞口，上面一般有墙体，甚至还有梁板，故雨篷梁实际是带有外挑悬臂板的过梁。由于带有外挑悬臂板，雨篷梁不仅受弯剪，还承受扭矩，属于弯剪扭构件，需对其进行受弯剪计算和受扭计算，配置纵筋和箍筋。

　　A　雨篷梁受弯剪计算

　　雨篷梁受弯剪计算应考虑的荷载有过梁上方高度为 $l_n/3$ 范围内的墙体重量、高度为 l_n 范围内的梁板荷载、雨篷梁自重和雨篷板传来的恒载与活载。其中，雨篷板传来的活载

应考虑均布荷载 $q_k = 0.5 \text{kN/m}^2$ 和集中荷载 $Q_k = 1 \text{kN}$ 两种情况，取产生较大内力者。

计算简图如图 7-8 所示，其中图 7-8（a）或（b）用于计算弯矩，图 7-8（a）或（c）用于计算剪力。计算跨度取 $l_0 = 1.05 l_n$，l_n 为梁的净跨。

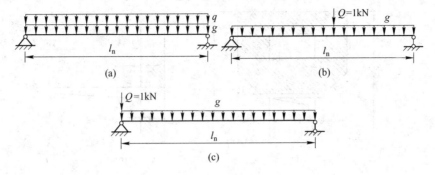

图 7-8　雨篷梁受弯剪计算简图

梁的弯矩由下式计算：

$$M = \frac{1}{8}(g + q) l_0^2$$

或

$$M = \frac{1}{8} g l_0^2 + \frac{1}{4} Q l_0$$

取弯矩值较大者。

梁的剪力由下式计算：

$$V = \frac{1}{2}(g + q) l_n$$

或

$$V = \frac{1}{2} g l_n + Q$$

取剪力值较大者。

B　雨篷梁受扭计算

雨篷梁上的扭矩由悬臂板上的恒载和活载产生。计算扭矩时应将雨篷板上的力对雨篷梁的中心取矩（与求板根部弯矩时不同）；如计算所得板上的均布恒载产生的均布扭矩为 m_g，均布活载产生的均布扭矩为 m_q，板端集中活载 Q（作用在洞边板端时为最不利）产生的集中扭矩为 M_Q，则梁端扭矩 T 可按下式计算（扭矩计算简图与剪力计算简图类似）：

$$T = \frac{1}{2}(m_g + m_q) l_n$$

或

$$T = \frac{1}{2} m_g l_n + M_Q$$

取扭矩值较大者

雨篷梁的弯矩 M、剪力 V、扭矩 T 求得后，即可按弯、剪、扭构件的承载力计算方法计算纵筋和箍筋。

7.3.3　雨篷抗倾覆验算

雨篷板上的荷载可能使雨篷绕梁底距墙外边缘上 x_0 处的 O 点［见图 7-9（b）］转动

而产生倾覆。为保证雨篷的整体稳定，需按下式对雨篷进行抗倾覆验算：

$$M_r \geq M_{ov}$$

式中，M_r 为雨篷的抗倾覆力矩设计值；M_{ov} 为雨篷的倾覆力矩设计值。

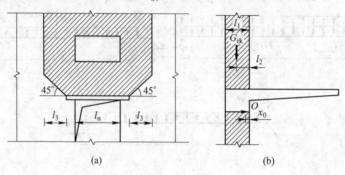

图 7-9　雨篷的抗倾覆

（a）雨篷的抗倾覆荷载；（b）倾覆点 O 和抗倾覆荷载

计算 M_r 时，应考虑可能出现的最小力矩，即只能考虑恒载的作用（如雨篷梁自重、梁上砌体重及压在雨篷梁上的梁板自重），且应考虑恒载有变小的可能。可按下列公式计算：

$$M_r = 0.8 G_{rk}(l_2 - x_0)$$

式中，G_{rk} 为抗倾覆恒载的标准值，按图 7-9（a）计算，图中 $l_3 = l_n/2$；l_2 为 G_{rk} 作用点到墙外边缘的距离；x_0 为倾覆点 O 到墙外边缘的距离，$x_0 = 0.13 l_1$，其中 l_1 为墙厚度。

计算 M_{ov} 时，应考虑可能出现的最大力矩，即应考虑作用于雨篷板上的全部恒载及活载对倾覆点 O 处的力矩，且应考虑恒载和活载均有变大的可能，恒载系数采用 1.2，活载系数采用 1.4。

在进行雨篷抗倾覆验算时，应将施工或检修集中活荷载（$Q_k = 1kN$）置于悬臂板端，且沿板宽每隔 2.5~3m 考虑一个集中活荷载。

当雨篷抗倾覆验算不满足要求时，应采取保证稳定的措施，如增加雨篷梁在砌体内的长度（雨篷板不能增长）或将雨篷梁与周围的结构（如柱子）相连接。

7.3.4　悬臂板式雨篷带构造翻边时的注意事项

悬臂板雨篷有时带构造翻边，不能误认为是边梁，这时应考虑积水荷载（至少取 1.5kN/m²）。当为竖直翻边时，为承受积水的向外推力，翻边的钢筋应置于靠积水的内侧，且在内折角处钢筋应良好锚固，如图 7-10（a）所示。但当为斜翻边时，则应考虑斜翻边重量所产生的

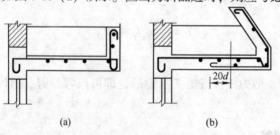

图 7-10　带构造翻边的悬臂板式雨篷的配筋

（a）直翻边；（b）斜翻边

力矩，将翻边钢筋置于外侧，且应弯入平板一定的长度，如图 7-10（b）所示。

任务 7.4 识读楼梯施工图

任务实施 7-1 识读楼梯施工图

（1）任务引领。识读图 7-11 中的楼梯，绘制楼梯剖面图。

（2）任务实施。楼梯的结构详图由各层楼梯结构平面图、楼梯剖面图及构件详图组成。

楼梯结构平面图的形成：在楼梯休息平台的上方水平剖切后形成的图形，地下室楼梯平面图是把剖切位置放在楼梯间入口处地面的上方。其图示要求与楼层结构平面图基本相同。

楼梯结构剖面图：表示楼梯间的各种构件的竖向布置和构造情况的图样。

尺寸：在楼梯结构剖面图中，应标注出轴线尺寸、梯段的外形尺寸和配筋、层高尺寸以及室内、外地面和各种梁、板底面的结构标高。

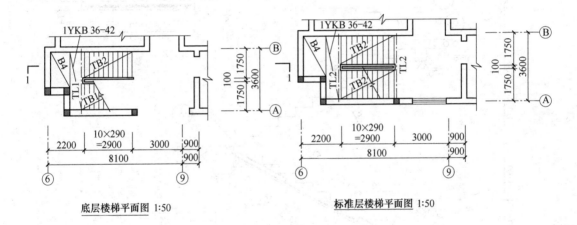

底层楼梯平面图 1:50　　标准层楼梯平面图 1:50

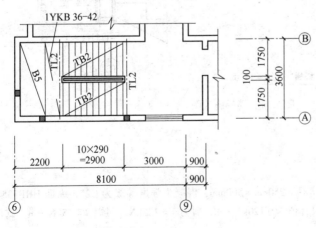

四层楼梯平面图 1:50

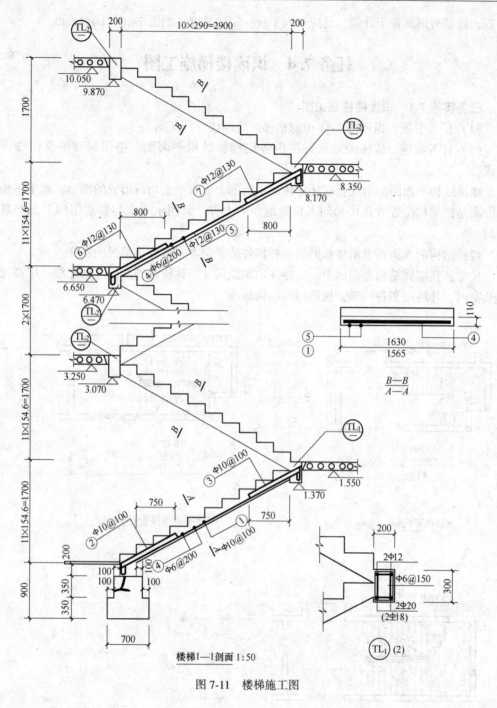

楼梯1—1剖面 1:50

图 7-11　楼梯施工图

习　题

一矩形截面曲线梁，截面尺寸为 $b×h = 250mm×500mm$，混凝土强度等级为 C25，纵筋 HRB335 级，箍筋 HPB300 级已求得支座处负弯矩设计值 $M = 120kN·m$，剪力 $V = 135kN$，扭矩 $T = 15kN·m$。试设计该截面。

项目 8 设计钢筋混凝土拉压构件并识读施工图

【知识目标】了解受拉构件；熟悉配置普通箍筋的受压构件承载力的计算方法；理解螺旋箍筋对提高构件承载力作用的机制及产生这种作用的条件；掌握受压构件的配筋构造。

【能力目标】能够对受压构件进行构造配筋，能进行简单受压构件的配筋设计。

【素质目标】培养用结构计算理论指导实际应用的能力。

任务 8.1 认识轴心受拉构件

当在结构构件的截面上作用有与其形心相重合的力时，该构件称为轴心受力构件。当其轴心力为压力时称为轴心受压构件，当其轴心力为拉力时称为轴心受拉构件，如图 8-1 所示。

在钢筋混凝土结构中，真正的轴心受拉构件是罕见的。近似按轴心受拉构件计算的有刚架、拱及桁架中的拉杆，系杆拱桥中的系杆，以及有高内压力的圆形水管壁、圆形水池壁环向部分等，如图 8-2 所示。钢筋混凝土受拉构件需配置纵向钢筋和箍筋，箍筋的直径应不小于 6mm，间距一般为 150~200mm。由于混凝土抗拉强度很低，所以钢筋混凝土受拉构件在外力不大时，混凝土就会出现裂缝。为此，对轴心受拉构件不仅应进行承载力的计算，还要根据构件的使用要求对其抗裂度或裂缝宽度进行验算。

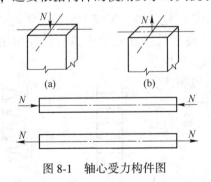

图 8-1 轴心受力构件图

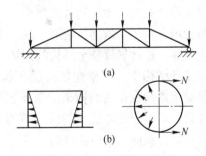

图 8-2 轴心受拉构件示例

8.1.1 轴心受拉构件的受力特点

轴心受拉构件裂缝的出现和开展过程类似于受弯构件。轴心拉力 N 与构件伸长变形 Δl 之间的关系，如图 8-3 所示。由图可知：当拉力较小，构件截面未出现裂缝时，N-Δl 曲线的 oa 段接近于直线。随着拉力的增大，构件截面裂缝的出现和开展，混凝土承受拉力的作用逐渐减弱，N-Δl 曲线的 ab 段逐渐向纯钢筋的 ob 段靠近。试验表明，轴心受拉构件的裂缝间距和宽度也是不均匀的，它们与配筋率和受拉钢筋的直径等因素密切相关。在配筋率高的构件中，其裂缝"密而细"，反之则"稀而宽"，当配筋率相同时，粗钢筋配筋的构件裂缝"稀而宽"，反之则"密而细"。这些特点与受弯构件类似，不同的是，轴心受拉构件全截面受拉，一般裂缝贯穿整个截面。在轴心受拉构件中，当拉力使裂缝截面的钢筋应力达到屈服强度时，构件便进入破坏阶段。

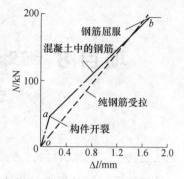

图 8-3　轴心受拉构件受力和变形特点

8.1.2　建筑工程轴心受拉构件承载力计算

当轴心受拉构件达到承载力极限状态时，此时裂缝截面的混凝土已完全退出工作，只有钢筋受力且达到屈服，由截面平衡条件（见图 8-4），可以得到轴心受拉构件的正截面受拉承载力的公式：

$$N \leqslant f_y A_s$$

式中，N 为轴心拉力设计值；A_s 为纵向受拉钢筋的截面面积；f_y 为纵向受拉钢筋的抗拉强度设计值。

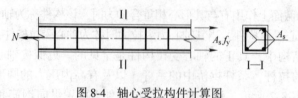

图 8-4　轴心受拉构件计算图

任务 8.2　设计简单的轴心受压构件

以承受轴向力为主的构件都属于受压构件，如单厂柱、拱、屋架上弦杆、多高层框架柱、剪力墙、筒体、烟囱、桥墩、桩。受压构件（柱）往往在结构中具有重要作用，一旦产生破坏，往往导致整个结构的损坏，甚至倒塌。

在实际结构中，严格按轴心受压构件计算的也很少，对于承受节点荷载作用的桁架的受压腹杆可近似按轴心受压构件设计。由于轴心受压构件计算简便，也可作为受压构件初步估算截面、复核强度的手段。

8.2.1　轴心受压构件

按照轴心受压构件中箍筋配置方式和作用的不同，轴心受压构件又分为配置普通钢箍的受压构件和配置螺旋钢箍的受压构件，如图 8-5 所示。普通钢箍受压构件中，承载力主要由混凝土承担，其纵向钢筋可协助混凝土抗压，以减小截面尺寸，也可承受可能存在的不大的弯矩，还可

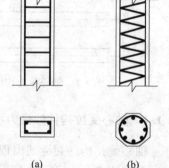

(a)　　　　　(b)

图 8-5　受压构件的配筋方式
(a) 普通钢箍柱；(b) 螺旋钢箍柱

防止构件的突然脆性破坏。普通钢箍的作用是防止纵筋压屈，承受可能存在的不大的剪力，并与纵筋形成钢筋骨架，以便于施工。螺旋钢箍是在纵筋外围配置的连续环绕、间距较密的螺旋筋，或焊接钢环，其作用是使截面核心部分的混凝土形成约束混凝土，提高构件的承载力和延性。

根据试验研究结果，轴心受压构件可按长细比的不同分为短柱和长柱。轴心受压构件所采用的试件材料强度、截面尺寸和配筋均相同，但试件的长度不同，通过对比方法来观察长细比不同的轴心受压构件的破坏特征。

8.2.1.1 普通钢箍受压构件

短柱受荷以后，截面应变均匀分布，钢筋应变 ε_s，与混凝土应变 ε_c 相同。如前所述，由于混凝土塑性变形的发展及收缩徐变的影响，钢筋与混凝土之间发生压应力的重分布。试验表明，混凝土的收缩与徐变（在线性徐变范围以内）并不影响构件的极限承载力。对于配置 HPB300、HRB335、HRB400 级钢筋的构件，在混凝土到达最大应力 f_c 以前，钢筋已到达其屈服强度，这时构件尚未破坏，荷载仍可继续增长，钢筋应力则保持在 f'_y。当混凝土的压应变到其极限值时，构件表面出现纵向裂缝，保护层混凝土开始剥落，构件到达其极限承载力。破坏时箍筋之间的纵筋发生压屈并向外凸出，中间部分混凝土压碎，混凝土应力达到轴心抗压强度。当纵筋为高强度钢筋时，构件破坏时纵筋应力约为 $400N/mm^2$，达不到其屈服强度。

当受压构件的长细比较大时，轴心受压构件虽是全截面受压，但随着压力增大，长柱不仅发生压缩变形，同时产生较大的横向挠度，在未达到材料破坏的承载力以前，常由于侧向挠度增大而发生失稳破坏。设以 φ 代表长柱承载力 N_{lu} 与短柱承载力 N_{su} 的比值，即 $\varphi = N_{lu}/N_{su}$，称为轴心受压构件的稳定系数。稳定系数 φ 主要与柱的长细比 l_0/b 有关，l_0 为柱的计算长度，与柱两端的支撑条件有关，其取值可见表 8-1，b 为矩形截面的短边尺寸。

表 8-1 钢筋混凝土轴心受压构件的稳定系数 φ

l_0/b	≤8	10	12	14	16	18	20	22	24	26	28
l_0/d	≤7	8.5	10.5	12	14	15.5	17	19	21	22.5	24
l_0/i	≤28	25	42	48	55	62	69	76	83	90	97
φ	1.0	0.98	0.95	0.92	0.87	0.81	0.75	0.70	0.65	0.60	0.56
l_0/b	30	32	34	36	38	40	42	44	46	48	50
l_0/d	26	28	29.5	31	33	34.5	36.5	38	40	41.5	43
l_0/i	104	111	118	125	132	139	146	153	160	167	174
φ	0.52	0.48	0.44	0.40	0.36	0.32	0.29	0.26	0.23	0.21	0.19

注：1. 表中 l_0 为构件计算长度；b 为矩形截面的短边尺寸；d 为圆形截面的直径；i 为截面最小回转半径。2. 构件计算长度 l_0，当构件两端为固定时取 $0.5l$，当一端固定一端为不移动的铰时取 $0.7l$，当两端均为不移动的铰时取 l，当一端固定一端自由时取 $2l$，l 为构件支点间长度。

当 $l_0/b \leq 8$ 或 $l_0/i \leq 28$（i 为截面最小回转半径）时，称为短柱，取 $\varphi \approx 1.0$。随着 l_0/b 的增大，φ 值近乎线性减小，混凝土强度等级及配筋对 φ 的影响较小。《混凝土规范》给

出的 φ 值见表 8-1。通过稳定系数 φ，在截面上建立平衡关系，即可建立轴心受压构件长柱、短柱的统一计算公式。

8.2.1.2 螺旋钢箍受压构件

螺旋钢箍柱由于沿柱高配置有间距较密的螺旋筋（或焊接钢环），对于螺旋筋所包围的核心面积内混凝土，它相当于套筒作用，能有效地约束混凝土受压时的横向变形，使核心区混凝土处于三向受压状态，从而提高了其抗压强度。图 8-6 为螺旋钢箍柱与普通钢箍柱荷载 （N） 与轴向应变（ε）曲线的比较。在混凝土应力达到其临界应力 $0.8f_c$ 以前，螺旋钢箍柱的变形曲线与普通钢箍柱并无区别。当混凝土的压应变达到其极限值时，保护层混凝土开始剥落，混凝土截面面积减小，荷载有所下降。而核心部分混凝土由于受到约束，仍能继续受荷，其抗压强度超过了 f_c，曲线逐渐回升。随着荷载增大，螺旋筋中拉应力增大，直到螺旋筋达到屈服，对核心混凝土的横向变形不再起约束作用，核心混凝土的抗压强度也不再提高，混凝土压碎，构件破坏。破坏时柱的变形可达 0.01 以上，这反映了螺旋钢箍柱的受力特点，在承载力基本不降低的情况下具有很大的承受后期变形的能力，表现出较好的延性。螺旋钢箍柱的这种受力性能，使得近年来在抗震结构设计中，为了提高柱的延性，常在普通钢箍柱中加配螺旋筋或焊接环，如图 8-7 所示。

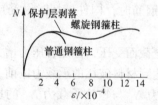

图 8-6 轴心受压柱的轴力—应变曲线

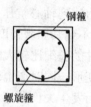

图 8-7 加配箍筋的普通钢箍柱

8.2.2 建筑工程中轴心受压构件承载力计算方法

8.2.2.1 普通钢箍受压构件

在轴心受压承载力极限状态下（见图 8-8），根据轴向力的平衡，混凝土轴心受压构件的正截面承载力计算公式为

$$N \leqslant 0.9\varphi(f_c A + f_y' A_s')$$

式中，N 为轴向力设计值；φ 为稳定系数，按表 8-1 采用；A 为构件截面面积，当纵向钢筋配筋率大于 0.03 时，式中 A 应改用 $A_c = A - A_s'$，A_s' 为全部纵向钢筋的截面面积；0.9 为系数，其目的是保持与偏心受压构件正截面承载力具有相近的可靠度。

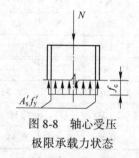

图 8-8 轴心受压
极限承载力状态

当截面长边或直径小于 300mm 时，混凝土的抗压强度设计值乘以折减系数 0.8。实际工程中，轴心受压构件的承载力计算问题可归纳为截面设计和截面复核两大类。

A 截面设计

任务实施 8-1 为受压构件配置纵筋和箍筋

已知：构件截面尺寸 $b \times h$，轴向力设计值，构件的计算长度 l_0，材料强度等级。求纵向钢筋截面面积 A'_s。

（1）任务引领。某钢筋混凝土轴心受压柱，采用 C20 混凝土；HRB335 级纵筋，HPB300 级箍筋；已知截面尺寸 $b \times h = 250\text{mm} \times 250\text{mm}$，并已求得构件的计算长度 $l_0 = 3.5\text{m}$；柱底截面轴心压力设计值（包括自重）为 $N = 483\text{kN}$。试根据计算和构造要求选配纵筋和箍筋。

（2）任务实施：

1）C20 混凝土，$f_c = 9.6\text{N/mm}^2$；因截面长边尺寸小于 300mm，所以混凝土设计强度需乘以 0.8 进行折减，$f_{c1} = 0.8 f_c = 9.6 \times 0.8 = 7.68\text{N/mm}^2$，$f'_y = 300\text{N/mm}^2$。

2）稳定系数 φ。长细比 $l_0/b = 3500/250 = 14 > 8$，查表 8-1，得 $\varphi = 0.92$。

3）求 A'_s 并检验 ρ'。

$$A'_s = \frac{\dfrac{N}{0.9\varphi} - f_{c1}A}{f'_y} = \frac{\dfrac{483000}{0.9 \times 0.92} - 7.68 \times 250 \times 250}{300} = 344\text{mm}^2$$

$$\rho' = \frac{A'_s}{A} = \frac{344}{250 \times 250} = 0.0055 = 0.55\%$$

$\rho' < \rho_{\min} = 0.6\%$，不满足最小配筋率的要求，应根据最小配筋率和构造要求配置钢筋。

$$A'_s = \rho_{\min}A = 0.006 \times 250 \times 250 = 375\text{mm}^2$$

构造要求柱纵筋不少于 4Φ12 的 HRB335 级钢筋，面积为 452mm^2，故纵筋按构造配置。根据箍筋构造要求，箍筋直径取 6mm，根据间距的要求取 $s = 150\text{mm}$。

B 截面承载力复核

任务实施 8-2 判断受压构件的安全性

已知：柱截面尺寸 $b \times h$，计算长度 l_0，纵向钢筋数量及级别，混凝土强度等级。求：柱的受压承载力 N_u。或已知轴向力设计值 N，判断截面是否安全。

（1）任务引领。某现浇底层钢筋混凝土轴心受压柱，截面尺寸 $b \times h = 300\text{mm} \times 300\text{mm}$，采用 4$\Phi$20（$A'_s = 1256\text{mm}$）的 HRB335 级（$f'_y = 300\text{N/mm}^2$）钢筋，混凝土强度等级 C25（$f_c = 11.9\text{N/mm}^2$），$l_0 = 4.5\text{m}$，承受轴向力设计值 800kN。校核此柱是否安全。

（2）任务实施：

1）确定稳定系数 φ。

$$l_0/b = 4500/300 = 15$$

查表 8-1，得 $\varphi = 0.895$。

2）验算配筋率。

$$\rho'_{\min} = 0.6\% < \rho' = \frac{A'_s}{A} = \frac{1256}{90000} = 1.4\% < 3\%$$

3）确定柱截面承载力。

$$N_u = 0.9\varphi(f_c A + f'_y A'_s) = 0.9 \times 0.895 \times (11.9 \times 90000 + 300 \times 1256) = 1166\text{kN} > 800\text{kN}$$

故此柱截面安全。

任务训练

某三跨三层现浇框架结构的底层内柱，轴向力设计值，$N = 1300\text{kN}$，基顶至二楼楼面的高度 $H = 4.8\text{m}$，混凝土强度等级为 C30，钢筋用 HRB335 级。试确定柱截面尺寸及纵筋面积。

解：$f_c = 14.3\text{N/mm}^2$，$f'_y = 300\text{N/mm}^2$，根据构造要求，先假定柱截面尺寸 $b \times h = 300\text{mm} \times 300\text{mm}$，计算长度 l_0 按表 8-1 规定得：$l_0 = 1.0H = 1.0 \times 4.8 = 4.8\text{m}$。

确定 φ，由 $l_0/b = 4800/300 = 16$，查表 8-1 得 $\varphi = 0.87$。

计算 A'_s，由公式可得

$$A'_s = \frac{\dfrac{N}{0.9\varphi} - f_c A}{f'_y} = \frac{\dfrac{1300000}{0.9 \times 0.87} - 14.3 \times 300 \times 300}{300} = 1244.3\text{mm}^2$$

$\rho' = \dfrac{A'_s}{A} = \dfrac{1244.3}{300 \times 300} = 1.38\% > \rho'_{\min} = 0.6\%$，满足最小配筋率的要求。选用 4Φ20（$A'_s = 1256\text{mm}^2$），箍筋按构造要求可取 Φ6@300。

8.2.2.2　螺旋钢箍受压构件

由于螺旋钢箍的套筒作用大，约束了核心混凝土的横向变形，使核心混凝土的承载力提高。根据圆柱体三向受压试验的结果知，受到径向压应力 σ_2 作用的约束混凝土纵向抗压强度 σ_1 可按下列公式计算：

$$\sigma_1 = f_c + 4\sigma_2$$

设螺旋钢箍的截面面积为 A_{ss1}，间距为 s，螺旋筋的内径为 d_{cor}（即核心直径）。螺旋筋应力达到其抗拉强度设计值 f_y 时，由图 8-9 隔离体的平衡可得

$$\sigma_2 = \frac{2f_y A_{ss1}}{s d_{cor}}$$

代入前式中，有

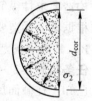

图 8-9　径向压应力 σ_2

$$\sigma_1 = f_c + \frac{8f_y A_{ss1}}{s d_{cor}}$$

根据轴向力的平衡，考虑轴心受压构件与偏心受压构件有相近的可靠度系数 0.9，同时考虑间接钢筋对混凝土约束的折减系数 α，可写出螺旋钢筋柱的承载力计算公式为

$$N \leqslant 0.9(\sigma_1 A_{cor} + f'_y A') \text{ 或 } N \leqslant 0.9\left(f_c A_{cor} + f'_y A'_s + 8\alpha \frac{f_y A_{ss1} A_{cor}}{s d_{cor}}\right)$$

将螺旋筋按体积相等的条件，换算成纵向钢筋面积 A_{ss0}，即

$$A_{ss0} = \frac{\pi d_{cor} A_{ss1}}{s}$$

则公式可改写成下列形式

$$N \leqslant 0.9(f_c A_{cor} + f'_y A'_s + 2\alpha f_y A_{ss0})$$

式中，A_{cor} 为构件的核心截面面积；f_y 为间接钢筋的抗拉强度设计值；A_{ss0} 为螺旋钢筋的换

算截面面积；d_{cor} 为构件的核心直径；s 为沿构件轴线方向间接钢筋的间距；α 为间接钢筋对混凝土约束的折减系数，当混凝土强度等级不超过 C50 时，取 1.0，当混凝土强度等级为 C80 时，取 0.85，其间按线性内插法取用。

上式中右边第一项为核心混凝土在无侧向约束时所承担的轴力，第二项为纵筋所承担的轴力，第三项代表受到螺旋筋约束后，核心混凝土所承担的轴力的提高部分。

为了保证在使用荷载作用下不发生保护层混凝土的剥落，《混凝土规范》要求按上式算得的受压承载力设计值不应大于按公式算得的普通钢箍柱的受压承载力设计值的 1.5 倍。对于长细比 $l_0/b > 12$ 的柱不应采用螺旋钢箍，因为这种柱的承载力将由于侧向挠度引起的附加偏心距而降低，使螺旋筋的作用不能发挥。

任务实施 8-3　为受压构件配置螺旋钢箍

（1）任务引领。已知某公共建筑底层门厅内现浇钢筋混凝土圆柱，承受轴心压力设计 $N = 5200$kN。该柱的截面尺寸 $d = 550$mm，柱的计算长度 $l_0 = 5.2$m。混凝土强度等级为 C30（$f_c = 14.3$N/mm²），柱中纵筋用 HRB335 级（$f_y = 300$N/mm²），箍筋用 HPB300 级（$f_{vy} = 270$N/mm²）。求该柱的配筋。

（2）任务实施。先按配有纵筋和箍筋柱计算。

1）计算稳定系数 φ。

$$l_0/d = 5200/550 = 9.45$$

查表 8-1 得 $\varphi = 0.966$。

2）求纵筋 A'_s。已知圆形混凝土截面面积为

$$A = \frac{\pi d^2}{4} = \frac{3.14 \times 550^2}{4} = 23.75 \times 10^4 \text{mm}^2$$

由公式可得

$$A'_s = \frac{\dfrac{N}{0.9\varphi} - f_c A}{f'_y} = \frac{\dfrac{5200000}{0.9 \times 0.966} - 14.3 \times 23.75 \times 10^4}{300} = 8616.3 \text{mm}^2$$

3）求配筋率。

$$\rho' = A'_s/A = 8616.3/237500 = 3.63\%$$

配筋率较高，由于混凝土等级不宜再提高，并因 $l_0/d < 12$，可采用加配螺旋箍筋的办法，以提高柱的承载能力。下面就按配有纵筋和螺旋箍筋柱来计算。

4）假定纵筋配筋率 $\rho' = 2.5\%$，则得 $A'_s = \rho' A = 5938$mm²。选用 16 根直径 22 的 HRB335 级钢筋，得到真实的 $A'_s = 6082$mm²。混凝土的保护层取用 25mm，得到 $d_{cor} = d - 2c = 550 - 25 \times 2 = 500$mm。

$$A_{cor} = \frac{\pi d_{cor}^2}{4} = \frac{3.14 \times 500^2}{4} = 19.63 \times 10^4 \text{mm}^2$$

5）按公式求螺旋筋的核算截面面积 A_{ss0} 得

$$A_{ss0} = \frac{\dfrac{N}{0.9} - f_c A_{cor} - f'_y A'_s}{2\alpha f_y}$$

螺旋筋的约束效果与螺旋筋的截面面积 A_{ss1}、间距 s 有关。《混凝土规范》要求螺旋

筋的换算截面面积 A_{ss0} 不应小于全部纵向钢筋截面面积 A'_s 的 25%。螺旋筋的间距 s 不应大于 $0.2d_{cor}$ 且不大于 80mm，为了便于施工，也不应小于 40mm。

因为混凝土强度等级为 C30<C50，故间接钢筋对混凝土约束的折减系数 $\alpha = 1.0$。将数值代入上式，得

$$A_{ss0} = \frac{\dfrac{5200000}{0.9} - 14.3 \times 19.63 \times 10^4 - 300 \times 6082}{2 \times 1.0 \times 210}$$

$$= 2728.8\text{mm}^2 > 0.25A'_s = 0.25 \times 6082 = 1520.5\text{mm}^2$$

满足构造要求。

6）假定螺旋箍筋直径 $d = 10$mm，则单肢螺旋筋面积 $A_{ss1} = 78.5$mm^2。螺旋筋的间距 s 可通过公式求得

$$s = \frac{\pi d_{cor} A_{ss1}}{A_{ss0}} = \frac{3.14 \times 500 \times 78.5}{2728.8} = 45\text{mm}$$

取 $s = 40$mm，满足不小于 40mm 并不大于 80mm 及 $0.2d_{cor}$ 的要求。

7）根据所配置的螺旋箍筋 $d = 10$mm，$s = 40$mm，重新求得间接配筋柱的轴向力设计值，N_u 如下：

$$A_{ss0} = \frac{\pi d_{cor} A_{ss1}}{s} = \frac{3.14 \times 500 \times 78.5}{40} = 3081.1\text{mm}^2$$

$$N_{u1} = 0.9(f_c A_{cor} + f'_y A'_s + 2\alpha f_y A_{ss0})$$
$$= 0.9 \times (14.3 \times 196300 + 300 \times 6082 + 2 \times 1.0 \times 210 \times 3081.1)$$
$$= 5333176.8\text{N} = 5333.2\text{kN}$$

得

$$N_{u2} = 0.9\varphi(f_c A + f'_y A'_s)$$
$$= 0.9 \times 0.966 \times (14.3 \times 237500 + 300 \times 6082)$$
$$= 4539006.99\text{N} = 4539\text{kN}$$

由于 $1.5N_{u2} = 1.5 \times 4539 = 6808.5$kN $> N_{u1} = 5333.2$kN，说明该柱能承受的最大的轴心压力设计值可达 5333.2kN。

8.2.3　轴心受压构件构造要求

8.2.3.1　材料选用

混凝土强度等级对受压构件的承载能力影响较大，一般不低于 C20 级，采用较高强度等级的混凝土可以减小构件截面尺寸，节省钢材，因而柱中混凝土一般宜采用较高强度等级，但不宜选用高强度钢筋。其原因是受压钢筋要与混凝土共同工作，钢筋应变受到混凝土极限压应变的限制，而混凝土极限压应变很小，所以高强度钢筋的受压强度不能充分利用。《混凝土规范》规定受压钢筋的最大抗压强度为 400N/mm^2，因为混凝土极限压应变为 $\varepsilon_0 = 0.002$，则 $\sigma_s = E_s\varepsilon_0 = 2.0 \times 10^5 \times 0.002 = 400$N/mm^2。

一般柱中采用 C25 及以上等级的混凝土，对于高层建筑的底层柱，可采用更高强度等级的混凝土，例如采用 C40 或以上；纵向钢筋一般采用 HRB400 级和 HRB335 级热轧

钢筋。

8.2.3.2　截面形式及尺寸模数

轴心受压构件的截面多采用方形或矩形，有时也采用圆形或多边形。一般轴心受压柱以方形为主，偏心受压柱以矩形为主。当有特殊要求时，也可采用其他形式的截面，如轴心受压柱可采用圆形、多边形等，偏心受压柱还可采用 I 形、T 形等。

柱截面尺寸主要根据内力的大小、构件长度及构造要求等条件确定。为了充分利用材料强度，避免构件长细比太大而过多降低构件承载力，柱截面尺寸不宜过小，一般应符合 $l_0/h \le 25$ 及 $l_0/b \le 30$（其中 l_0 为柱的计算长度，h 和 b 分别为截面的高度和宽度）。为了施工方便，截面尺寸应符合模数要求，800mm 及以下的，取 50mm 的倍数，800mm 以上的，可取 100mm 的倍数，方形和矩形截面，其尺寸不宜小于 250mm×250mm。当截面尺寸过大时，应选用 I 形或空腹截面，翼缘厚度不宜小于 120mm，腹板厚度不宜小于 100mm。

8.2.3.3　配筋构造

A　纵向受力钢筋

轴心受压构件的承载力主要由混凝土提供，设置纵向钢筋是为了协助混凝土承受压力，减小构件截面尺寸，承受可能存在的不大的弯矩，防止构件的突然脆性破坏。偏心受压构件中纵向钢筋能够承担由弯矩产生的纵向拉力。

一般宜采用根数较少、直径较粗的钢筋，以保证骨架的刚度。方形和矩形截面柱中纵向受力钢筋不少于 4 根，圆柱中不宜少于 8 根且不应少于 6 根。纵向受力钢筋的净距不应小于 50mm，偏心受压柱中垂直于弯矩作用平面的侧面上的纵向受力钢筋及轴心受压柱中各边的纵向受力钢筋的中距不宜大于 300mm。对水平浇筑的预制柱，其纵向钢筋的最小净距可按梁的有关规定采用。从经济和施工方便（不使钢筋太密集）角度考虑，全部纵向钢筋的配筋率不宜超过 5%。受压钢筋的配筋率一般不超过 3%，通常为 0.5%~2%。

偏心受压构件的纵向钢筋配置方式有两种。一种是在柱弯矩作用方向的两对边对称配置相同的纵向受力钢筋，这种方式称为对称配筋。对称配筋构造简单，施工方便，不易出错，但用钢量较大。另一种是非对称配筋，即在柱弯矩作用方向的两对边配置不同的纵向受力钢筋，非对称配筋的优缺点与对称配筋相反。在实际工程中，为避免吊装出错，装配式柱一般采用对称配筋。屋架上弦、多层框架柱等偏心受压构件，由于在不同荷载（如风荷载、竖向荷载）组合下，在同一截面内可能要承受不同方向的弯矩，即在某一种荷载组合作用下受拉的部位在另一种荷载组合作用下可能就变为受压，当这两种不同符号的弯矩相差不大时，为了设计、施工方便，通常也采用对称配筋。

B　箍筋

受压构件中箍筋的作用是保证纵向钢筋的位置正确，防止纵向钢筋压屈，并与纵向钢筋形成钢筋骨架，便于施工，受压构件中的周边箍筋应做成封闭式。箍筋直径不应小于 $d/4$（d 为纵向受力钢筋的最大直径），且不应小于 6mm。箍筋间距不应大于 400mm 及构件截面的短边尺寸，且不应大于 15d（d 为纵向受力钢筋的最小直径）。当柱中全部纵向受力钢筋的配筋率超过 3% 时，箍筋直径不应小于 8mm，间距不应大于 10d（d 为纵向受力钢筋的最小直径），且不应大于 200mm；箍筋末端应做成 135°弯钩，且弯钩末端平直段长度不应小于箍筋直径的 10 倍。在纵向钢筋搭接长度范围内，箍筋的直径不宜小于搭接钢筋直径的 0.25 倍。箍筋间距：当搭接钢筋为受拉时，不应大于 $5d$（d 为受力钢筋中最小直径），且不应大于 100mm；当搭接钢筋为受压时，不应大于 $10d$，且不应大于 200mm。当搭接受压钢筋直径大于 25mm 时，应在搭接接头两个端面外 100mm 范围内各设置 2 根箍筋。当柱截面短边尺寸大于 400mm 且各边纵向受力钢筋多于 3 根时，或当柱截面短边尺寸不大于 400mm，但各边纵向钢筋多于 4 根时，应设置复合箍筋，以防止中间钢筋被压屈，复合箍筋的直径、间距与前述箍筋相同。当偏心受压柱的截面高度 $h \geqslant 600mm$ 时，在柱的侧面上应设置直径为 10~16mm 的纵向构造钢筋，并相应设置复合箍筋或拉筋。对于截面形状复杂的构件，不可采用具有内折角的箍筋。其原因是：内折角处受拉箍筋的合力向外，可能使该处混凝土保护层崩裂。箍筋的形式如图 8-10 所示。

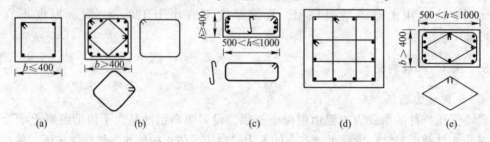

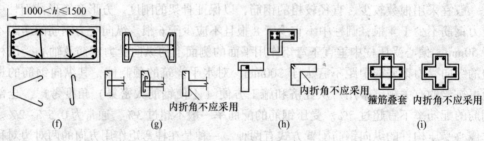

图 8-10　箍筋形式

C　上下层柱的接头

多层现浇钢筋混凝土柱，通常在楼层面设置施工缝，上下层柱需做成接头，如图8-11 所示。一般是将下层柱的纵筋伸出楼面一段搭接长度，以备与上层柱的纵向受压钢筋搭接，不加焊的受拉钢筋搭接长度不应小于 $1.2l_a$（l_a 为受拉钢筋的锚固长度），且不应小于 300mm；受压钢筋的搭接长度不应小于 $0.85l_a$，且不应小于 200mm。要求在受拉钢筋搭接范围内，箍筋间距不应大于 $5d$ 或 100mm；当搭接钢筋为受压时，其箍筋间距不应大于 $10d$ 或 200mm。

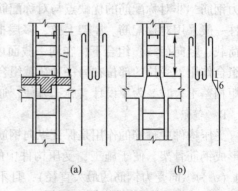

图 8-11　绑扎纵向钢筋的接头
（a）上下层相互搭接；（b）下层钢筋弯折后伸入上层

任务 8.3　识读柱平法施工图

任务实施 8-3　识读列表注写方式、截面注写方式表达的柱平法施工图

（1）任务引领。识读图 8-12 和图 8-13 所示的柱施工图，并将列表注写方式的施工图转化为截面注写方式，或将截面注写方式转化为列表注写方式。

（2）任务实施：

1）列表注写方式。图 8-12 所示的列表注写方式，是在柱平面布置图上（一般只需采用适当比例绘制一张柱平面布置图，包括框架柱、框支柱、梁上柱和剪力墙上柱），分别在同一编号的柱中选择一个（有时需选择几个）截面标注几何参数代号；在柱表中注写柱编号、柱段起止标高、几何尺寸（含柱截面对轴线的偏心情况）与配筋的具体数值，配以各种柱截面形状及其箍筋类型图的方式，来表达柱平法施工图。

列表注写方式的柱平法施工图的识读方法如下：①注写柱编号，如图 8-12 柱表中的 KZ1、XZ1 等。②注写各段柱的起止标高，自柱根部往上以变截面位置或截面未变但配筋改变处为界分段注写。③对于矩形柱注写柱截面尺寸 $b×h$ 及与轴线关系的几何参数代号 b_1、b_2 和 h_1、h_2 的具体数值，需对应于各段柱分别注写。其中，$b= b_1+b_2$，$h= h_1+h_2$。对于圆柱，表中"$b×h$"一栏改用在圆柱直径数字前加 D 表示。④注写柱纵筋。当柱纵筋直径相同、各边根数也相同时，将纵筋注写在"全部纵筋"一栏中；除此之外，柱纵筋分角筋、截面 b 边中部筋和 h 边中部筋三项分别注写（对于采用对称配筋的矩形截面柱，可仅注写一侧中部筋，对称边省略不注；如采用非对称配筋，需在柱表中增加相应栏目分别表示各边的中部筋）。⑤注写箍筋类型号及箍筋肢数。具体工程所设计的各种箍筋类型图及箍筋复合的具体方式，需画在表的上部或图中的适当位置，在其上标注与表中相对应的 b、h 和编上箍筋类型号。在图 8-12 中共绘制了 7 种箍筋类型图，在图注中绘制了箍筋类型 1（5×4）的具体方式。⑥注写柱箍筋，包括钢筋级别、直径与间距。当为抗震设计时，"/"用来区分柱端箍筋加密区与柱身非加密区长度范围内箍筋的不同间距。

2）截面注写方式。在柱平面布置图上，从相同编号的柱中选择一个截面，按另一种比例原位放大绘制柱截面配筋图。截面注写方式需在各配筋图上注明：柱编号；截面尺寸 $b×h$；角筋或全部纵筋；箍筋的具体数值；标注柱截面与轴线关系 b_1、b_2 和 h_1、h_2 的具体数值。当纵筋采用两种直径时，需再注写截面各边中部筋的具体数值（对于采用对称配筋的矩形截面柱，可仅在一侧注写中部筋，对称边省略不注）。

图 8-13 为采用截面注写方式表达的柱平法施工图。其中，柱 LZ1 截面尺寸为 250mm×300mm，纵筋为 6 根直径 16mm 的 HRB335 级钢筋，箍筋采用直径 8mm 的 HPB300 级钢筋，加密区间距 100mm，非加密区间距 200mm。柱 KZ1 截面尺寸为 650mm×600mm，角筋为 4 根直径 22mm 的 HRB335 级钢筋，b 边一侧中部筋为 5 根直径 22mm 的 HRB335 级钢筋，h 边一侧中部筋为 4 根直径 20mm 的 HRB335 级钢筋，b、h 边另一侧中部筋均对称配置，箍筋为直径 10mm 的 HPB300 级钢筋，加密区间距为 100mm。非加密区间距为 200mm。

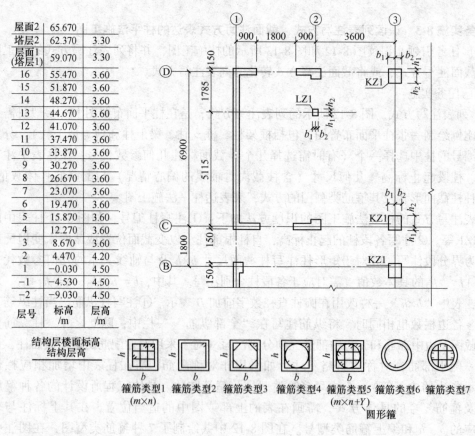

屋面2	65.670	
塔层2	62.370	3.30
层面1 (塔层1)	59.070	3.30
16	55.470	3.60
15	51.870	3.60
14	48.270	3.60
13	44.670	3.60
12	41.070	3.60
11	37.470	3.60
10	33.870	3.60
9	30.270	3.60
8	26.670	3.60
7	23.070	3.60
6	19.470	3.60
5	15.870	3.60
4	12.270	3.60
3	8.670	3.60
2	4.470	4.20
1	−0.030	4.50
−1	−4.530	4.50
−2	−9.030	4.50
层号	标高 /m	层高 /m

结构层楼面标高
结构层高

箍筋类型1　箍筋类型2　箍筋类型3　箍筋类型4　箍筋类型5　箍筋类型6　箍筋类型7
(m×n)　　　　　　　　　　　　　　　　　(m×n+Y)　　　　　　圆形箍

箍筋类型1(5×4)

柱号	标高	$b×h$ (圆柱直径D)	b_1	b_2	h_1	h_2	全部 纵筋	角筋	b边一侧 中部筋	h边一侧 中部筋	箍筋 类型号	箍筋	备注
KZ1	−0.030~19.470	750×700	375	375	150	550	24⊈25	—	—	—	1(5×4)	Φ10@100/200	—
	19.470~37.470	650×600	325	325	150	450		4⊈22	5⊈22	4⊈20	1(4×4)	Φ10@100/200	—
	37.470~59.470	550×500	275	275	150	350		4⊈22	5⊈22	4⊈20	1(4×4)	Φ8@100/200	—

−0.030~59.070柱平法施工图(局部)

图 8-12　列表注写方式的柱平法施工图
m—截面宽度方向；n—截面高度方向；Y—截面直径方向

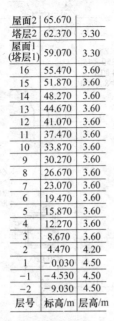

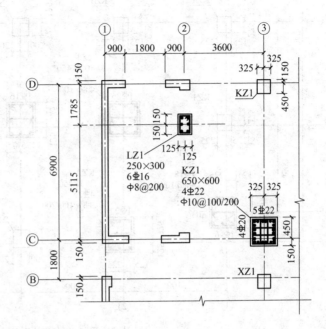

19.470～37.470柱平法施工图(局部)

图 8-13　截面注写方式的柱平法施工图

 习　题

(1) 某轴心受压柱，截面尺寸 $b \times h = 400\text{mm} \times 500\text{mm}$，计算长度 $l_0 = 4.8\text{m}$，采用混凝土强度等级为 C25，HPB300 级钢筋，承受轴向力设计值 $N = 1670\text{kN}$。计算纵筋数量。

(2) 某钢筋混凝土偏心受压柱，承受轴向压力设计值 $N = 250\text{kN}$，弯矩设计值 $M = 158\text{kN} \cdot \text{m}$，截面尺寸 $b \times h = 300\text{mm} \times 400\text{mm}$，$\sigma_s = \sigma_s' = 40\text{mm}$，柱的计算长度 $l_0 = 4.0\text{m}$，采用 C25 混凝土和 HRB335 钢筋。试进行截面对称配筋设计。

(3) 钢筋混凝土偏心受压构件，截面尺寸 $b \times h = 400\text{mm} \times 600\text{mm}$。构件在两个方向的计算长度均为 4.8m，作用在构件截面上的轴力设计值 $N_d = 1860\text{kN}$，弯矩设计值 $M_d = 250\text{kN} \cdot \text{m}$。拟采用 C30 混凝土，HRB335 级钢筋作为纵向钢筋。试进行截面配筋设计。

(4) 识读柱平法施工图 8-14，回答下列问题：

1) 柱底面标高_____。

2) 对改图进行图纸会审，找出标注错误之处。

3) 改图的注写方式为_____，柱的平法施工图还可用_____方式注写，将图 8-24 中柱子用此方式注写出。

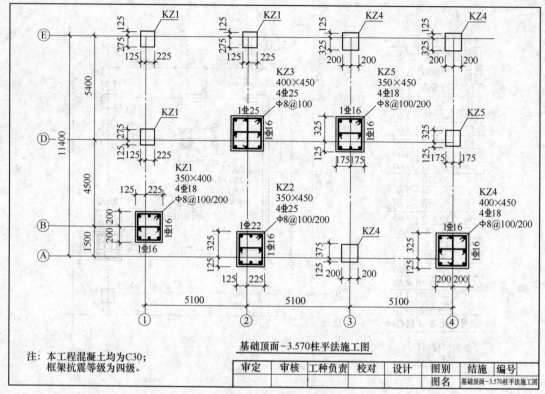

基础顶面−3.570柱平法施工图

审定	审核	工种负责	校对	设计	图别	结施	编号
					图名	基础顶面−3.570柱平法施工图	

注：本工程混凝土均为C30；
　　框架抗震等级为四级。

图 8-14　习题（4）

项目9　预应力结构配构造钢筋

【知识目标】掌握预应力混凝土的基本概念与优缺点；了解预加应力的方法及锚具夹具；掌握预应力混凝土构件对材料的要求；掌握预应力混凝土构件的构造要求。

【能力目标】能够按构造要求配筋。

任务9.1　认识预应力混凝土结构

9.1.1　概述

混凝土结构由于混凝土的抗拉强度低，而采用钢筋混凝土来代替混凝土承受拉力。由于混凝土的极限拉应变很小，在使用荷载作用下受拉混凝土均已开裂。如果要求构件在使用时混凝土不开裂，钢筋的拉应力只能达到20~30MPa，即使允许开裂，为保证构件的耐久性，常需将裂缝宽度控制在0.2~0.25mm以内，此时钢筋拉应力也只能达到150~250MPa，这与各种热轧钢筋的正常工作应力相近。可见，在普通钢筋混凝土结构中采用高强度的钢筋（强度设计值超过1000N/mm²）是不能充分发挥作用的。

由上可知，钢筋混凝土结构在使用中存在两个无法解决的问题：一是在使用荷载作用下，钢筋混凝土受拉、受弯等构件通常是带裂缝工作的，裂缝的存在不仅使构件刚度大为降低，而且不能应用于不允许开裂的结构中；二是从保证结构耐久性出发，必须限制裂缝宽度，这就使高强度钢筋无法在钢筋混凝土结构中充分发挥其作用，相应也不可能使高强度混凝土的作用发挥出来。因此，当荷载或跨度增加时，需要增大构件的截面尺寸和用钢量来满足变形和裂缝控制的要求，这将导致自重过大，使钢筋混凝土结构用于大跨度或承受动力荷载的结构成为不可能或很不经济。要使钢筋混凝土结构得到进一步的发展，就必须解决混凝土抗拉性能弱这一缺点，而预应力混凝土结构就是克服钢筋混凝土结构的缺点，经长期实践而创造出来的一种具有广泛发展潜力、性能优良的结构。

9.1.2　预应力混凝土结构的分类

9.1.2.1　根据预加应力值大小对构件截面裂缝控制程度的不同分类

A　全预应力混凝土结构

在使用荷载作用下，不允许截面上混凝土出现拉应力的结构，称为全预应力混凝土结构，属严格要求不出现裂缝的结构。

全预应力混凝土结构的特点如下：（1）抗裂性能好。由于全预应力混凝土结构所施加的预应力大，混凝土不开裂，因而其抗裂性能好，构件刚度大，常用于对抗裂或抗腐蚀性能要求较高的结构，如贮液罐、核电站安全壳等。（2）抗疲劳性能好。预应力钢筋从张拉完毕直至使用阶段的整个过程中，其应力值的变化幅度小，因而在重复荷载作用下抗疲劳性能好，如吊车梁等。（3）反拱值一般过大。由于预加应力较高，而恒载小，在活荷载较大的结构中经常发生影响正常使用的情况。（4）延性较差。全预应力混凝土结构构件的开裂荷载与极限荷载较为接近，导致延性较差，对抗震不利。

　　B　部分预应力混凝土结构

　　允许出现裂缝，但最大裂缝宽度不超过允许值的结构，称为部分预应力混凝土结构，属允许出现裂缝的结构。

　　部分预应力混凝土结构的特点如下：（1）可合理控制裂缝，节约钢材。由于可根据结构构件的不同使用要求、可变荷载作用情况及环境条件等对裂缝进行控制，降低了预加应力值，从而节约钢材。（2）控制反拱值不致过大。由于预加应力值相对较小，构件初始反拱值较小，徐变小。（3）延性较好。部分预应力混凝土结构由于配置了非预应力钢筋，可提高构件延性，有利于结构抗震，改善裂缝分布，减小裂缝宽度。（4）与全预应力混凝土结构相比，其综合经济效果好。对于抗裂要求不高的结构构件，部分预应力混凝土结构是一种有应用前途的结构。

9.1.2.2　按照黏结方式分类

　　A　有黏结预应力混凝土结构

　　有黏结预应力混凝土结构是指沿预应力筋全长周围均与混凝土黏结、握裹在一起的预应力混凝土结构。

　　B　无黏结预应力混凝土结构

　　无黏结预应力混凝土结构是继有黏结预应力混凝土结构和部分预应力混凝土结构之后又一种新的预应力结构形式。无黏结预应力钢筋是将预应力钢筋的外表面涂以沥青、油脂或其他润滑防锈材料，以减小摩擦力并防锈蚀，且用塑料套管或以纸带、塑料带包裹，以防止施工中碰坏涂层，并使之与周围混凝土隔离，而在张拉时可沿纵向发生相对滑移的后张预应力钢筋。

9.1.3　预应力混凝土的特点

　　与钢筋混凝土相比，预应力混凝土具有以下特点：（1）构件的抗裂性能较好。（2）构件的刚度较大。由于预应力混凝土能延迟裂缝的出现和开展，并且受弯构件要产生反拱，因而可以减小受弯构件在荷载作用下的挠度。（3）构件的耐久性较好。由于预应力混凝土能使构件不出现裂缝或减小裂缝宽度，因而可以减少大气或侵蚀性介质对钢筋的侵蚀，从而延长构件的使用期限。（4）可以减小构件截面尺寸，节省材料，减轻自重，既可以达到经济的目的，又可以扩大钢筋混凝土结构的使用范围，例如可以用于大跨度结构、代替某些钢结构等。（5）工序较多，施工较复杂，且需要张拉设备和锚具等设施。

　　需要注意的是，预应力混凝土不能提高构件的承载能力。也就是说，当截面和材料相同时，预应力混凝土与普通钢筋混凝土受弯构件的承载能力相同，与受拉区钢筋是否施加预应力无关。

9.1.4　施加预应力的方法及设备

施加预应力的方法可分为先张法和后张法两类。

A　先张法

先张法即先张拉钢筋，后浇筑构件混凝土的方法。其主要工序如下：（1）在台座或钢模上张拉预应力钢筋，待钢筋张拉到预定的张拉控制应力或伸长值后，将预应力钢筋用夹具固定在台座或钢模上。（2）支模，绑扎非预应力筋，并浇筑混凝土。（3）当混凝土达到一定强度后（约为混凝土设计强度的 75%），切断或放松预应力钢筋，预应力钢筋在回缩时挤压混凝土，使混凝土获得预压应力。

特点：设备简单，一次张拉可生产多个构件，成本低，可大量生产中小型构件。

B　后张法

后张法是先浇筑构件混凝土，待混凝土结硬后，再张拉钢筋束的方法。其主要工序如下：（1）先浇筑混凝土构件，并在构件中配置预应力钢筋的位置上预留孔道。（2）待混凝土达 75% 的强度后（一般不低于混凝土设计强度的 75%），将预应力钢筋穿入孔道，利用构件本身作为台座张拉钢筋，在张拉钢筋的同时，混凝土被压缩并获得预压应力。（3）当预应力钢筋的张拉应力达到设计规定值后，在张拉端用锚具将钢筋锚住，使构件保持预压状态。（4）最后在预留孔道内灌注水泥浆，保护预应力钢筋不被锈蚀，并使预应力钢筋和混凝土结成整体；也可不灌浆，完全通过锚具传递压力，形成无黏结预应力混凝土构件。

用后张法生产预应力钢筋构件，不需要张拉台座，所以后张法构件既可以在预制厂生产，也可在施工现场生产。大型构件在现场生产可以避免长途搬运，故我国大型预应力混凝土构件主要采用后张法。但是后张法生产周期较长；需要利用工作锚锚固钢筋，钢材消耗较多，成本较高；工序多，操作较复杂，造价一般高于先张法。

9.1.5　预应力混凝土构件对材料的要求

9.1.5.1　混凝土

预应力混凝土构件对混凝土的基本要求如下：（1）高强度。预应力混凝土必须具有较高的抗压强度，这样才能承受大吨位的预应力，有效地减小构件截面尺寸，减轻构件自重，节约材料。对于先张法构件，高强度的混凝土具有较高的黏结强度，可减小端部应力传递长度；对于后张法构件，采用高强度混凝土，可承受构件端部很高的局部压应力。因此，在预应力混凝土构件中，混凝土强度等级不应低于 C30；当采用钢绞线、钢丝、热处理钢筋时，混凝土强度等级不宜低于 C40；当采用冷轧带肋钢筋作为预应力钢筋时，混凝土强度等级不低于 C25；无黏结预应力混凝土结构的混凝土强度等级，对于板不低于 C30，对于梁及其他构件不宜低于 C40。（2）收缩、徐变小。这样可以减少由于收缩徐变引起的预应力损失。（3）快硬、早强。这样可以尽早地施加预应力，以提高台座、模具、夹具的周转率，加快施工进度，降低管理费用。

9.1.5.2　预应力钢筋

与普通混凝土构件不同，钢筋在预应力构件中，从构件制作开始，到构件破坏为止，始终处于高应力状态，故对钢筋有较高的质量要求：（1）高强度。为了使混凝土构件在发生弹性回缩、收缩及徐变后，其内部仍能建立较高的预压应力，就需要采用较高的初始张拉应力，故要求预应力钢筋具有较高的抗拉强度。（2）与混凝土间有足够的黏结强度，由于在受力传递长度内钢筋与混凝土间的黏结力是先张法构件建立预应力的前提，因此必须有足够的黏结强度。当采用光面高强钢丝时，表面应经"刻痕"或"压波"等措施处理后方能使用。（3）良好的加工性能。良好的可焊性、冷镦性及热镦性等。（4）具有一定的塑性。为了避免构件发生脆性破坏，要求预应力筋在拉断时具有一定的延伸率，当构件处于低温环境和冲击荷载条件下时，此点更为重要。

我国目前用于预应力混凝土结构中的钢材有热处理钢筋、消除应力钢丝（有光面、螺旋肋、刻痕）和钢绞线三大类。（1）热处理钢筋。具有强度高、松弛小等特点。它以盘圆形式供货，可省掉冷拉、对焊等工序，大大方便施工。（2）高强钢丝。用高碳钢轧制成盘圆后经过多次冷拔而成。它多用于大跨度构件，如桥梁上的预应力大梁等。（3）钢绞线。一般由多股高强钢丝经绞盘拧成螺旋状而形成，它多在后张法预应力构件中采用。

任务 9.2　预应力混凝土构件的构造要求

9.2.1　先张法构件

试验表明，双根排列的钢丝与混凝土的黏结性能没有单根好，一般要降低 10% ~ 20%。由于黏结力降低不算太大，故当先张法预应力钢丝按单根方式配筋困难时，可采用相同直径钢丝并筋的配筋方式。并筋的等效直径，对双并筋应取为单筋直径的 1.4 倍，对三并筋应取为单筋直径的 1.7 倍。并筋的保护层厚度、锚固长度、预应力传递长度及正常使用极限状态验算均应按等效直径考虑。当预应力钢绞线、热处理钢筋采用并筋方式时，应有可靠的构造措施。

先张法预应力钢筋之间的净间距应根据浇筑混凝土、施加预应力及钢筋锚固等要求确定。预应力钢筋之间的净间距不应小于其公称直径或等效直径的 1.5 倍，且应符合下列规定：对热处理钢筋及钢丝，不应小于 15mm；对三股钢绞线，不应小于 20mm；对七股钢绞线，不应小于 25mm。

先张法预应力混凝土构件在放松预应力钢筋时，有时端部会产生劈裂缝。因此，对预应力钢筋端部周围的混凝土应采取下列加强措施：（1）对单根配置的预应力钢筋，其端部宜设置长度不小于 150mm 且不少于 4 圈的螺旋筋；当有可靠经验时，也可利用支座垫板上的插筋代替螺旋筋，但插筋数量不应少于 4 根，其长度不宜小于 120mm。（2）对分散布置的多根预应力钢筋，在构件端部 10d（d 为预应力钢筋的公称直径）范围内应设置 3~5 片与预应力钢筋垂直的钢筋网。（3）对采用预应力钢丝配筋的薄板，在板端 100mm 范围内应适当加密横向钢筋。

对于槽形板一类的构件，特别是预应力主筋布置在肋内时，两肋中间的板会产生纵向裂缝。因此，对槽形板类构件，应在构件端部 100mm 范围内沿构件板面设置附加横向钢筋，其数量不应少于 2 根。

　　对预制肋形板，宜设置加强其整体性和横向刚度的横肋。端横肋的受力钢筋应弯入纵肋内。当采用先张法生产有端横肋的预应力混凝土肋形板时，应在设计和制作上采取防止张预应力时端横肋产生裂缝的有效措施。

　　在预应力混凝土屋面梁、吊车梁等构件靠近支座的斜向主拉应力较大部位，宜将一部分预应力钢筋弯起。

　　对预应力钢筋在构件端部全部弯起的受弯构件或直线配筋的先张法构件，当构件端部与下部支撑结构焊接时，应考虑混凝土收缩、徐变及温度变化所产生的不利影响，宜在构件端部可能产生裂缝的部位设置足够的非预应力纵向构造钢筋。

9.2.2　后张法构件

　　在后张法预应力混凝土结构中，预应力钢筋张拉后要采取一定的措施锚固在构件两端。锚具束、钢绞线束的预留孔道应符合下列规定：对预制构件，孔道之间的水平净间距不宜小于 50mm；孔道至构件边缘的净间距不宜小于 30mm，且不宜小于孔道直径的一半；在框架梁中，预留孔道在竖直方向的净间距不应小于孔道外径，水平方向的净间距不应小于 1.5 倍孔道外径；从孔壁算起的混凝土保护层厚度，梁底不宜小于 50mm，梁侧不宜小于 40mm；预留孔道的内径应比预应力钢丝束或钢绞线束外径及需穿过孔道的连接器外径大 10~15mm；在构件两端及跨中应设置灌浆孔或排气孔，其孔距不宜大于 12m；凡制作时需要预先起拱的构件，预留孔道宜随构件同时起拱。

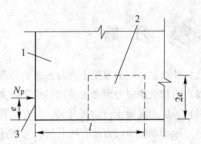

图 9-1　防止沿孔道劈裂的配筋范围
1—局部受压间接钢筋配置区；
2—附加配筋区；3—构件端部

　　为了控制后张法构件端部附近的纵向水平裂缝，对后张法预应力混凝土构件的端部锚固区应进行局部受压承载力计算，并配置间接钢筋，其体积配筋率不应小于 0.5%，为了防止沿孔道产生劈裂，在局部受压间接钢筋配置区以外，在构件端部长度不小于 $3e$（e 为截面重心线上部或下部预应力钢筋的合力点至邻近边缘的距离），但不大于 $1.2h$（h 为构件端部截面高度）、高度为 $2e$ 的附加配筋区范围内，应均匀配置附加箍筋或网片，其体积配筋率不小于 0.5%，如图 9-1 所示。

　　在后张法预应力混凝土构件端部宜按下列规定布置钢筋：（1）宜将一部分预应力钢筋在靠近支座处弯起，弯起的预应力钢筋宜沿构件端部均匀布置。（2）当构件端部预应力钢筋需集中布置在截面下部或集中布置在上部和下部时，应在构件端部 $0.2h$（h 为构件端部截面高度）范围内设置附加竖向焊接钢筋网、封闭式箍筋或其他形式的构造钢筋。（3）附加竖向钢筋宜采用带肋钢筋，其截面面积应符合下列要求：

　　当 $e \leqslant 0.1h$ 时

$$A_{sv} \geqslant 0.3\frac{N_p}{f_y}$$

　　当 $0.1h < e \leqslant 0.2h$ 时

$$A_{sv} \geqslant 0.15\frac{N_p}{f_y}$$

当 $e > 0.2h$ 时，可根据实际情况适当配置构造钢筋。

式中，N_p 为作用在构件端部截面重心线上部或下部预应力钢筋的合力，此时，仅考虑混凝土预压前的预应力损失值；e 为截面重心线上部或下部预应力钢筋的合力点至邻近边缘的距离；f_y 为附加竖向钢筋的抗拉强度设计值，查表确定，但不应大于 $300N/mm^2$。

当端部截面上部和下部均有预应力钢筋时，附加竖向钢筋的总截面面积应按上部或下部的预应力合力分别计算的数值叠加后采用。

构件端部尺寸应考虑锚具的布置、张拉设备的尺寸和局部受压的要求，必要时应适当加大。当构件在端部有局部凹进时，应增设折线构造钢筋（见图 9-2）或其他有效的构造钢筋。当对后张法预应力混凝土构件端部有特殊要求时，可通过有限元分析方法进行设计。

后张法预应力混凝土构件中，曲线预应力钢丝束、钢绞线束的曲率半径不宜小于 4m；对折线配筋的构件，在预应力钢筋弯折处的曲率半径可适当减小。

在后张法预应力混凝土构件的预拉区和预压区中，应设置纵向非预应力构造钢筋；在预应力钢筋弯折处，应加密箍筋或沿弯折处内侧设置钢筋网片。

对外露金属锚具，应采取可靠的防锈措施。

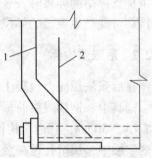

图 9-2　端部凹进处构造配筋
1—折线构造配筋；
2—竖向构造配筋

 ## 习　题

（1）什么是预应力混凝土，与普通钢筋混凝土结构相比，预应力混凝土结构有何优缺点？

（2）为什么预应力混凝土结构必须采用高强钢材，且应尽可能采用高强度等级的混凝土？

（3）预应力混凝土分为哪几类，各有何特点？

（4）施加预应力的方法有哪几种，先张法和后张法有什么区别，试简述它们的优缺点及应用范围。

项目 10　认识多高层房屋结构体系

【知识目标】了解多高层结构的特点与分类；掌握结构布置的基本原则；掌握框架结构抗震构造的要求。

【能力目标】能够按构造要求为多高层建筑配置钢筋。

【素质目标】培养严谨认真的工作态度。

任务 10.1　认识多高层房屋的结构

10.1.1　多高层房屋的结构类型

我国《高层建筑混凝土结构技术规程》（JGJ 3—2010）规定，10 层及 10 层以上或房屋高度超过 28m 的建筑物称为高层建筑。高层以下两层以上的建筑都属于多层建筑，一层建筑一般称为单层建筑。

多层房屋常用的结构类型有砌体结构、框架结构、局部框架的混合结构。高层结构常见的结构类型有框架结构、剪力墙结构、框架—剪力墙结构、筒体结构。

10.1.1.1　砌体结构

砌体结构是指承重构件是由各种块材和砂浆砌筑而成的结构。砌体结构虽然工程造价比较节省，但结构自重大、强度较低、整体性能差、抗震性能差，建筑平面布局及层数都受到限制。它适用于多层住宅、旅馆等空间要求不大的房屋。

10.1.1.2　框架结构

框架结构是以梁、柱组成的框架作为竖向承重和抗水平作用的结构，如图 10-1 所示。框架结构的优点是空间布置灵活，能为会议室、餐厅、办公室、车间、实验室等提供大房间，其平面和立面也可以有较多变化。由于它自身有优越之处，故在多层建筑中应用极为广泛。本项目着重介绍现浇混凝土多层框架结构设计（非抗震设防）的有关知识。

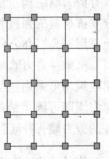

图 10-1　框架结构

高层建筑采用框架结构体系时，框架梁应沿纵横向布置，形成双向抗侧力结构，使结构具有较强的空间整体性，以承受任意方向的侧向力。由于框架结构在受力性能方面属柔性结构，自振周期较长，地震反应较小，经合理设计后，可以具有较好的延性性能。

框架结构的缺点是结构的抗侧刚度较小，在地震作用下，侧向位移较大，容易使填充墙产生裂缝，并引起建筑装修、玻璃幕墙等非结构构件的损坏。地震作用下的大变形还会在框架柱内引起 P-Δ 效应，严重时会引起整个结构的倒塌。同时，当建筑层数较多或荷载较大时，要求框架柱截面尺寸较大，既减小了建筑使用面积，又会给室内家具或办公用品的布置带来不便。因此，框架结构一般使用于非抗震地区或层数较少的高层结构中，在抗震设防等级较高的地区，其建筑高度是受严格限制的。

10.1.1.3　局部框架的混合结构

局部框架的混合结构形式可以克服砌体结构空间布置不灵活、自重大等缺点，也可以克服框架结构抗侧移性能差等缺点，它基本上取上述两种结构形式的优点，所以这种结构形式也有应用。

10.1.1.4　剪力墙结构

剪力墙结构是由剪力墙同时承受竖向荷载和侧向力的结构，剪力墙是指在建筑外墙和内隔墙位置布置的钢筋混凝土结构墙，是下端固定在基础顶面上的竖向悬臂板，竖向荷载在墙体内主要产生向下的压力，侧向力在墙体内产生水平剪力和弯矩。因为这类墙体具有较大的承受侧向力（水平剪力）的能力，故称之为剪力墙，如图 10-2 所示，在地震较强的地区，水平地震力作用主要引起侧向力，因此剪力墙有时也称为抗震墙。

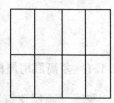

图 10-2　剪力墙

剪力墙结构适用范围较大，在十几层到三十几层的建筑中应用较多，在四五十层及更高的建筑中也有使用，多用于高层住宅和高层旅馆建筑中，因为这类建筑物的隔墙位置较为固定，布置剪力墙不会影响各房间的使用功能，而且房间内没柱、梁等外凸构件，既整齐美观，又便于室内家具布置。

10.1.1.5　框架—剪力墙结构

在框架结构中的部分跨间布置剪力墙，或把剪力墙结构中的部分剪力墙抽掉改成框架承重，可构成框架—剪力墙结构，如图 10-3 所示。它既保留了框架结构建筑布置灵活、方便的优点，又具有剪力墙结构抗侧刚度大、抗震性能好的优点，同时还可以充分发挥材料的强度作用，具有较好的技术经济指标，因而被广泛地应用于高层办公楼和旅馆建筑中。

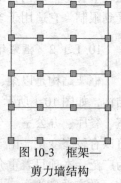

图 10-3　框架—剪力墙结构

框架—剪力墙结构的适用范围很广，十几层到四十几层的高层建筑均可采用这类结构体系。当建筑物较低时，仅布置少量的剪力墙即可满足结构的抗侧要求；当建筑物较高时，则要布置较多的剪力墙，并通过合理的布置使结构具有较大的抗侧刚度和较好的整体抗震性能。

10.1.1.6　筒体结构

筒体结构主要由核心筒结构和框筒结构组成。

核心筒一般由布置在电梯间、楼梯间及设备管线井道四周的钢筋混凝土墙所组成，为底端固定、顶端自由、竖向放置的薄壁筒状结构，其水平截面为单孔或多孔的箱形截面。这种结构既可以承受竖向荷载，又可承受任意方向上的侧向力作用，是一个空间受力结构。在高层建筑平面布置中，为充分利用建筑物四周观景和采光，电梯等服务性设施的用房常常位于房屋的中部，核心筒也因此得名。核心筒的刚度除与筒壁厚度有关外，与筒的平面尺寸也有很大的关系。从结构受力的角度看，核心筒平面尺寸越大，其结构的抗侧刚度越大。但从建筑使用的角度看，核心筒越大，则服务性用房面积越大，建筑使用面积就越小。

框筒是由布置在房屋四周的密集立柱与高跨比很大的梁所组成的一个多孔筒体，如图 10-4 所示，从形式上看，犹如由四榀平面框架在房屋的四角组合而成，故称为框筒结构。因其立面上开有很多窗洞，故有时也称空腹筒。框筒结构在侧向力作用下，不但与侧向力平行的两榀框架受力，而且与侧向力垂直的两榀框架也参与工作，通过角柱的连接形成一个空间受力体系。

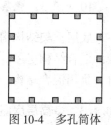

图 10-4　多孔筒体

10.1.2　框架结构类型说明

10.1.2.1　全框架结构

全框架结构是指荷载全部由框架承担，内外墙体仅起填充和维护作用的结构。全框架结构按施工方法的不同包括现浇整体式框架结构、装配式框架结构、装配整体式框架结构三种类型。

A　现浇整体式框架

这种框架的全部承重梁、柱、板构件均在现场浇筑成整体。它的优点是：整体性能及抗震性能好，建筑平面布置灵活；缺点是：混凝土浇筑量大，模板耗费多，工期较长。但是，随着施工工艺及科学技术的进步，如定型模板、商品混凝土、泵送混凝土等新工艺和新措施的运用，逐步克服了现浇整体式框架的不足。

B　装配式框架

这种框架的构件由构件预制厂预制，在现场进行装配，梁、柱之间的连接采用焊接。这种框架结构具有节约模板、工期短、便于机械化施工、改善工厂劳动条件等优点。但是，这种框架结构也存在构件预埋件多、用钢量大、房屋整体性及抗震性差等缺点，有抗震设防要求的地区不宜采用。

C　装配整体式框架

这种框架结构，将预制构件就位后，再把它们连成整体框架，它兼有现浇整体式框架和装配式框架的一些优点，应用较为广泛。

10.1.2.2　内框架结构

如图 10-5 所示，房屋内部由梁、柱组成的框架承重，外部由砌体承重，楼（屋）面荷载由框架与砌体共同承担，这种框架称为半框架结构或内框架结构。这种结构由于组成房屋的钢筋混凝土与砌体两种材料的弹性模量不同，两者刚度不协调，所以房屋整体性和总体刚度都比较差，抗震性能差，应用受到限制。

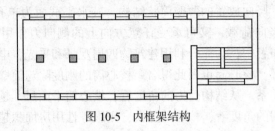

图 10-5　内框架结构

10.1.2.3　底层框架结构

底层框架结构房屋是指底层为框架的抗震结构，上层为承重的砌体墙和钢筋混凝土楼板的混合结构房屋。这种房屋因为底层建筑需要较大平面而采用框架结构，上层为节省造价，仍用混合结构。这种房屋上刚下柔，抗震性能差，应用上也受到限制。

10.1.3　多高层房屋的荷载

作用于多高层房屋的荷载有两种：一种是竖向荷载，包括结构自重和楼（屋）盖的均布荷载，如雪荷载等；另一种是水平荷载，包括风荷载和地震作用等。在多层房屋中，往往以竖向荷载为主，但也要考虑水平荷载的影响。在高层建筑结构中，往往以水平荷载为主，如风荷载、水平地震力占主导地位，竖向荷载处于相对次要的因素，但设计时也应考虑。

10.1.4　多高层框架结构房屋的结构布置

10.1.4.1　结构布置原则

房屋结构布置的合理性对建筑的安全性、适用性、经济性等影响很大。因此，结构设计者应根据房屋的使用情况、荷载情况、房屋高度及房屋造型等要求，确定一个合理的结构布置方案。（1）多层建筑物纵、横两个方向均承受有水平荷载。因此，框架结构应在纵、横两个方向都布置框架。不可一个方向为框架，另一个方向为铰接排架，而且必须做成多次超静定结构。（2）多层框架梁、柱轴线宜在一个平面内，尽量避免梁在柱轴线的一侧；否则，梁偏置，内力计算要考虑附加偏心弯矩，结点构造也要考虑偏心不利影响。（3）尽可能减少框架开间、进深的类型；柱网应规则、整齐，间距合理，传力体系明确。（4）房屋平面应尽可能规整，均匀对称，体型力求简单，以使结构受力合理。（5）为提高房屋的总体刚度，减小房屋位移，房屋高宽比不宜过大，一般不宜超过 5。（6）框架的填充墙宜放在框架平面内，砌体每隔 500mm 要设 2Φ6 水平拉结钢筋与柱拉结，应尽量避免填充墙外贴在柱子上。（7）全装配框架，柱接头难处理。所以，应采用预制梁板、现浇柱子的施工方案代之。（8）应考虑地基不均匀沉降、温度变化和混凝土收缩及抗震要求等影响，根据需要设置变形缝。

10.1.4.2　框架承重体系布置

框架承重体系是由若干平面框架通过连系梁连接形成的空间结构体系。在框架结构设计中，通常按平面结构的受力假定来简化框架计算，将空间框架简化为横向框架承重、纵向框架承重及纵横向框架承重。把平行于房屋短向的框架称为横向框架，而把平行于房屋长度方向的框架称为纵向框架。

A　横向框架承重

承重框架横向布置如图 10-6（a）所示，沿纵向由连系梁相连。由连系梁与纵向柱列组成副框架，可承受纵向的水平荷载，纵向由于房屋端部受风面积小，纵向跨数较多，故纵向水平荷载产生的内力较小，常可忽略不计。横向承重框架的梁、柱截面尺寸较大，自然跨数较少，仍可获得较大的横向抗侧移刚度，有利于当房屋较长时增加其横向刚度，故在框架结构中采用较多。

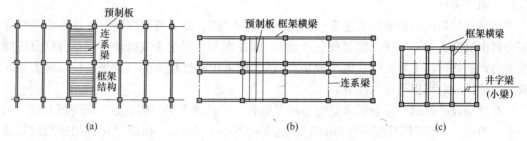

图 10-6　框架房屋的结构布置

B　纵向框架承重

承重框架纵向布置如图 10-6（b）所示，沿横向设置连系梁相连，当为大开间柱网时，由于受预制板长度的限制，可考虑采用此种方案。

纵向承重框架房屋因在横向仅设置截面高度较小的连系梁，有利于楼层净高的利用，可设置较多的架空管道，故多适用于某些工业厂房，但因其横向刚度较差，在民用房屋中一般较少采用。

C　纵横向框架混合承重

纵、横两个方向框架均承受各自的竖向荷载和水平荷载，如图 10-6（c）所示。这时楼面常采用现浇双向板或井字梁楼面。当柱网为正方形或接近正方形时，或楼面上的可变荷载较大时，采用此方案较为有利。

10.1.4.3　变形缝设置

变形缝包括伸缩缝（温度缝）、沉降缝和抗震缝。

A　伸缩缝

当房屋的平面尺寸过大时，为了避免温度和混凝土收缩应力使房屋构件产生裂缝，必须设置伸缩缝。伸缩缝可将基础顶面以上的房屋分开，往往与沉降缝合并设置，宽度一般为 20~40mm，其最大间距见表 10-1。

表 10-1　框架结构伸缩缝最大间距　　　　　　　　　　　　（m）

施工方法	室内或土中	露天
现浇框架	55	35
装配式框架	75	50

设置伸缩缝会造成多用材料、构造复杂和施工困难等。因此，当房屋长度超过允许值不多时，尽量避免设缝，但要采取相应的可靠措施，例如屋顶设置隔热保温层，顶层可以局部改变为刚度较小的形式或划分为长度较小的几段，在温度影响较大的局部增加配筋或在施工中留后浇带等。

B　沉降缝

沉降缝将房屋由下到上、自基础到屋顶分割成若干独立的、自成沉降体系的单元，以避免房屋因不均匀沉降而产生裂缝。当有下列情况之一时应考虑设置沉降缝：（1）房屋高度、自重、刚度有较大变化处。（2）原有建筑物和扩建新建筑交接处。（3）地基承载力有较大变化处。（4）地基或基础处理方法不相同处。（5）房屋平面形状复杂时的适当部位，如凹角处。

地基不均匀沉降的处理方法有三种：一种是"放"，即设置沉降缝，让建筑物各独立部分自由沉降，互不干扰；第二种是"调"，即在施工过程中采取措施，调整各部分沉降使之协调，如留施工后浇带；第三种是"抗"，即采用刚度较大的基础来抵抗沉降差。采取后两种措施后可以不设沉降缝。

在既需设伸缩缝又需设沉降缝时，可二缝合一，以减少房屋的缝数。沉降缝宽度一般不小于 50mm，当房屋高度超过 10m 时，缝宽应不小于 70mm。沉降缝可利用挑梁或搁置预制板、预制梁的办法做成，如图 10-7 所示。

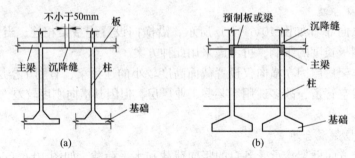

图 10-7　沉降缝设置示意图

C　抗震缝

抗震缝的作用是将体型复杂的房屋划分为体型简单、刚度均匀的独立单元，以便减少地震时的破坏作用。《建筑抗震设计规范》（GB 50011—2010）规定，下列情况宜设抗震缝：（1）平面形状复杂而无加强措施。（2）各部分结构的刚度、活荷载相差较大。（3）房屋有较大的错层。

当需要同时设置伸缩缝、沉降缝和抗震缝时，应三缝合一。抗震缝宽度详见《建筑抗震设计规范》（GB 50011—2010）。

任务 10.2　初步设计框架结构

10.2.1　框架梁、柱截面尺寸的初步选定

一般情况下，可根据经验初步确定，然后给予粗略验算。

10.2.1.1　框架梁

（1）框架梁的截面形状常用的有 T 形、矩形，有时根据需要也可做成梯形、花篮形和倒 L 形等。其截面尺寸一般先按经验的高跨比和宽度比初步选定：

单跨框架高　　　　$h = \left(\dfrac{1}{12} \sim \dfrac{1}{8} \right) l$　　　（ l 为梁的跨度）

多跨架结构　　　　$h = \left(\dfrac{1}{16} \sim \dfrac{1}{10} \right) l$

框架梁宽　　　　　$b = \left(\dfrac{1}{3} \sim \dfrac{1}{2} \right) h$

截面高度 h 一般在 800mm 以下，以 50mm 为模数；800mm 以上，以 100mm 为模数。截面宽度 b 常取 180mm、200mm、220mm、240mm、250mm、300mm、350mm、400mm。

（2）对初选尺寸的验算。按受弯构件正截面和斜截面承载力验算，应满足框架估计的设计弯矩和设计剪力作用下不超筋和截面不致斜压破坏的要求，同时纵筋配筋率最好在经济配筋率的范围。

10.2.1.2　框架柱

框架柱的截面形状常用正方形和矩形。

（1）截面尺寸可由经验初步定为：

框架柱高 h　　　　$h = \left(\dfrac{1}{12} \sim \dfrac{1}{6} \right) H$　　　（H 为层高）

框架柱宽 b　　　　$b = (1.5 \sim 1) h$　　　（$b > 300\text{mm}$）

（2）对初选框架柱截面的验算：

$$A = bh > \frac{(1.2 \sim 1.4) N_0}{f_c + 0.03 f_y}$$

当不满足上述验算的要求时，一般情况需要调整初选截面尺寸。

10.2.2　确定荷载

首先选取计算单元，一般情况下，为简化计算，可忽略其空间作用，在纵、横向分别按平面框架计算，即根据楼盖的梁、板布置，各榀框架独自承担作用于其上的荷载，并按此划分纵、横框架的平面计算单元。其次，确定计算模型，在计算简图中，框架梁和柱一般用其截面形心轴线表示；杆件之间的连接用点表示，对于现浇整体式框架，各节点视为刚节点，杆件长度用节点的距离表示；对于受压截面杆件，应以该杆件的最小截面的形心轴线表示，认为框架柱刚接于基础顶面。

10.2.3　多层框架的内力组合与构件设计

框架结构内力组合的目的是确定构件的控制截面的最不利内力，以便进行框架梁、柱截面的设计。对于多层框架上的荷载，恒荷载不变，而活荷载的出现有各种可能，但同时达到各自最大值的概率很小，故应根据不同的设计要求，采用荷载的标准组合、频遇组合或准永久组合。

10.2.4　框架梁、柱截面设计

当求得框架梁、柱各控制截面的最不利内力组合后，应进行截面配筋设计。

10.2.5　多层框架连接构造

框架结构只有通过构件连接才能形成整体。构件连接是框架设计的一个重要组成部分。现浇框架的连接构造主要是梁与柱、柱与柱之间的配筋构造。

10.2.5.1　梁与柱连接构造

现浇框架的梁、柱连接节点应浇筑成刚性节点。在节点处，柱的纵向钢筋应连续穿过，梁的纵向钢筋应有足够的锚固长度。

A　中间层楼面梁与柱的连接

中间层梁与柱的连接节点中，对于边柱节点，梁上部钢筋伸入节点内的锚固长度，按充分受力考虑，应不小于 l_a，并且应通过节点中心线；当上部纵向钢筋在节点水平锚固长度不够时，应沿柱节点外边向下弯折，但水平投影长度不应小于 $0.4l_a$，垂直投影长度不应小于 $15d$。下部纵筋伸入节点长度不小于 l_{as}。如需上弯，则钢筋自柱边到上弯点的水平长度不应小于 $10d$，如图 10-8（a）所示。

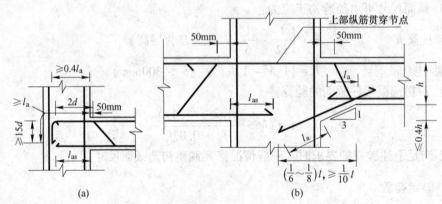

图 10-8　梁中纵向钢筋在节点范围内的锚固
（a）框架中间层端节点；（b）框架中间节点

对于楼层中间节点，梁上部纵向钢筋应贯穿中间节点范围，如图 10-8（b）所示。当梁的截面尺寸较小而支座剪力又很大时，可在支座处加腋，其长度一般取跨度 l 的 1/6～1/8，但不小于 $l/10$，而高度不大于梁高的 0.4 倍。斜向钢筋直径、根数与伸入支座的梁下部钢筋相同。

B　顶层楼面梁与柱的连接

顶层中间节点的柱筋及顶层节点内侧柱筋可用直线方式锚入顶层节点，其长度应不小于 l_a，但柱筋必须伸至柱顶，当顶层节点处梁截面高度不足时，柱筋应伸至柱顶并向节点内水平弯折。当充分利用柱筋的抗拉强度时，其弯折前的垂直投影长度 l_{av} 不应小于 $0.44l_a$，弯折后的水平投影长度应不小于 $12d$。当楼盖为现浇，且板的混凝土强度等级不

低于 C20 时，柱筋水平段也可向外弯入框架梁和现浇板内，此时水平段端头伸出柱边尚不应小于 12d，且不应小于 250mm，如图 10-9 所示。

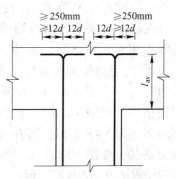

图 10-9　柱纵向钢筋在框架顶层中间节点中带 90°弯折的锚固

对于框架顶层端节点处，可将柱外侧纵向钢筋部分弯入梁内作梁上部纵向钢筋使用；也可将梁上部纵向钢筋和柱外侧纵向钢筋在顶层端节点及其邻近部位搭接。

（1）搭接接头可沿顶层端节点外侧及梁端顶部布置，如图 10-10（a）所示，搭接长度应不小于 $1.5l_a$，伸入梁内的外侧柱筋截面面积不应小于外侧柱筋全部截面面积的 70%，其中不能伸入梁内的外侧柱筋应沿节点顶部伸至柱内边，向下弯折不少于 8d 后截断（d 为该部分柱筋直径）。当有现浇板且板厚不小于 80mm，混凝土强度等级不低于 C20 时，不能伸入梁内的外侧柱筋也可伸入现浇板内，其长度与伸入墙内的外侧柱筋相同。梁上部纵向钢筋应伸至节点外侧并向下弯折至梁下边缘高度，再向内弯折不小于 8d 后截断；当梁上部纵向钢筋弯入节点外侧第二排时，其末端可不向节点内弯折。当外侧钢筋梁配筋率超过 1.2% 时，伸入梁内的外侧柱筋在满足以上规定的搭接长度后应分两批截断，其截断点之间的距离不宜小于 20d。

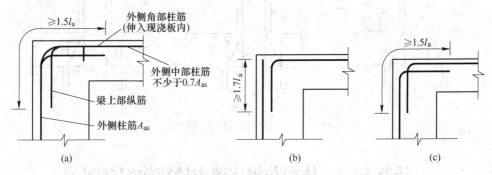

图 10-10　梁上部纵向钢筋与柱外侧纵向钢筋在顶层端节点的搭接

（a）位于节点外侧和梁端部的带 90°弯折搭接接头；（b）位于柱顶端外侧的直线搭接接头

（c）位于节点外侧和顶部的带 90°弯折搭接接头

（2）搭接接头也可沿顶层端节点及柱顶外层布置，如图 10-10（b）所示。搭接长度不应小于 $1.7l_a$。当上部梁筋配筋率超过 1.2% 时，弯入柱外侧的上部钢筋在满足以上的搭接长度后应分两批截断，其截断点之间的距离不宜小于 20d。

（3）当节点尺寸较大，梁、柱纵向钢筋直径不大时，搭接接头也可只沿节点顶部及外侧布置，如图 10-10（c）所示。搭接长度应不小于 $1.5l_a$，且梁筋应沿节点外侧伸至梁底高度，柱筋应沿节点顶部伸至柱内侧，并分别向节点内弯折不少于 8d 后截断；当梁筋弯入节点外侧第二排，柱筋弯入节点顶部第二排时，其末端可不再向节点内弯折。

10.2.5.2　上下柱连接

上下柱的钢筋宜采用焊接，也可采用搭接。一般在楼板面（对现浇板）或梁顶面（对装配式楼板）设置施工缝。下柱钢筋伸出搭接长度 l_1。当偏心距 $e_0 \leqslant 0.2h$ 时，$l_1 =$

$0.85l_a$；当 $e_0 > 0.2h$ 时，l_1 按受拉钢筋采用 $l_1 = 1.2l_a$。

　　在搭接长度范围内的箍筋除满足计算要求外，箍筋间距不应大于 $10d$（d 为纵向受力钢筋的最小直径）。柱每边钢筋不多于 4 根时，可在一个水平面搭接，如图 10-11（a）所示；柱每边钢筋为 5~8 根时，可在两个水平面上搭接，如图 10-11（b）所示；柱每边钢筋为 9~12 根时，可在三个平面上搭接，如图 10-11（c）所示。

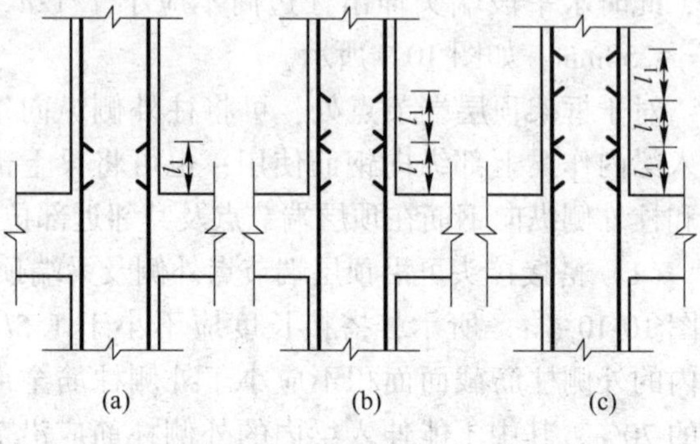

图 10-11　上下柱钢筋接头

　　当上下柱钢筋直径不同时，搭接长度 l_1 按上柱钢筋直径计算。当上下柱截面高度不同时，若钢筋的折角不大于 1/6，钢筋可弯折伸入上柱搭接，如图 10-12（a）所示；当钢筋的折角大于 1/6 且层高 $h \leqslant 2.5\text{m}$ 时，可直接将上柱钢筋锚固在下柱内，如图 10-12（b）所示；当钢筋的折角大于 1/6 且 $h > 2.5\text{m}$ 时，应设置锚固在下柱内的插筋与上柱钢筋搭接，如图 10-12（c）所示。

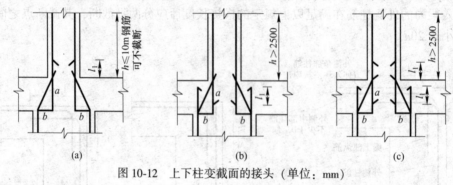

图 10-12　上下柱变截面的接头（单位：mm）

任务 10.3　认识并识读剪力墙结构配筋图

10.3.1　剪力墙结构分类及受力特征

　　剪力墙结构承受竖向力和水平力的作用，根据混凝土墙面的开洞情况，可将剪力墙分为以下几类：

　　（1）整体剪力墙。当剪力墙上开洞面积小于等于墙体面积的 15%，且洞口至墙边的净距及洞口之间的净距大于洞口长边尺寸时，可忽略洞口对墙体的影响，这种剪力墙称为整体剪力墙。整体剪力墙的受力相当于一竖向的悬臂构件，在水平荷载作用下，在沿墙肢的整个高度上，弯矩图无突变、无反弯点，这种变形称为弯曲型。剪力墙水平截面内的正应力分布呈线性分布或接近于线性分布，如图 10-13（a）所示。

　　（2）整体小开口剪力墙。当剪力墙上开洞面积大于墙体面积的 15%，或洞口至墙边的净距小于洞口长边尺寸时，在水平荷载的作用下，剪力墙的弯矩图在连梁处发生突变，在墙肢高度上个别楼层中弯矩图出现反弯点，剪力墙截面的正应力分布偏离了直线分布的规律。但当洞口不大、墙肢中的局部弯矩不超过墙体弯矩的 15% 时，剪力墙的变形仍以弯曲型为主，其截面变形仍接近于整体剪力墙，这种剪力墙称为整体小开口剪力墙，如图 10-13（b）所示。

（3）联肢剪力墙。当剪力墙沿竖向开有一列或多列较大洞口时，剪力墙截面的整体性被破坏，截面变形不再符合平截面假定。开有一列洞口的联肢墙称为双肢墙，开有多列洞口时称为多肢墙，其弯矩图和截面应力分布与整体小开口剪力墙类似，如图 10-13（c）所示。

（4）壁式框架。当剪力墙的洞口尺寸较大，墙肢宽度较小，连梁的线刚度接近于墙肢的线刚度时，剪力墙的受力性能接近于框架，这种剪力墙称为壁式框架。壁式框架柱的弯矩图在楼层处突变，在大多数楼层中出现反弯点，剪力墙的变形以剪切型为主，如图 10-13（d）所示。

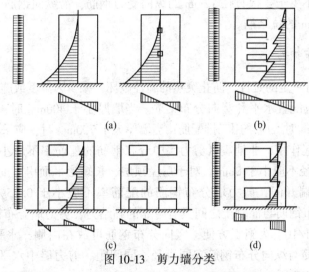

图 10-13　剪力墙分类
（a）整体剪力墙；（b）整体小开口剪力墙；（c）联肢剪力墙；（d）壁式框架

10.3.2　剪力墙的构造措施

10.3.2.1　剪力墙的配筋

剪力墙结构中常配有抵御偏心受拉或偏心受压的纵向受力钢筋 A_s 和 A_s'，抵御剪力的水平分布钢筋 A_{sh} 和竖向分布钢筋 A_{sv}，此外还配有箍筋和拉结钢筋，其中 A_s 和 A_s' 集中配置在墙肢的端部，组成暗柱，如图 10-14 所示。

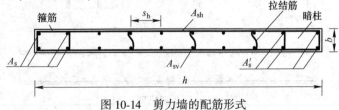

图 10-14　剪力墙的配筋形式

10.3.2.2　剪力墙的材料

为保证剪力墙的承载力和变形能力，钢筋混凝土剪力墙的混凝土强度等级不应低于

C20，墙中分布钢筋和箍筋一般采用 HPB300 级钢筋，其他钢筋可采用 HRB335 级或 HRB400 级钢筋。

10.3.2.3 截面尺寸

为保证剪力墙体平面外的刚度和稳定性，钢筋混凝土剪力墙的厚度不应小于 140mm，同时不应小于楼层高度的 1/25。

10.3.2.4 墙肢纵向钢筋

剪力墙两端和洞口两侧应按规范设置构造边缘构件。非抗震设计剪力墙端部应按正截面承载力计算配置不少于 4 根直径 12mm 的纵向受力钢筋，沿纵向钢筋应配置不少于直径 6mm、间距为 250mm 的拉结筋。

10.3.2.5 分布钢筋

为保证剪力墙有一定的延性，防止突然的脆性破坏，减少因温度或施工拆模等因素产生的裂缝，剪力墙中应配置水平和竖向分布钢筋。当墙厚小于 400mm 时，可采用双排配筋。当墙厚为 400~700mm 时，应采用三排配筋；当墙厚大于 700mm 时，应采用四排配筋。

为使分布钢筋起作用，非地震区剪力墙中分布钢筋的配筋率不应小于 0.2%，间距不应大于 300mm，直径不应小于 8mm。对于房屋顶层、长矩形平面房屋的楼梯间和电梯间、端部山墙、纵墙的端开间，剪力墙分布钢筋的配筋率不应小于 0.25%，间距不应大于 200mm。为保证分布钢筋与混凝土之间具有可靠的黏结力，剪力墙分布钢筋的直径不宜大于墙肢截面厚度的 1/10。为施工方便，竖向分布钢筋可放在内侧，水平分布钢筋放在外侧，且水平分布钢筋与纵向分布钢筋宜同直径、同间距。剪力墙中水平分布钢筋的搭接、锚固及连接如图 10-15 所示。

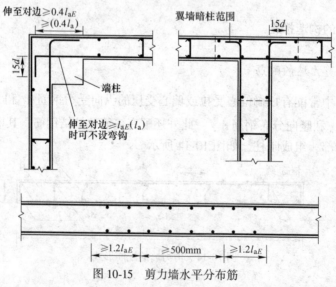

图 10-15 剪力墙水平分布筋

对于非抗震设计，剪力墙竖向分布钢筋可在同一截面搭接，搭接长度不小于 $1.2l_a$，且不应小于 300mm，当分布钢筋直径大于 28mm 时，不宜采用搭接接头。

10.3.2.6　连系梁的配筋构造

连系梁受反弯矩作用，通常跨高比较小，易出现剪切斜裂缝，为防止脆性破坏，《高层建筑混凝土结构技术规程》（JCJ 3—2010）中规定：连梁顶面、底面纵向受力钢筋伸入墙内的锚固长度不应小于 l_a，且不应小于 600mm；沿连梁全长的箍筋直径不应小于 6mm，间距不应大于 150mm；顶层连梁纵向钢筋伸入墙体的长度范围内，应配置间距不大于 150mm 的构造箍筋，箍筋直径应与该连梁的箍筋直径相同；墙体水平分布钢筋应作为连梁的腰筋在连梁范围内拉通连续配置；当连梁截面高度大于 700mm 时，其两侧面沿梁高范围设置的纵向构造钢筋的直径不应小于 10mm，间距不应大于 200mm；对于跨高比不大于 2.5 的连梁，梁两侧的纵向构造钢筋的面积配筋率不应小于 0.3%。

10.3.3　剪力墙平法施工图

任务实施 10-1　识读列表注写方式的剪力墙平法施工图

（1）任务引领。识读图 10-16 所示剪力墙施工图，明确表中符号所表示含义。表 10-2 为剪力墙梁表，表 10-3 为剪力墙身表。

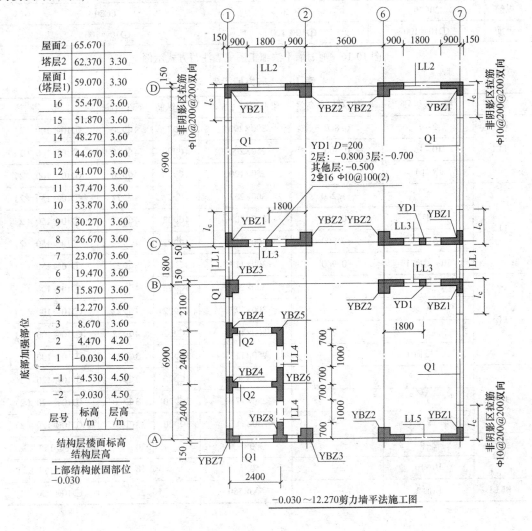

−0.030～12.270剪力墙平法施工图

截面	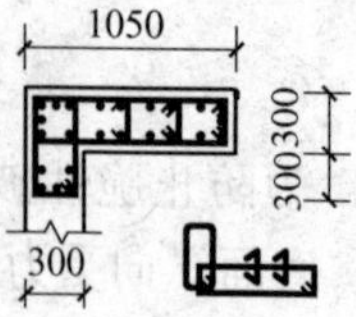	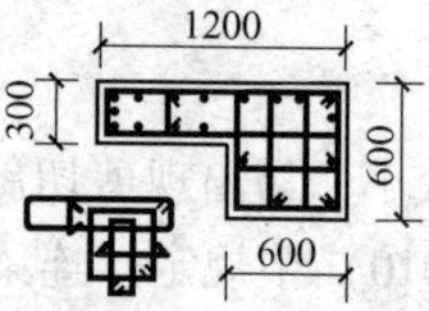	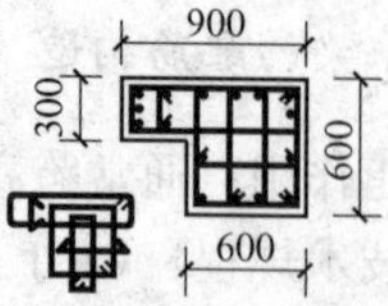	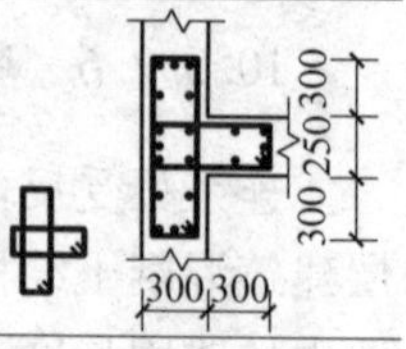
编号	YBZ1	YBZ2	YBZ3	YBZ4
标高	−0.030~12.270	−0.030~12.270	−0.030~12.270	−0.030~12.270
纵筋	24C20	22C20	18C22	20C20
箍筋	Φ10@100	Φ10@100	Φ10@100	Φ10@100

截面	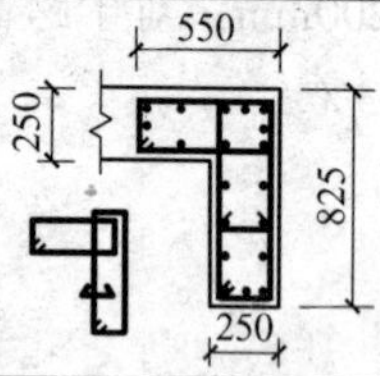	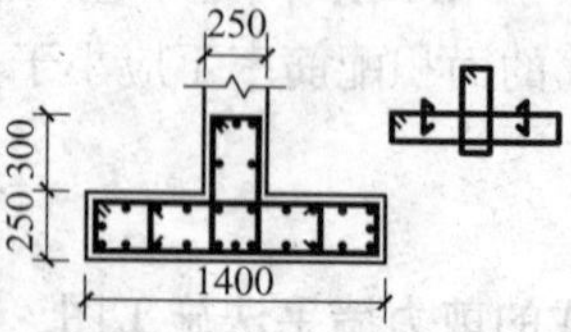	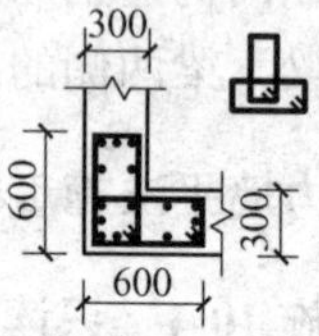
编号	YBZ5	YBZ6	YBZ7
标高	−0.030~12.270	−0.030~12.270	−0.030~12.270
纵筋	20C20	23C20	16C20
箍筋	Φ10@100	Φ10@100	Φ10@100

图 10-16　剪力墙平法施工图列表注写方式示例

表 10-2　剪力墙梁表

编号	所在楼层号	梁顶相对标高高差	梁截面尺寸 $b×h$	上部纵筋	下部纵筋	箍　筋
LL1	2~9	0.800	300×2000	4Φ22	4Φ22	Φ10@100 (2)
	10~16	0.800	250×2000	4Φ20	4Φ20	Φ10@100 (2)
	屋面1	—	250×1200	4Φ20	4Φ20	Φ10@100 (2)
LL2	3	−1.200	300×2520	4Φ22	4Φ22	Φ10@150 (2)
	4	−0.900	300×2070	4Φ22	4Φ22	Φ10@150 (2)
	5~9	−0.900	300×1170	4Φ22	4Φ22	Φ10@150 (2)
	10~屋面1	−0.900	300×1170	3Φ22	3Φ22	Φ10@150 (2)
LL3	2	—	300×2070	4Φ22	4Φ22	Φ10@100 (2)
	3	—	300×1770	4Φ22	4Φ22	Φ10@100 (2)
	4~9	—	300×1170	4Φ22	4Φ22	Φ10@100 (2)
	10~屋面1	—	250×1170	3Φ22	3Φ22	Φ10@100 (2)
LL4	2	—	250×2070	3Φ20	3Φ20	Φ10@120 (2)
	3	—	250×1770	3Φ20	3Φ20	Φ10@120 (2)
	4~屋面1	—	250×1170	3Φ20	3Φ20	Φ10@120 (2)
AL1	2~9	—	300×600	3Φ20		Φ8@150 (2)
	10~16	—	250×500	3Φ18		Φ8@150 (2)
BKL1	屋面1	—	500×750	4Φ22		Φ10@150 (2)

表 10-3　剪力墙身表

编号	标　高	墙厚	水平分布筋	垂直分布筋	拉　筋
Q1	−0.030~30.270	300	Φ12@200	Φ12@200	Φ6@600@600
	30.270~59.070	250	Φ10@200	Φ10@200	Φ6@600@600
Q2	−0.030~30.270	250	Φ10@200	Φ10@200	Φ6@600@600
	30.270~59.070	200	Φ10@200	Φ10@200	Φ6@600@600

（2）任务实施。采用列表注写方式的剪力墙平法施工图的识读方法如下：列表注写方式，是分别在剪力墙柱表、剪力墙身表和剪力墙梁表中，对应于剪力墙平面布置图上的编号，用绘制截面配筋图并注写几何尺寸与配筋具体数值的方式来表达剪力墙平法施工图，如图 10-16 所示。

1）编号规定。将剪力墙按剪力墙柱、剪力墙身、剪力墙梁（简称为墙柱、墙身、墙梁）三类构件分别编号。①墙柱编号，由墙柱类型代号和序号组成，表达形式应符合表 10-4 的规定。②墙身编号，由墙身代号、序号及墙身所配置的水平与竖向分布钢筋的排数组成，其中，排数注写在括号内。③墙梁编号，由墙梁类型代号和序号组成，表达形式应符合表 10-5 的规定。

表 10-4　墙柱编号

墙柱类型	代　号	序　号
约束边缘构件	YBZ	××
构造边缘构件	GBZ	××
非边缘暗柱	AZ	××
扶壁柱	FBZ	××

注：约束边缘构件包括约束边缘暗柱、约束边缘端柱、约束边缘翼墙、约束边缘转角墙四种。构造边缘构件包括构造边缘暗柱、构造边缘端柱、构造边缘翼墙、构造边缘转角墙四种。

表 10-5　墙梁编号

墙柱类型	代　号	序　号
连　梁	LL	××
连梁（对角暗撑配筋）	LL（JC）	××
连梁（交叉斜筋配筋）	LL（JX）	××
连梁（集中对角斜筋配筋）	LL（DX）	××
暗　梁	AL	××
边框梁	BKL	××

2）在剪力墙柱表中表达的内容：

①注写墙柱编号（见表 10-4），绘制该墙柱的截面配筋图，标注墙柱几何尺寸。

约束边缘构件需注明阴影部分尺寸。剪力墙平面布置图中应注明约束边缘构件沿墙肢长度 l_c（约束边缘翼墙中沿墙肢长度尺寸为 $2b_f$ 时可不标注）。

构造边缘构件需注明阴影部分尺寸。

扶壁柱及非边缘暗柱需标注几何尺寸。

②注写各段墙柱的起止标高，自墙柱根部往上以变截面位置或截面未变但配筋改变处为界分段注写。墙柱根部标高一般指基础顶面标高（部分框支剪力墙结构则为框支梁顶面标高）。

③注写各段墙柱的纵向钢筋和箍筋。注写值应与在表中绘制的截面配筋图对应一致。纵向钢筋注总配筋值。墙柱箍筋的注写方式与柱箍筋相同。约束边缘构件除注写阴影部位的箍筋外，还需在剪力墙平面布置图中注写非阴影区内布置的拉筋（或箍筋）。

应注意的是，当约束边缘构件体积配箍率计算中计入墙身水平分布钢筋时，设计者应注明。此时还应注明墙身水平分布钢筋在阴影区域内设置的拉筋。施工时，墙身水平分布钢筋应注意采用相应的构造做法。当非阴影区外圈设置箍筋时，设计者应注明箍筋的具体数值及其余拉筋。施工时，箍筋应包住阴影区内第二列竖向纵筋。当设计采用与本构造不同的做法时，设计者应另行注明。

④注写各段墙柱的起止标高，自墙柱根部往上以变截面位置或截面未变但配筋改变处为界分段注写。墙柱根部标高一般指基础顶面标高（部分框支剪力墙结构则为框支梁顶面标高）。

⑤注写各段墙柱的纵向钢筋和箍筋，注写值应与在表中绘制的截面配筋图对应一致。纵向钢筋注总配筋值。墙柱箍筋的注写方式与柱箍筋相同。约束边缘构件除注写阴影部位的箍筋外，还需在剪力墙平面布置图中注写非阴影区内布置的拉筋（或箍筋）。应注意的是，当约束边缘构件体积配箍率计算中计入墙身水平分布钢筋时，设计者应注明，还应注明墙身水平分布钢筋在阴影区域内设置的拉筋。施工时，墙身水平分布钢筋应注意采用相应的构造做法。当非阴影区外圈设置箍筋时，设计者应注明箍筋的具体数值及其余拉筋。施工时，箍筋应包住阴影区内第二列竖向纵筋。当设计采用与构造详图不同的做法时，设计者应另行注明。

3）在剪力墙身表中表达的内容：①注写墙身编号（含水平与竖向分布钢筋的排数）。②注写各段墙身起止标高，自墙身根部往上以变截面位置或截面未变但配筋改变处为界分段注写。墙身根部标高一般指基础顶面标高（部分框支剪力墙结构则为框支梁的顶面标高）。③注写水平分布钢筋、竖向分布钢筋和拉筋的具体数值。注写数值为一排水平分布钢筋和竖向分布钢筋的规格与间距，具体设置几排已经在墙身编号后面表达。

拉筋应注明布置方式"双向"或"梅花双向"，如图 10-17 所示（图中 a 为竖向分布钢筋间距，b 为水平分布钢筋间距）。

4）在剪力墙梁表中表达的内容：①注写墙梁编号，见表 10-5。②注写墙梁所在楼层号。③注写墙梁顶面标高高差，是指相对于墙梁所在结构层楼面标高的高差值。高于者为正值，低于者为负值，当无高差时不注。④注写墙梁截面尺寸 $b×h$，上部纵筋、下部纵筋和箍筋的具体数值。⑤当连梁设有对角暗撑时［代号为 LL（JC）××］，注写暗撑的截面尺寸（箍筋外皮尺寸）；注写一根暗撑的全部纵筋，并标注"×2"表明有两根暗撑相互交叉；注写暗撑箍筋的具体数值。⑥当连梁设有交叉斜筋时［代号为 LL（JX）××］，注写连梁一侧对角斜筋的配筋值，并标注"×2"表明对称设置；注写对角斜筋在连梁端部设置的拉筋根数、规格及直径，并标注"×4"表示四个角都设置；注写连梁一侧折线筋配筋值，并标注"×2"表明对称设置。⑦当连梁设有集中对角斜筋时［代号为 LL（DX）

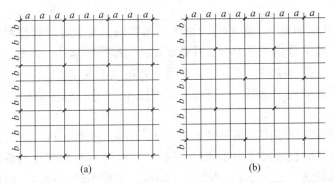

图 10-17　双向拉筋与梅花双向拉筋示意图

（a）拉筋@ 3a3b 双向（a≤200mm，b≤200mm）；（b）拉筋@ 4a4b 梅花双向（a≤150mm，b≤150mm）

××]，注写一条对角线上的对角斜筋，并标注"×2"表明对称设置。墙梁侧面纵筋的配置，当墙身水平分布钢筋满足连梁、暗梁及边框梁的梁侧面纵向构造钢筋的要求时，该筋配置同墙身水平分布钢筋，表中不注，施工按标准构造详图的要求即可；当不满足时，应在表中补充注明梁侧面纵筋的具体数值（其在支座内的锚固要求同连梁中受力钢筋）。

任务实施 10-2　识读平面注写方式的剪力墙平法施工图

（1）任务引领。识读图 10-18 中所示剪力墙施工图，确定剪力墙配筋。

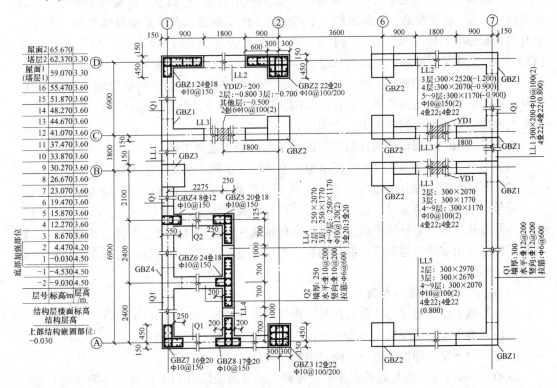

图 10-18　剪力墙平面注写方式施工图

（2）任务实施。采用截面注写方式的剪力墙平法施工图的识读方法。

1）截面注写方式，是在分标准层绘制的剪力墙平面布置图上，以直接在墙柱、墙身、墙梁上注写截面尺寸和配筋具体数值的方式来表达剪力墙平法施工图，如图 10-18

所示。

2）选用适当比例原位放大绘制剪力墙平面布置图，其中对墙柱绘制配筋截面图；对所有墙柱、墙身、墙梁分别进行编号，并分别在相同编号的墙柱、墙身、墙梁中选择一根墙柱、一道墙身、一根墙梁进行注写，其注写方式按以下规定进行。

①从相同编号的墙柱中选择一个截面，注明几何尺寸，标注全部纵筋及箍筋的具体数值。

约束边缘构件除需注明阴影部分具体尺寸外，还需注明约束边缘构件沿墙肢长度 l_c，约束边缘翼墙中沿墙肢长度尺寸为 $2b_f$ 时可不标注。除注写阴影部位的箍筋外，还需注写非阴影区内布置的拉筋（或箍筋）。当仅 l_c 不同时，可编为同一构件，但应单独注明 l_c 的具体尺寸并标注非阴影区布置的拉筋（l_c）。

设计施工时应注意，当约束边缘构件体积配箍率计算中计入墙身水平分布钢筋时，设计者应注明，还应注明墙身水平分部钢筋在阴影区域内设置的拉筋。施工时，墙身水平分布钢筋应注意采用相应的构造做法。

②从相同编号的墙身中选择一道墙身，按顺序引注的内容为墙身编号（应包括注写在括号内墙身所配置的水平与竖向分布钢筋的排数）、墙厚尺寸、水平分布钢筋、竖向分布钢筋和拉筋的具体数值。

③从相同编号的墙梁中选择一根墙梁，按顺序引注的内容如下：注写墙梁编号、墙梁截面尺寸 $b×h$、墙梁箍筋、上部纵筋、下部纵筋和墙梁顶面标高高差的具体数值；当连梁设有对角暗撑时，标注代号为 LL（JC）××；当连梁设有交叉对角斜筋时，标注代号为 LL（JX）××；当连梁设有集中对角斜筋时，标注代号为 LL（DX）××。

当墙身水平分布钢筋不能满足连梁、暗梁及边框梁的梁侧面纵向构造钢筋的要求时，应补充注明梁侧面纵筋的具体数值；注写时，以大写字母 N 打头，接续注写直径与间距。其在支座内的锚固要求同连梁中受力钢筋。

任务实施 10-3　识读平面注写方式的地下室外墙平法施工图

（1）任务引领。识读图 10-19 所示地下室外墙施工图，明确外墙配筋。

（2）任务实施。采用平面注写方式的地下室外墙平法施工图的识读方法如下：

编号。地下室外墙编号，由墙身代号、序号组成，表达为 DWQ××。

注写方式。地下室外墙平面注写方式，包括集中标注墙体编号、厚度、贯通筋、拉筋等和原位标注附加非贯通筋等两部分内容。当仅设置贯通筋，未设置附加非贯通筋时，则仅做集中标注。

1）地下室外墙的集中标注：

①注写地下室外墙编号，包括代号、序号、墙身长度（注为××～××轴）。

②注写地下室外墙厚度 $b_w=×××$。

③注写地下室外墙的外侧、内侧贯通筋和拉筋。

以 OS 代表外墙外侧贯通筋。其中，外侧水平贯通筋以 H 打头注写，外侧竖向贯通筋以 V 打头注写。

以 IS 代表外墙内侧贯通筋。其中，内侧水平贯通筋以 H 打头注写，内侧竖向贯通筋以 V 打头注写。

以 tb 打头注写拉筋直径、强度等级及间距，并注明"双向"或"梅花双向"。

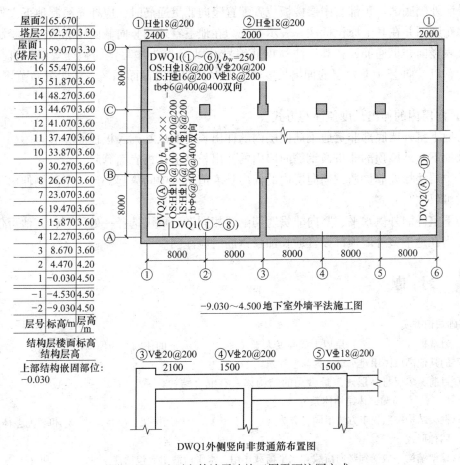

图 10-19　地下室外墙平法施工图平面注写方式

如图 10-19 中，DWQ1（①~⑥），$b_w=250$。

OS：HΦ18@ 200，VΦ20@ 200

IS：HΦ16@ 200，VΦ18@ 200

tb ϕ 6@ 400@ 400 双向

表示 1 号外墙，长度范围为①~⑥之间，墙厚为 250mm；外侧水平贯通筋为Φ18@ 200，竖向贯通筋为Φ20@ 200；内侧水平贯通筋为Φ16@ 200，竖向贯通筋为Φ18@ 200；双向拉筋为ϕ6，水平间距为 400mm，竖向间距为 400mm。

2）地下室外墙的原位标注：地下室外墙的原位标注，主要表示在外墙外侧配置的水平非贯通筋或竖向非贯通筋。

当配置水平非贯通筋时，在地下室墙体平面图上原位标注。在地下室外墙外侧绘制粗实线段代表水平非贯通筋，在其上注写钢筋编号并以 H 打头注写钢筋强度等级、直径、分布间距，以及自支座中线向两边跨内的伸出长度值。当自支座中线向两侧对称伸出时，可仅在单侧标注跨内伸出长度，另一侧不注，此种情况下非贯通筋总长度为标注长度的 2 倍。边支座处非贯通钢筋的伸出长度值从支座外边缘算起。

地下室外墙外侧非贯通筋通常采用"隔一布一"方式与集中标注的贯通筋间隔布置，其标注间距应与贯通筋相同，两者组合后的实际分布间距为各自标注间距的 1/2。当在地下室外墙外侧底部、顶部、中层楼板位置配置竖向非贯通筋时，应补充绘制地下室外墙竖向截面轮廓图并在其上原位标注。表示方法为在地下室外墙竖向截面轮廓图外侧绘制粗实线段代表竖向非贯通筋，在其上注写钢筋编号并以 V 打头注写钢筋强度等级、直径、分布间距，以及向上（下）层的伸出长度值，并在外墙竖向截面图名下注明分布范围(××～××轴)。

　　3）向层内的伸出长度值注写方式：

　　①地下室外墙底部非贯通钢筋向层内的伸出长度值从基础底板顶面算起；

　　②地下室外墙顶部非贯通钢筋向层内的伸出长度值从板底面算起；

　　③中层楼板处非贯通钢筋向层内的伸出长度值从板中间算起，当上下两侧伸出长度值相同时可仅注写一侧。

　　地下室外墙外侧水平、竖向非贯通筋配置相同者，可仅选择一处注写，其他可仅注写编号。当在地下室外墙顶部设置通长加强钢筋时应注明。

习　题

（1）基础知识夯实。

　　1）通常把（　　　　）层以上或高度大于（　　　　）m 的住宅和房屋高度大于（　　　　）m 的其他高层民用建筑定义为高层建筑。

　　2）目前，多层与高层建筑最常用的结构体系有混合结构体系、（　　　　）、（　　　　）、（　　　　）和筒体结构体系等。

　　3）框架结构按照施工方法不同，分为（　　　　）、半现浇框架、（　　　　）和装配整体式框架四种形式。

　　4）框架结构一般受到竖向荷载和水平荷载作用，水平荷载主要包括（　　　　）和（　　　　）。

（2）职业素养提升。

　　1）目的。进一步认识各种钢筋混凝土结构及构件，具备识读钢筋混凝土结构施工图的能力。通过职业素养提升环节，使学生了解企业实际，体验企业文化，从而建立起对即将从事的职业的认识，利于职业素养的提升。

　　2）时间与内容：

　　　①时间。课程职业素养提升宜安排在课余时间，2～4 学时为宜。

　　　②场所。多高层钢筋混凝土框架和框架—剪力墙结构施工现场。

　　　③内容。

　　　　职业认识：认识框架结构、剪力墙结构、框架—剪力墙结构及其他新型结构，了解各结构之间的区别、荷载传递路径、构件之间的关系、常见构件尺寸等；认识钢筋混凝土结构的构造要求；包括柱、梁、板等的设置要求；认识基础类型，钢筋的布置形式等。

　　　　识读图纸：在施工现场，针对工程结构施工图纸，结合实际工程，在工程技术人员或指导教师的指导下识读结构施工图，增强感性认识。

项目 11　认识砌体结构

【知识目标】了解配筋砌体构造要求；掌握砌体房屋的构造要求；掌握过梁、挑梁的受力特点及构造要求。

【能力目标】能够识读砌体配筋图。

【素质目标】培养严谨认真的识图态度。

任务 11.1　砌体结构概述

11.1.1　砌体结构的概念

砌体结构是由块体和砂浆砌筑而成的墙、柱作为建筑物主要受力构件的结构，是砖砌体、砌块砌体和石砌体结构的统称。

11.1.2　砌体结构的特点

11.1.2.1　砌体结构的优点

（1）材料来源广泛。砌体的原材料黏土、砂、石为天然材料，分布极广，取材方便，且砌体块材的制造工艺简单，易于生产。

（2）性能优良。砌体隔音、隔热、耐火性能好，故砌体在用作承重结构的同时还可起到围护、保温、隔断等作用。

（3）施工简单。砌筑砌体结构不需支模、养护，在严寒地区冬季可采用冻结法施工，且施工工具简单，工艺易于掌握。

（4）费用低廉。可大量节约木材、钢材及水泥，造价较低。

11.1.2.2　砌体结构的缺点

（1）强度较低。砌体的抗压强度比块材低，抗拉、弯、剪强度更低，因而抗震性能差。

（2）自重较大。因强度较低，砌体结构墙、柱截面尺寸较大，材料用料较多，因而结构自重大。

（3）劳动量大。因采用手工方式砌筑，生产效率较低，运输、搬运材料时的损耗也大。

（4）占用农田。采用黏土制砖，要占用大量农田，不但严重影响农业生产，也将破坏生态平衡。

11.1.3　砌体结构的发展趋势

砌体结构的发展，除计算理论和方法的改进外，更重要的是材料的改革。在发展高强块材的同时，也需研制高强度等级的砌筑砂浆。目前，最高等级的砂浆强度为 M15。我国的《混凝土小型空心砌块灌孔混凝土》（JC 861—2000）行业标准中砂浆的强度等级为 M5~M30，灌孔混凝土的强度等级为 C20~C40，这是混凝土砌块配套材料方面的重要进展，对推动高强材料结构的发展起着重要的作用。

砌体结构正在越来越多地克服传统的缺点，不断发展。随着砌块材料的改进、设计理论研究的深入和建筑技术的发展，砌体结构将日臻完善。

11.1.4　砌体材料及性能

11.1.4.1　块体

块体是砌体的主要部分，目前我国常用的块体材料有砖（烧结普通砖、烧结多孔砖、蒸压灰砂砖和蒸压粉煤灰砖）、砌块、石材。

A　砖

砖的种类包括烧结普通砖、烧结多孔砖、蒸压灰砂砖和蒸压粉煤灰砖。块体的强度等级符号以"MU"表示，单位为 MPa（N/mm²）。《砌体结构设计规范》（GB 50003—2011）（简称《砌体规范》）将砖的强度等级分成五级：MU30、MU25、MU20、MU15、MU10。其中：（1）烧结普通砖、烧结多孔砖的强度等级分为五级：MU30、MU25、MU20、MU15、MU10。（2）蒸压灰砂砖、蒸压粉煤灰砖的强度等级分为四级：MU25、MU20、MU15、MU10。

B　砌块

块体尺寸较大时，称为砌块。我国目前应用的砌块按材料分为混凝土空心砌块和轻骨料混凝土空心砌块，其强度等级分为五级：MU20、MU15、MU10、MU7.5、MU5。

C　石材

在建筑中，常用的有重质天然石（花岗岩、石灰岩、砂岩）及轻质天然石。

石材按其加工后的外形规则程度，可分为料石和毛石。石砌体中的石材应选用无明显风化的天然石材。

石材的强度等级，可用边长为 70mm 的立方体试块的抗压强度表示。抗压强度取 3 个试件破坏强度的平均值。石材强度等级划分为 MU100、MU80、MU60、MU50、MU40、MU30 和 MU20。当采用其他边长尺寸的立方体试块时，其强度等级应乘以相应的换算系数。

11.1.4.2　砂浆

砂浆是由胶结料（石灰、水泥）和细骨料（砂）加水搅拌而成的混合材料。胶结料一般有水泥、石灰和石膏等。砂浆的作用是将砌体中的砖石联结成整体而共同工作。同时，因砂浆抹平砖石表面使砌体受力均匀。此外，砂浆填满砖石间缝隙，提高了砌体的保温性与抗冻性。

砂浆按其配合成分可分为水泥砂浆、混合砂浆和非水泥砂浆。

水泥砂浆是按一定质量比或体积比由水泥与砂加水拌和而成的，它是无塑性掺合料的纯水泥砂浆。

混合砂浆是按一定质量比由水泥、掺合料（石灰膏、黏土）与砂加水拌和而成的，它是有掺合料的水泥砂浆，如石灰水泥砂浆、黏土水泥砂浆。

非水泥砂浆是按一定质量比由胶结材料石灰与砂加水拌和而成的，它是不含水泥的砂浆，如石灰砂浆、石灰黏土砂浆。

砂浆的强度是由 28 天龄期的每边长为 70.7mm 的立方体试件的抗压强度指标为依据，其强度等级符号以"M"表示，划分为 M15、M10、M7.5、M5、M2.5。砌筑用砂浆除强度和耐久性等要求外，还应具有以下特性：

（1）流动性（或可塑性）。在砌筑砌体过程中，要求块材与砂浆之间有较好的密实度，应使砂浆容易而且能够均匀地铺开，也就是有合适的稠度，以保证它有一定的流动性。砂浆的可塑性，采用重 3N、顶角 30° 的标准锥体沉入砂浆中的深度来测定，锥体的沉入深度根据砂浆的用途规定为：用于砖砌体的为 70~100mm，用于砌块砌体的为 50~70mm，用于石砌体的为 30~50mm。

（2）保水性。砂浆能保持水分的能力称为保水性。砂浆的质量在很大程度上取决于其保水性。在砌筑时，砖将吸收一部分水分，如果砂浆的保水性很差，新铺在砖面上的砂浆的水分很快被吸去，则使砂浆难以铺平，而使砌体强度有所下降。

砂浆的保水性以分层度表示，即将砂浆静止 30min，上下层沉入量之差宜为 10~20mm。

在砂浆中掺入适量的掺合料，可提高砂浆的流动性和保水性，既能节约水泥，又能提高砌体的砌筑质量。

11.1.4.3 砌体

由块体和砂浆砌筑而成的整体结构称为砌体。

A 无筋砌体

无筋砌体包括：

（1）砖砌体。在房屋建筑中，砖砌体用作内外承重墙或围护墙及隔墙。其厚度是根据承载力及高厚比的要求确定的，但外墙厚度往往还需考虑到保暖及隔热的要求。砖砌体一般砌成实砌的，有时也可砌成空斗的，砖柱则应实砌。

（2）砌块砌体。目前采用的砌块砌体有普通混凝土小型空心砌块砌体、轻骨料混凝土小型空心砌块砌体。用小型砌块可砌成 190mm、90mm 等不同厚度的墙体。

（3）石砌体。由石材和砂浆或石材与混凝土砌筑而成的整体结构称为石砌体。石砌体分为料石砌体、毛石砌体和毛石混凝土砌体。

B 配筋砌体

配筋砌体包括：

（1）网状配筋砖砌体。在砖柱或墙体的水平灰缝内配置网状钢筋或水平钢筋，则构成网状配筋砌体。

（2）组合砌体。由砖砌体和钢筋混凝土面层或钢筋砂浆面层组成的砌体称为组合砌体。这种砌体用于承受偏心压力较大的墙和柱。

（3）配筋砌块砌体。在对孔砌筑的混凝土砌块的竖向孔洞中设置竖向钢筋，并配以水平分布钢筋和箍筋，然后灌注灌孔混凝土，形成配筋砌块砌体。

11.1.5　配筋砌体

配筋砌体是在砌体中设置了钢筋或钢筋混凝土材料的砌体。配筋砌体的抗压、抗剪和抗弯承载力高于无筋砌体，并有较好的抗震性能。

11.1.5.1　网状配筋砌体

A　受力特点

当砖砌体受压构件的承载力不足而截面尺寸又受到限制时，可以考虑采用网状配筋砌体，如图 11-1 所示。常用的形式有方格网和连弯网。

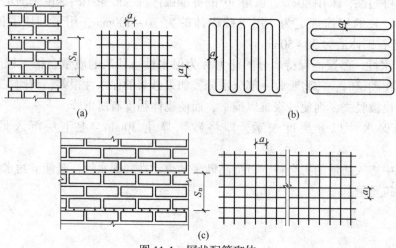

图 11-1　网状配筋砌体

砌体承受轴向压力时，除产生纵向压缩变形外，还会产生横向膨胀，当砌体中配置横向钢筋网时，由于钢筋的弹性模量大于砌体的弹性模量，因此钢筋能够阻止砌体的横向变形，同时，钢筋能够连接被竖向裂缝分割的小砖柱，避免了因小砖柱的过早失稳而导致整个砌体的破坏，从而间接地提高了砌体的抗压强度，因此这种配筋也称为间接配筋。

B　构造要求

网状配筋砖砌体构件的构造应符合下列规定：（1）网状配筋砖砌体的体积配筋率不应小于 0.1%，也不应大于 1%。（2）采用钢筋网时，钢筋的直径宜采用 3~4mm；当采用连弯钢筋网时，钢筋的直径不应大于 8mm。钢筋过细，钢筋的耐久性得不到保证；钢筋过粗，会使钢筋的水平灰缝过厚或保护层厚度得不到保证。（3）钢筋网中钢筋的间距不应大于 120mm，并不应小于 30mm。（4）钢筋网的竖向间距不应大于 5 皮砖，并不应大于400mm。（5）网状配筋砖砌体所用的砂浆强度等级不应低于 M7.5，钢筋网应设在砌体的水平灰缝中，灰缝厚度应保证钢筋上下至少 2mm 厚的砂浆层。其目的是避免钢筋锈蚀和提高钢筋与砌体之间的联结力。为了便于检查钢筋网是否漏放或错放，可在钢筋网中留出标记，如将钢筋网中的一根钢筋的末端伸出砌体表面 5mm。

11.1.5.2　组合砖砌体

当无筋砌体的截面尺寸受限制，设计成无筋砌体不经济或轴向压力偏心距过大时，可采用组合砖砌体，如图 11-2 所示。

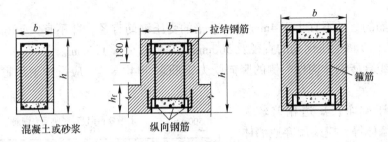

图 11-2　组合砖砌体（单位：mm）

A　受力特点

受轴心压力时，组合砖砌体常在砌体与面层混凝土（或面层砂浆）连接处产生第一批裂缝，随着荷载的增加，砖砌体内逐渐产生竖向裂缝。由于两侧的钢筋混凝土（或钢筋砂浆）对砖砌体有横向约束作用，因此砌体内裂缝的发展较为缓慢，当砌体内的砖和面层混凝土（或面层砂浆）严重脱落甚至被压碎，或竖向钢筋在箍筋范围内被压屈时，组合砌体完全破坏。

外设钢筋混凝土或钢筋砂浆层的矩形截面偏心受压组合砖砌体构件的试验表明，其承载力和变形性能与钢筋混凝土偏压构件类似，根据偏心距的大小不同以及受拉区钢筋配置多少的不同，构件的破坏也可分为大偏心破坏和小偏心破坏两种形态。大偏心破坏时，受拉钢筋先屈服，然后受压区的混凝土（砂浆）及受压砖砌体被破坏。当面层为混凝土时，破坏时受压钢筋可达到屈服强度；当面层为砂浆时，破坏时受压钢筋达不到屈服强度。小偏心破坏时，受压区混凝土或砂浆面层及部分受压砌体受压破坏，而受拉钢筋没有达到屈服。

B　构造要求

组合砖砌体构件的构造应符合下列规定：

（1）面层混凝土强度等级宜采用 C20，面层水泥砂浆强度等级不宜低于 M10，砌筑砂浆的强度等级不宜低于 M7.5。

（2）竖向受力钢筋的混凝土保护层厚度不应小于表 11-1 的规定，竖向受力钢筋距砖砌体表面的距离不应小于 5mm。

表 11-1　混凝土保护层最小厚度　　（mm）

构件类别	环 境 条 件	
	室内正常环境	露天或室内潮湿环境
墙	15	25
柱	25	35

注：当面层为水泥砂浆时，对于柱、保护层厚度可减小 5mm。

（3）砂浆面层的厚度可采用 30~45mm，当面层厚度大于 45mm 时，其面层宜采用混凝土。

（4）竖向受力钢筋宜采用 HPB300 级钢筋，对于混凝土面层，也可采用 HRB335 级钢筋。受压钢筋的配筋率：对砂浆面层，不宜小于 0.1%；对混凝土面层，不宜小于 0.2%。受拉钢筋的配筋率不应小于 0.1%。竖向受力钢筋的直径不应小于 8mm，钢筋的净间距不应小于 30mm。

（5）箍筋的直径不宜小于 4mm 及 0.2 倍的受压钢筋直径，并不宜大于 6mm；箍筋的间距不应大于 20 倍受压钢筋的直径及 500mm，并不应小于 120mm。

（6）当组合砖砌体构件一侧的竖向受力钢筋多于 4 根时，应设置附加箍筋或设置拉结钢筋。

（7）对于截面长短边相差较大的构件，如墙体等，应采用穿通墙体的拉结钢筋作为箍筋，同时设置水平分布钢筋，水平分布钢筋的竖向间距及拉结钢筋的水平间距均不应大于500mm，如图 11-3 所示。

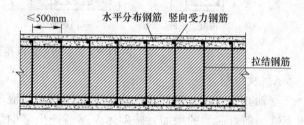

图 11-3　拉结钢筋和水平分布钢筋

（8）组合砖砌体构件的顶部和底部，以及牛腿部位，必须设置钢筋混凝土垫块。竖向受力钢筋伸入垫块的长度必须满足锚固要求。

11.1.6　墙、柱高厚比验算

砌体结构房屋中，作为受压构件的墙、柱，除满足承载力要求外，还必须满足高厚比的要求。墙、柱的高厚比验算是保证砌体房屋施工阶段和使用阶段稳定性与刚度的一项重要构造措施。

所谓高厚比 β，是指墙、柱计算高度 H_0 与墙厚 h（或与矩形柱的计算高度相对应的柱边长）的比值，即 $\beta = \dfrac{H_0}{h}$。墙、柱的高厚比过大，虽然强度满足要求，但是可能在施工阶段因过度的偏差倾斜以及施工和使用过程中的偶然撞击、振动等因素而丧失稳定。同时，过大的高厚比，还可能使墙体发生过大的变形而影响使用。

砌体墙、柱的容许高厚比 $[\beta]$ 是指墙、柱高厚比的允许限值（见表 11-2），它与承载力无关，而是根据实践经验和现阶段的材料质量以及施工技术水平综合研究而确定的。

表 11-2　砌体墙、柱的容许高厚比 $[\beta]$ 值

砂浆强度等级	墙	柱
M2.5	22	15
M5.0	24	16
≥M7.5	26	17

墙、柱高厚比应按下式验算：

$$\beta = \frac{H_0}{h} \leqslant \mu_1 \mu_2 [\beta]$$

$$\mu_2 = 1 - 0.4\frac{b_s}{s}$$

式中，[β] 为墙、柱的容许高厚比，按表 11-2 采用；H_0 为墙、柱的计算高度，应按表 11-3 采用；h 为墙厚或矩形柱与 H_0 相对应的边长；μ_1 为自承重墙容许高厚比的修正系数，按下列规定采用：当 $h = 240\text{mm}$ 时，$\mu_1 = 1.2$；当 $h = 90\text{mm}$ 时，$\mu_1 = 1.5$；当 $90\text{mm} < h < 240\text{mm}$ 时，μ_1 可按插入法取值；μ_2 为有门窗洞口墙容许高厚比的修正系数；b_s 为在宽度 s 范围内的门窗洞口总宽度，如图 11-4 所示；s 为相邻窗间墙、壁柱或构造柱之间的距离，如图 11-4 所示。

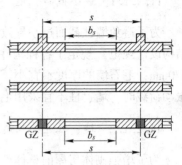

图 11-4　墙、柱高厚比的验算

按公式计算得到的 μ_2 的值小于 0.7 时，应采用 0.7，当洞口高度等于或小于墙高的 1/5 时，可取 $\mu_2 = 1$。

上述计算高度是指对墙、柱进行承载力计算或验算高厚比时所采用的高度，用 H_0 表示，它由实际高度 H 并根据房屋类别和构件两端支撑条件按表 11-3 确定。

表 11-3　受压构件计算高度 H_0

房 屋 类 别			柱		带壁柱墙或周边拉结的墙		
			排架方向	垂直排架方向	$s>2H$	$2H\geqslant s>H$	$s\leqslant H$
有吊车的单层房屋	变截面柱上段	弹性方案	$2.5H_u$	$1.25H_u$	$2.5H_u$		
		刚性、刚弹性方案	$2.0H_u$	$1.25H_u$	$2.0H_u$		
	变截面柱下段		$1.0H_t$	$0.8H_t$	$1.0H_t$		
无吊车的单层和多层房屋	单跨	弹性方案	$1.5H$	$1.0H$	$1.5H$		
		刚弹性方案	$1.2H$	$1.0H$	$1.2H$		
	多跨	弹性方案	$1.25H$	$1.0H$	$1.25H$		
		刚弹性方案	$1.1H$	$1.0H$	$1.1H$		
	刚性方案		$1.0H$	$1.0H$	$1.0H$	$0.4s+0.2H$	$0.6s$

注：1. 表中 H_u 为变截面柱的上段高度，H_t 为变截面柱的下段高度，s 为房屋横墙间距。2. 对于上端为自由端的构件，$H_0 = 2H$。3. 独立砖柱，当无柱间支撑时，柱在垂直排架方向的 H_0 应按表中数值乘以 1.25 后采用。4. 自承重墙的计算高度应根据周边支撑或拉结条件确定。

上端为自由端的允许高厚比，除按上述规定提高外，还可提高 30%；对厚度小于 90mm 的墙，当双面用不低于 M10 的水泥砂浆抹面，包括抹面层的墙厚不小于 90mm 时，可按墙厚等于 90mm 验算高厚比。

任务 11.2　砌体房屋构造要求

11.2.1　一般构造要求

工程实践表明，为了保证砌体结构房屋有足够的耐久性和良好的整体工作性能，必须采取合理的构造措施。

11.2.1.1　最小截面规定

为了避免墙柱截面过小导致稳定性能变差，以及局部缺陷对构件的影响增大，《砌体结构设计规范》规定了各种构件的最小尺寸。承重的独立砖柱截面尺寸不应小于 240mm×370mm；毛石墙的厚度不宜小于 350mm；毛料石柱截面较小边长不宜小于 400mm；当有振动荷载时，墙、柱不宜采用毛石砌体。

11.2.1.2　墙、柱连接构造

为了增强砌体房屋的整体性和避免局部受压损坏，《砌体结构设计规范》规定：

（1）跨度大于 6m 的屋架和跨度大于下列数值的梁，应在支撑处设置混凝土或钢筋混凝土垫块：1）对砖砌体为 4.8m；2）对砌块和料石砌体为 4.2m；3）对毛石砌体为 3.9m。当墙中设有圈梁时，垫块与圈梁宜浇成整体。

（2）当梁的跨度大于或等于下列数值时，其支撑处宜加设壁柱或采取其他加强措施：1）对 240mm 厚的砖墙为 6m，对 180mm 厚的砖墙为 4.8m；2）对砌块、料石墙为 4.8m。

（3）预制钢筋混凝土板的支撑长度，在墙上不宜小于 100mm；在钢筋混凝土圈梁上不宜小于 80mm；当利用板端伸出钢筋拉结和混凝土灌注时，其支撑长度可为 40mm，但板端缝宽不小于 80mm，灌缝混凝土强度等级不宜低于 C20。

（4）预制钢筋混凝土梁在墙上的支撑长度不宜小于 180～240mm，支撑在墙、柱上的吊车梁、屋架以及跨度大于或等于下列数值的预制梁的端部，应采用锚固件与墙、柱上的垫块锚固：1）对砖砌体为 9m；2）对砌块和料石砌体为 7.2m。

（5）填充墙、隔墙应采取措施与周边构件可靠连接。一般是在钢筋混凝土结构中预埋拉结筋，在砌筑墙体时，将拉结筋砌入水平灰缝内。

（6）山墙处的壁柱宜砌至山墙顶部，屋面构件应与山墙可靠拉结。

11.2.1.3　砌块砌体房屋

（1）砌块砌体应分皮错缝搭砌，上下皮搭砌长度不得小于 90mm。当搭砌长度不满足上述要求时，应在水平灰缝内设置不少于 2φ4 的焊接钢筋网片（横向钢筋间距不宜大于 200mm），网片每段均应超过该垂直缝，其长度不得小于 300mm。

（2）砌块墙与后砌隔墙交接处，应沿墙高每 400mm 在水平灰缝内设置不少于 2φ4、横筋间距不大于 200mm 的焊接钢筋网片如图 11-5 所示。

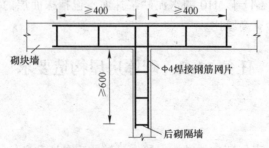

图 11-5　砌块墙与后砌隔墙交接处的焊接钢筋网片（单位：mm）

（3）混凝土砌块房屋，宜将纵横墙交接处、距墙中心线每边不小于 300mm 范围内的孔洞，采用不低于 Cb20 灌孔混凝土将孔洞灌实，灌实高度应为墙身全高。

（4）混凝土砌块墙体的下列部位，如未设圈梁或混凝土垫块，应采用不低于 Cb20 灌孔混凝土将孔洞灌实：1）搁栅、檩条和钢筋混凝土楼板的支撑面下，高度不应小于 200mm 的砌体。2）屋架、梁等构件的支撑面下，高度不应小于 600mm，长度不应小于 600mm 的砌体。3）挑梁支撑面下，距墙中心线每边不应小于 300mm，高度不应小于 600mm 的砌体。

11.2.1.4　砌体中留槽洞或埋设管道时的规定

（1）不应在截面长边小于 500mm 的承重墙体、独立柱内埋设管线。

（2）不宜在墙体中穿行暗线或预留、开凿沟槽，无法避免时应采取必要的措施或按削弱后的截面验算墙体承载力，对受力较小或未灌孔的砌块砌体，允许在墙体的竖向孔洞中设置管线。

11.2.2　防止或减轻墙体开裂的主要措施

11.2.2.1　墙体开裂的原因

产生墙体裂缝的原因主要有三个：外荷载，温度变化，地基不均匀沉降。墙体承受外荷载后，按照规范要求，通过正确的承载力计算，选择合理的材料并满足施工要求，受力裂缝是可以避免的。

A　因温度变化和砌体干缩变形引起的墙体裂缝

（1）温度裂缝形态有水平裂缝、八字裂缝两种，如图 11-6（a）和（b）所示。水平裂缝多发生在女儿墙根部、屋面板底部、圈梁底部附近以及比较空旷高大房间的顶层外墙门窗洞口上下水平位置处；八字裂缝多发生在房屋顶层墙体的两端，且多数出现在门窗洞口上下，呈八字形。

（2）干缩裂缝形态有垂直贯通裂缝、局部垂直裂缝两种，如图 11-6（c）和（d）所示。

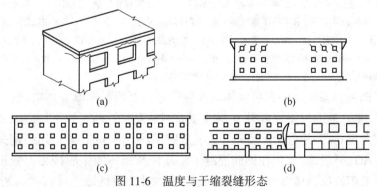

（a）　　　　　　　　　　　　　　（b）

（c）　　　　　　　　　　　　　　（d）

图 11-6　温度与干缩裂缝形态

（a）水平裂缝；（b）八字裂缝；（c）垂直贯通裂缝；（d）局部垂直裂缝

B　因地基发生过大的不均匀沉降而产生的裂缝

常见的因地基不均匀沉降引起的裂缝形态有正八字形裂缝、倒八字形裂缝、高层沉降引起的斜向裂缝、底层窗台下墙体的斜向裂缝，如图 11-7 所示。

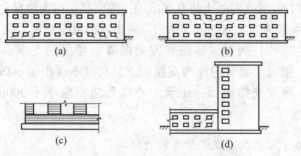

图 11-7　由地基不均匀沉降引起的裂缝

（a）正八字形裂缝；（b）倒八字形裂缝；（c）、（d）斜向裂缝

11.2.2.2　防止墙体开裂的措施

（1）为了防止或减轻房屋在正常使用条件下，由温度和砌体干缩引起的墙体竖向裂缝，应在墙体中设置伸缩缝。伸缩缝应设置在因温度和收缩变形可能引起应力集中、砌体产生裂缝可能性最大的地方。伸缩缝的间距可按表 11-4 采用。

表 11-4　砌体房屋伸缩缝的最大间距

屋盖或楼盖类别		最大间距/m
整体式或装配整体式 钢筋混凝土楼盖	有保温层或隔热层的屋盖、楼盖	50
	无保温层或隔热层的屋盖	40
装配式无檩体系 钢筋混凝土楼盖	有保温层或隔热层的屋盖、楼盖	60
	无保温层或隔热层的屋盖	50
装配式有檩体系 钢筋混凝土楼盖	有保温层或隔热层的屋盖	75
	无保温层或隔热层的屋盖	60
瓦材屋盖、木屋盖或楼盖、轻钢屋盖		100

注：1. 对烧结普通砖、多孔砖、配筋砌块砌体房屋取表中数值；对石砌体、蒸压灰砂砖、蒸压粉煤灰砖和混凝土砌块砌体房屋取表中数值乘以 0.8 的系数。当有实践经验并采取可靠措施时，可不遵守本表规定。2. 在钢筋混凝土屋面上挂瓦的屋盖应按钢筋混凝土屋盖采用。3. 按本表设置的墙体伸缩缝，一般不能同时防止由于钢筋混凝土屋盖的温度变形和砌体干缩变形引起的墙体局部裂缝。4. 层高大于 5m 的烧结普通砖、多孔砖、配筋砌块砌体结构单层房屋，其伸缩缝间距可按表中数值乘以 1.3。5. 温差较大且变化频繁地区和严寒地区不采暖的房屋及构筑物墙体的伸缩缝的最大间距，应按表中数值予以适当减小。6. 墙体的伸缩缝应与结构的其他变形缝相重合，在进行立面处理时，必须保证缝隙的伸缩作用。

（2）为了防止和减轻房屋顶层墙体的开裂，可根据情况采取下列措施：1）屋面设置保温、隔热层。2）屋面保温（隔热）层或屋面刚性面层及砂浆找平层应设置分格缝，分格缝间距不宜大于 6m，并与女儿墙隔开，其缝宽不小于 30mm。3）用装配式有檩体系钢筋混凝土屋盖和瓦材屋盖。4）在钢筋混凝土屋面板与墙体圈梁的接触面处设置水平滑动层，滑动层可采用两层油毡夹滑石粉或橡胶片等；对于长纵墙，可只在其两端的 2~3 隔开间设置，对于横墙可只在其两端 $l/4$ 范围内设置（l 为横墙长度）。5）顶层屋面板下设置现浇钢筋混凝土圈梁，并沿内外墙拉通，房屋两端圈梁下的墙体宜适当设置水平钢筋。6）顶层挑梁末端下墙体灰缝内设置 3 道焊接钢筋网片（纵向钢筋不宜少于 2φ4，横筋间

距不宜大于 200mm）或 2φ6 钢筋，钢筋
网片或钢筋应自挑梁末端伸入两边墙体
不小于 1m，如图 11-8 所示。7）顶层墙
体有门窗洞口时，在过梁上的水平灰缝
内设置2~3 道焊接钢筋网片或 2φ6 钢筋，
并应伸入过梁两边墙体不小于 600mm。

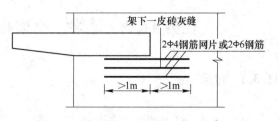

图 11-8　顶层挑梁末端钢筋网片或钢筋

8）顶层及女儿墙砂浆强度等级不低于
M5。9）女儿墙应设置构造柱，构造柱间
距不宜大于 4m，构造柱应伸至女儿墙顶并与现浇钢筋混凝土压顶整浇在一起。10）房屋
顶层端部墙体内应适当增设构造柱。

（3）防止或减轻房屋底层墙体裂缝的措施。底层墙体的裂缝主要是地基不均匀沉降
引起的，或地基反力不均匀引起的，因此防止或减轻房屋底层墙体裂缝可根据情况采取下
列措施：1）增加基础圈梁的刚度。2）在底层的窗台下墙体灰缝内设置 3 道焊接钢筋网
片或 2φ6 钢筋，并应伸入两边窗间墙不小于 600mm。3）采用钢筋混凝土窗台板，窗台板
嵌入窗间墙内不小于 600mm。

（4）墙体转角处和纵横墙交接处宜沿竖向每隔 400~500mm 设置拉结钢筋，其数量为
每 120mm 墙厚不少于 1φ6 或焊接钢筋网片，埋入长度从墙的转角或交接处算起，每边不
少于 600mm。

（5）对于灰砂砖、粉煤灰砖、混凝土砌块或其他非烧结砖，宜在各层门、窗过梁上
方的水平灰缝内及窗台下第一、第二道水平灰缝内设置焊接钢筋网片或 2φ6 钢筋，焊接
钢筋网片或钢筋应伸入两边窗间墙内不小于 600mm。

（6）为防止或减轻混凝土砌块房屋顶层两端和底层第一、第二开间门窗洞口处开裂，
可采取下列措施：1）在门窗洞口两侧不少于一个孔洞中设置 1φ12 的钢筋，钢筋应在楼
层圈梁或基础锚固，并采取不低于 Cb20 的灌孔混凝土灌实。2）在门窗洞口两边墙体的
水平灰缝内，设置长度不小于 900mm、竖向间距为 400mm 的 2φ4 焊接钢筋网片。3）在
顶层和底层设置通长钢筋混凝土窗台梁，窗台梁的高度宜为块高的模数，纵筋不少于
4φ10，箍筋不少于 φ6@ 200。

（7）当房屋刚度较大时，可在窗台下或窗台角处墙体内设置竖向控制缝。在墙体的
高度或厚度突然变化处也宜设置竖向控制缝，或采取可靠的防裂措施。竖向控制缝的构造
和嵌缝材料应能满足墙体平面外传力和防护的要求。

（8）灰砂砖、粉煤灰砖砌体宜采用黏结性好的砂浆砌筑，混凝土砌块砌体应采用砌
块专用砂浆砌筑。

（9）对防裂要求较高的墙体，可根据实际情况采取专门措施。

（10）防止墙体因为地基不均匀沉降而开裂的措施如下：1）设置沉降缝。在地基土
性质相差较大处，房屋高度、荷载、结构刚度变化较大处，房屋结构形式变化处，及高低
层的施工时间不同处设置沉降缝，将房屋分割为若干刚度较好的独立单元。2）加强房屋
整体刚度。3）在处于软土地区或土质变化较复杂地区，利用天然地基建造房屋时，房屋
体型力求简单，采用对地基不均匀沉降不敏感的结构形式和基础形式。4）合理安排施工
顺序，先施工层数多、荷载大的单元，后施工层数少、荷载小的单元。

任务 11.3　过梁、挑梁和砌体结构的构造措施

11.3.1　过梁

11.3.1.1　过梁的种类与构造

过梁是砌体结构中门窗洞口上承受上部墙体自重和上层楼盖传来的荷载的梁，常用的过梁有以下四种类型：（1）砖砌平拱过梁，如图 11-9（a）所示。高度不应小于 240mm，跨度不应超过 1.2m。砂浆强度等级不应低于 M5。此类过梁适用于无振动、地基土质好、无抗震设防要求的一般建筑。（2）砖砌弧拱过梁，如图 11-9（b）所示。竖放砌筑砖的高度不应小于 120mm。当矢高 $f = (1/8 \sim 1/12)l$ 时，砖砌弧拱的最大跨度为 2.5~3m；当矢高 $f = (1/5 \sim 1/6)l$ 时，砖砌弧拱的最大跨度为 3~4m。（3）钢筋砖过梁，如图 11-9（c）所示。过梁底面砂浆层处的钢筋，其直径不应小于 5mm，间距不宜大于 120mm，钢筋伸入支座砌体内的长度不宜小于 240mm，砂浆层厚度不宜小于 30mm；过梁截面高度内砂浆强度等级不应低于 M5；砖的强度等级不应低于 MU10；跨度不应超过 1.5m。（4）钢筋混凝土过梁，如图 11-9（d）所示。其端部支撑长度不宜小于 240mm；当墙厚不小于 370mm 时，钢筋混凝土过梁宜做成 L 形。

工程中常采用钢筋混凝土过梁。

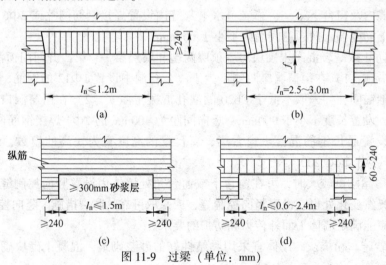

图 11-9　过梁（单位：mm）

11.3.1.2　过梁的受力特点

作用在过梁上的荷载有墙体自重和过梁计算高度内的梁板荷载。

（1）墙体自重。对于砖砌墙体，当过梁上的墙体高度 $h_w < \dfrac{l_n}{3}$ 时，应按全部墙体的自重作为均布荷载考虑；当过梁上的墙体高度 $h_w \geqslant \dfrac{l_n}{3}$ 时，应按高度 $\dfrac{l_n}{3}$ 的墙体自重作为均

布荷载考虑。对于混凝土砌块砌体，当过梁上的墙体高度 $h_w < \dfrac{l_n}{2}$ 时，应按全部墙体的自重作为均布荷载考虑；当过梁上的墙体高度 $h_w \geq \dfrac{l_n}{2}$ 时，应按高度 $\dfrac{l_n}{2}$ 的墙体自重作为均布荷载考虑。

（2）梁板荷载。当梁、板下的墙体高度 $h_w < l_n$ 时，应计算梁、板传来的荷载，如 $h_w \geq l_n$ 则可不计梁、板的作用。

砖砌过梁承受荷载后，上部受拉、下部受压，像受弯构件一样地受力。随着荷载的增大，当跨中竖向截面的拉应力或支座斜截面的主拉应力超过砌体的抗拉强度时，将先后在跨中出现竖向裂缝，在靠近支座处出现阶梯形斜裂缝。对于钢筋砖过梁，过梁下部的拉力将由钢筋承担；对砖砌平拱，过梁下部拉力将由两端砌体提供的推力来平衡。对于钢筋混凝土过梁，与钢筋砖过梁类似。试验表明，当过梁上的墙体达到一定高度后，过梁上的墙体形成内拱将产生卸载作用，使一部分荷载直接传递给支座。

11.3.1.3 钢筋混凝土过梁通用图集

钢筋混凝土过梁分为现浇过梁和预制过梁，预制过梁一般为标准构件，全国和各地区均有标准图集，现以全国标准图集钢筋混凝土过梁图集 13G322-1~4 为例。

（1）构件代号。用于烧结普通砖、蒸压灰砂砖、蒸压粉煤灰砖的过梁构件代号如图 11-10（a）所示，用于烧结多孔砖的过梁构件代号如图 11-10（b）所示，对于混凝土小型空心砌块的过梁构件代号，则只需将图 11-10（b）所示的构件代号中代表砖型的 P 或 M 改为代表混凝土小型空心砌块的 H，同时将其代表墙厚的数字改为 1、2，其分别代表 190、290 墙。

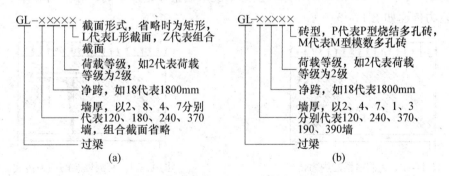

图 11-10 钢筋混凝土过梁构件代号

（2）梁、板荷载等级。设定为 6 级，分别为 0kN/m、10kN/m、20kN/m、30kN/m、40kN/m、50kN/m。相应的荷载等级为 0、1、2、3、4、5。

如 GL-4243 代表 240mm 厚承重墙，洞口宽度为 2400mm，梁、板传到过梁上的荷载设计值为 30kN/m。

11.3.2 墙梁

由钢筋混凝土托梁及其以上计算高度范围内的墙体共同工作，一起承受荷载的组合结构称为墙梁,如图 11-11 所示。墙梁按支撑情况分为简支墙梁、连续墙梁、框支墙梁,按承受荷载情况可分为承重墙梁和自承重墙梁。除承受托梁和托梁以上的墙体自重外,还承受由屋盖或楼盖传来的荷载的墙梁称为承重墙梁,如底层为大空间、上层为小空间时所设置的墙梁。只承受托梁以及托梁以上墙体自重的墙梁称为自承重墙梁,如基础梁、连系梁。

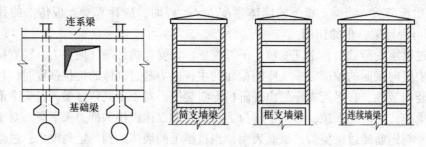

图 11-11　墙梁

墙梁中承托砌体墙和楼盖（屋盖）的混凝土简支墙梁、连续墙梁和框架墙梁,称为托梁;墙梁中考虑组合作用的计算高度范围内的砌体墙,称为墙体;墙梁的计算高度范围内墙体顶面处的现浇混凝土圈梁,称为顶梁;墙梁支座处与墙体垂直相连的纵向落地墙,称为翼墙。

11.3.2.1　受力特点

当托梁及其上砌体达到一定强度后,墙和梁共同工作形成墙梁组合结构。试验表明,墙梁上部荷载主要通过墙体的拱作用传向两边支座,托梁承受拉力,两者形成一个带拉杆拱的受力结构,如图 11-12 所示。这种受力状况从墙梁开始一直到破坏。当墙体上有洞口时,其内力传递如图 11-13 所示。

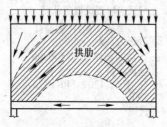

图 11-12　无洞墙梁的内力传递

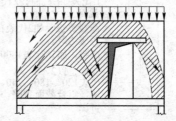

图 11-13　有洞墙梁的内力传递

墙梁是一个偏心受拉构件,影响其承载力的因素有很多,根据因素的不同,墙梁可能发生的破坏形态有正截面受弯破坏、墙体或托梁剪切破坏和支座上方墙体局部受压破坏三种,如图 11-14 所示。托梁纵向受力钢筋配置不足时,发生正截面受弯破坏;当托梁的箍筋配置不足时,可能发生托梁斜截面剪切破坏;当托梁的配筋较强,并且两端砌体局部受压承载力得到保证时,一般发生墙体剪切破坏。墙梁除上述主要破坏形态外,还可能发生托梁端部混凝土局部受压破坏、有洞口墙梁洞口上部砌体剪切破坏等。因此,必须采取一定的构造措施,防止这些破坏形态的发生。

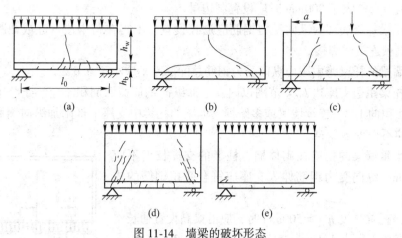

图 11-14　墙梁的破坏形态

（a）受弯破坏；（b）～（d）剪切破坏；（e）局部破坏

11.3.2.2　构造要求

墙梁除应符合《砌体规范》和现行国家标准《混凝土规范》有关构造要求外，还应符合下列构造要求。

A　材料

（1）托梁的混凝土强度等级不应低于 C30。

（2）纵向钢筋宜采用 HRB335、HRB400、RRB400 级钢筋。

（3）承重墙梁的块材强度等级不应低于 MU10，计算高度范围内墙体的砂浆强度等级不应低于 M10。

B　墙体

（1）框支墙梁的上部砌体房屋，以及设有承重的简支墙梁或连续墙梁的房屋，应满足刚性方案房屋的要求。

（2）计算高度范围内的墙体厚度，对砖砌体不应小于 240mm，对混凝土小型砌块不应小于 190mm。

（3）墙梁洞口上方应设置混凝土过梁，其支撑长度不应小于 240mm，洞口范围内不应施加集中荷载。

（4）承重墙梁的支座处应设置落地翼墙，翼墙厚度，对砖砌体不应小于 240mm，对混凝土砌块砌体不应小于 190mm，翼墙宽度不应小于墙梁墙体厚度的 3 倍，并于墙梁墙体同时砌筑。当不能设置翼墙时，应设置落地且上下贯通的构造柱。

（5）当墙梁墙体在靠近支座 1/3 跨度范围内开洞时，支座处应设置上下贯通的构造柱，并与每层圈梁连接。

（6）墙梁计算高度范围内的墙体，每天砌筑高度不应超过 1.5m，否则，应加设临时支撑。

C　托梁

（1）有墙梁的房屋的托梁两边各一个开间及相邻开间处应采用现浇混凝土楼盖，楼板厚度不宜小于 120mm，当楼板厚度大于 150mm 时，宜采用双层双向钢筋网，楼板上应少开洞，洞口尺寸大于 800mm 时应设置洞边梁。

（2）托梁每跨底部的纵向受力钢筋应通长设置，不得在跨中段弯起或截断。钢筋接长应采用机械连接或焊接。

（3）墙梁的托梁跨中截面纵向受力钢筋总配筋率不应小于 0.6%。

（4）托梁距边支座边 $l_0/4$ 范围以内，上部纵向钢筋截面面积不应小于跨中下部纵向钢筋截面面积的 1/3。连续墙梁或多跨框支墙梁的托梁中支座上部附加纵向钢筋从支座算起每边延伸不得少于 $l_0/4$。

（5）承重墙梁的托梁在砌体墙、柱上的支撑长度不应小于 350mm。纵向受力钢筋伸入支座应符合受拉钢筋的锚固要求。

（6）当托梁高度 $h_b \geqslant 500$mm 时，应沿梁高设置通长水平腰筋，直径不得小于 12mm，间距不应大于 200mm。

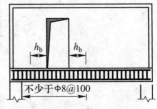

图 11-15　偏开洞时托梁箍筋加密区

（7）墙梁偏开洞口的宽度及两侧各一个梁高 h_b，范围内直至靠近洞口支座边的托梁箍筋直径不宜小于 8mm，间距不应大于 100mm，如图 11-15 所示。

11.3.3　挑梁

11.3.3.1　挑梁的受力特点

挑梁在悬挑端集中力 F、墙体自重以及上部荷载作用下，共经历以下三个工作阶段。

（1）弹性工作阶段。挑梁在未受外荷载之前，墙体自重及其上部荷载在挑梁埋入墙体部分的上下界面产生初始压应力，当挑梁端部施加外荷载 F 后，随着 F 的增加，将首先达到墙体通缝截面的抗拉强度而出现水平裂缝［见图 11-16（a）］，出现水平裂缝时的荷载为倾覆时外荷载的 20%~30%，此为第一阶段。

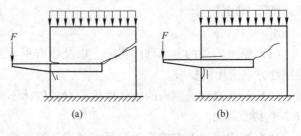

图 11-16　挑梁的受力

（2）带裂缝工作阶段，随着外荷载 F 的继续增加，最开始出现的水平裂缝将不断向内发展，同时挑梁埋入端下界面出现水平裂缝并向前发展。随着上下界面水平裂缝的不断发展，挑梁埋入端上界面受压区和墙边下界面受压区也不断减小，从而在挑梁埋入端上角砌体处产生裂缝。随着外荷载的增加，此裂缝将沿砌体灰缝向后上方发展为阶梯形裂缝，此时的荷载约为倾覆时外荷载的 80%。斜裂缝的出现预示着挑梁进入倾覆破坏阶段，在此过程中，也可能出现局部受压裂缝。

（3）破坏阶段。挑梁可能发生的破坏形态有以下三种：1）挑梁倾覆破坏。挑梁倾覆力矩大于抗倾覆力矩，挑梁尾端墙体斜裂缝不断开展，挑梁绕倾覆点发生倾覆破坏。2）梁下砌体局部受压破坏。当挑梁埋入墙体较深、梁上墙体高度较大时，挑梁下靠近墙边小部分砌体由于压应力过大而发生局部受压破坏。3）挑梁弯曲破坏或剪切破坏。

11.3.3.2　挑梁的构造要求

挑梁设计除应满足现行国家规范《砌体规范》的有关规定外，还应满足下列要求：（1）纵向受力钢筋至少应有 1/2 的钢筋面积伸入梁尾端，且不少于 2Φ12。其余钢筋伸入支座的长度不应小于 $2l_1/3$。（2）挑梁埋入砌体长度 l_1 与挑出长度之比 l 宜大于 1.2；当挑梁上无砌体时，l_1 与 l 之比宜大于 2。

11.3.4　雨篷

11.3.4.1　雨篷的种类及受力特点

按施工方法，雨篷分为现浇雨篷和预制雨篷，按支撑条件分为板式雨篷和梁式雨篷，按材料分为钢筋混凝土雨篷和钢结构雨篷。

在工业与民用建筑中用得最多的是现浇钢筋混凝土板式雨篷。当悬挑长度较小时，常采用现浇板式雨篷，它由雨篷板和雨篷梁组成，雨篷板支撑在雨篷梁上，雨篷板是一个受弯构件，雨篷梁一方面要承受雨篷板传来的扭矩，另一方面要承受上部结构传来的弯矩和剪力，因此雨篷梁是一个弯剪扭构件。当悬挑长度较大时，常采用现浇梁式雨篷。现浇梁式雨篷由雨篷板、雨篷梁、边梁组成，与板式雨篷的不同之处在于，其雨篷板是四边支撑的板，而板式雨篷的雨篷板是一边支撑的板。

大量试验表明，现浇钢筋混凝土板式雨篷在荷载作用下，可能出现以下三种破坏形态：（1）雨篷板根部抗弯承载力不足而破坏，如图 11-17（a）所示。（2）雨篷板弯扭破坏，如图 11-17（b）所示。（3）整个雨篷板的倾覆破坏，如图 11-17（c）所示。

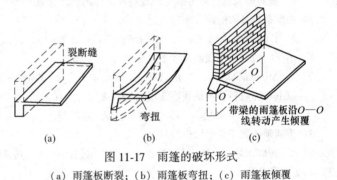

图 11-17　雨篷的破坏形式
（a）雨篷板断裂；（b）雨篷板弯扭；（c）雨篷板倾覆

11.3.4.2　雨篷的构造特点

雨篷的构造特点如下：（1）雨篷板端部厚度 $h_e \geqslant 60\mathrm{mm}$，根部厚度 $h = \left(\dfrac{1}{10} \sim \dfrac{1}{12}\right)l$（$l$ 为挑出长度）且大于等于 80mm，当其悬臂长度小于 500mm 时，根部最小厚度为 60mm。（2）雨篷板受力钢筋按计算求得，但不得小于 Φ6@200（$A_s = 141\mathrm{mm}^2/\mathrm{m}$），且深入墙内的锚固长度取 l_a（l_a 为受拉钢筋锚固长度），分布钢筋不少于 Φ6@200。（3）雨篷梁宽度 b 一般与墙厚相同，高度 $h = \left(\dfrac{1}{8} \sim \dfrac{1}{10}\right)l_0$（$l_0$ 为计算高度），且为砖厚的倍数，梁的搁置长度 $a \geqslant 370\mathrm{mm}$。

此外，雨篷梁还需满足弯剪扭构件的构造要求。

习　题

(1) 填空题。

1) 影响砖砌体抗压强度的因素有：砖块的（　　　　）和（　　　　）、砂浆的（　　　　）、砌筑质量、砖在砌筑时的（　　　　）。

2) 六层及六层以上房屋的外墙所用材料的最低强度等级，砖为（　　　　），砂浆为（　　　　）。

3) 在砖混结构中，圈梁的作用是增强（　　　　），并减轻（　　　　）和（　　　　）的不利影响。

(2) 选择题。

1) 结构施工图的内容一般包括（　　　）。

A　结构设计总说明、基础图、结构平面布置图、结构构件详图等

B　结构设计总说明、基础平面图、结构平面布置图、结构构件详图等

C　结构设计总说明、基础平面图、基础详图、楼层结构平面布置图、结构构件详图等

D　基础平面图、基础详图、楼层结构平面布置图、屋面结构布置图、结构构件详图等

2) 砖砌体的强度与砖和砂浆强度的关系正确的是（　　　）。

A　砖的抗压强度恒大于砖砌体的抗压强度

B　砂浆的抗压强度恒小于砖砌体的抗压强度

C　烧结普通砖的轴心抗拉强度仅取决于砂浆的强度等级

D　提高砂浆的强度等级可以提高砖砌体的抗压强度

3) 砖砌平拱过梁的跨度不应超过（　　　）。

A　1.0m　　　B　1.2m　　　C　1.5m　　　D　1.8m

4) 承重的独立砖柱截面尺寸不应小于（　　　）。

A　240mm×240mm　　　B　240mm×370mm　　　C　370mm×370mm　　　D　370mm×490mm

5) 以下几种材料，不是我国常用的砌筑块材的是（　　　）。

A　砖　　　B　砌块　　　C　石材　　　D　混凝土

6) 下列砌体属于受弯构件的是（　　　）。

A　砖砌水塔　　　B　砖砌挡土墙　　　C　砖柱　　　D　砖砌烟囱

(3) 职业素养提升。

1) 目的。进一步认识各种砌体结构及构件，从而提高砌体结构施工图的识读和砌体结构施工能力。通过职业素养提升环节，使学生了解企业实际，体验企业文化，从而建立起对即将从事的职业的认识，利用职业素养的提升。

2) 时间与内容：

①时间。课程职业素养提升宜安排在课余时间，2~4学时为宜。

②场所。砌体结构施工现场。

③内容。

职业认识：认识混合结构、砌体结构及其他新型结构，了解各结构之间的区别、荷载传递路径、构件之间的关系、常见构件尺寸等；认识砌体结构的构造要求，包括圈梁、梁、挑梁等的设置要求；认识基础类型，钢筋的布置形式等。

识读图纸。在施工现场，针对工程结构施工图纸，结合实际工程，在工程技术人员或指导教师的指导下识读结构施工图，增强感性认识。

项目 12　认识建筑基础并识读基础施工图

【知识目标】了解浅基础与深基础的分类；熟悉各类基础的受力特点和构造要求；掌握基础施工图的内容和图示方法；通过对钢筋混凝土基础施工图的识读，并结合基础施工现场参观对比加深理解；掌握基础施工图识读的基本方法和重点内容；熟悉现行规范、制图规则和构造详图等。

【能力目标】具备正确实施各类基础的构造要求和识读基础施工图的能力。

【素质目标】培养严谨认真的识图态度。

任务 12.1　认识基础并熟悉构造要求

基础按其埋置深度不同，可分为浅基础和深基础两大类。一般埋置深度可在 5m 左右，且能用一般方法施工的基础属于浅基础；当需要埋置在较深的土层上，采用特殊方法施工的基础则属于深基础，如桩基础、沉井和地下连续墙等。一般可在天然地基上修筑浅基础，技术简单，施工方便，不需要复杂的施工设备，因而可以缩短工期、降低工程造价；而人工地基及深基础往往施工比较复杂，工期较长，造价较高。因此，在保证建筑物安全和正常使用的前提下，应优先采用天然地基上的浅基础设计方案。

基础可以按使用的材料和结构形式分类。分类的目的是为了更好地了解各种类型基础的特点及适用范围。

基础按使用的材料可分为砖基础、毛石基础、混凝土和毛石混凝土、灰土和三合土基础、钢筋混凝土基础等；按结构形式可分为无筋扩展基础、扩展基础、柱下条形基础、柱下十字形基础、筏形基础、箱形基础、桩基础等。

12.1.1　无筋扩展基础

通常上部结构传来的荷载比地基承载力大。因此，需对基础合理构造，在基础内部应力满足基础材料强度要求的前提下，将基础向侧边扩展成较大底面积，使上部结构传来的荷载扩散分布于较大的底面积上，以满足地基承载力和变形的要求。

无筋扩展基础是指由砖、毛石、混凝土或毛石混凝土、灰土或三合土等材料组成的，且不需配置钢筋的墙下条形基础或柱下独立基础。这些基础具有就地取材、价格较低、施工方便等优点，广泛适用于层数不多的民用建筑和轻型厂房。

12.1.1.1　无筋扩展基础的受力特点

无筋扩展基础所用材料有一个共同的特点，就是材料的抗压强度较高，而抗拉、抗弯、抗剪强度较低。在地基反力作用下，基础下部的扩大部分像倒悬臂梁一样向上弯曲，如悬臂过长，则易发生弯曲破坏。

墙（或柱）传来的压力沿一定角度扩散，若基础的底面宽度在压力扩散范围以内，则基础只受压力；若基础的底面宽度大于扩散范围以外部分会被拉裂、剪断而不起作用。因此，需要用台阶宽高比的允许值来限制其悬臂长度，见表 12-1。

表 12-1　无筋扩展基础台阶宽高比的允许值

基础名称	质 量 要 求	台阶高宽比允许值/kPa		
		$p \leqslant 100$	$100 < p \leqslant 200$	$200 < p \leqslant 300$
混凝土基础	C10 混凝土	1：1.00	1：1.00	1：1.00
	C7.5 混凝土	1：1.00	1：1.25	1：1.50
毛石混凝土基础	C7.5~C10 混凝土	1：1.00	1：1.25	1：1.50
砖基础	不低于 Mu7.5	M5 砂浆	1：1.50	1：1.50	1：1.50
		M2.5 砂浆	1：1.50	1：1.50	—
毛石基础	M2.5~M5 砂浆	1：1.25	1：1.50	—
	M1 砂浆	1：1.50	—	—
灰土基础	体积比为 3：7 或 2：8 的灰土，其最小干重度：粉土 15.5kN/m³；粉质黏土 15kN/m³；黏土 14.5kN/m³	1：1.25	1：1.50	—
三合土基础	体积比 1：2：4~1：3：6（石灰：砂：骨料），每层约虚铺 200mm，夯至 150mm	1：1.50	1：2.00	—

无筋扩展基础设计时应先确定基础埋深；按地基承载力条件计算基础底面宽度；再根据基础所用材料，按宽高比允许值确定基础台阶的宽度与高度；从基底开始向上逐步收小尺寸，使基础顶面至少低于室外地面 0.1m。否则应修改设计。

12.1.1.2　无筋扩展基础的构造要求

A　砖基础

砖基础的剖面为阶梯形（见图 12-1），称为大放脚。各部分的尺寸应符合砖的模数，其砌筑方式有"两皮一收"和"二一间隔收"两种。两皮一收是指每砌两皮砖，收进 1/4 砖长（即 60mm）；二一间隔收是指底层砌两皮砖，收进 1/4 砖长，再砌一皮砖，收进 1/4 砖长，以上各层依此类推。

砖基础所采用的材料强度应符合《砌体结构设计规范》（GB 50003—2011）的规定。基础底面以下需设垫层，垫层材料可选用灰土、素混凝土等，每边扩出基础底面 50mm。

B　毛石基础

毛石基础是采用强度较高而未经风化的毛石砌筑而成，如图 12-2 所示。由于毛石之间间隔较大，如果砂浆黏接性能较差，则不能用于层数较多的建筑物。为了保证锁结作

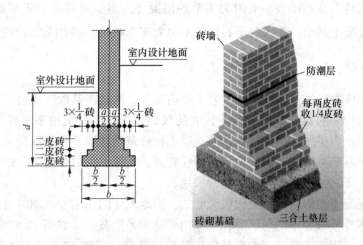

图 12-1 砖基础

用，每一阶梯宜用三排或三排以上的毛石砌筑，每一阶梯伸出宽度不宜大于 200mm。

C 灰土基础和三合土基础

灰土是用石灰和黏性土混合而成。石灰经熟化 1~2 天后，过 5~10mm 筛即可使用。土料应以有机质含量低的粉土或黏性土或黏性土为宜，使用前也应过 10~20mm 的筛。石灰和土按其体积比为 3∶7 或 2∶8 加适量水拌匀，每层虚铺 220~250mm，夯至 150mm 为一步，一般可铺 2~3 步。压实后的灰土应满足设计对压实系数的质量要求。灰土基础（见图 12-3）一般适用于地下水位较低，层数较少的建筑。

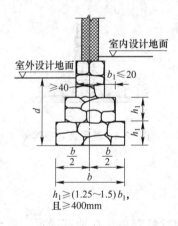

图 12-2 毛石基础

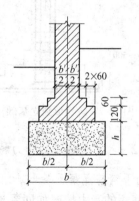

图 12-3 灰土基础、三合土基础

三合土是由石灰、砂、碎砖或碎石按体积比为 1∶2∶4 或 1∶3∶6 加适量水配置而成。一般每层虚铺约 220mm，夯至 150mm。三合土基础（见图 12-3）在我国南方地区常用。

D 混凝土基础和毛石混凝土基础

混凝土基础（见图 12-4）的强度、耐久性、抗冻性都较好，适用于荷载较大或位于地下水位以下的基础。混凝土基础水泥用

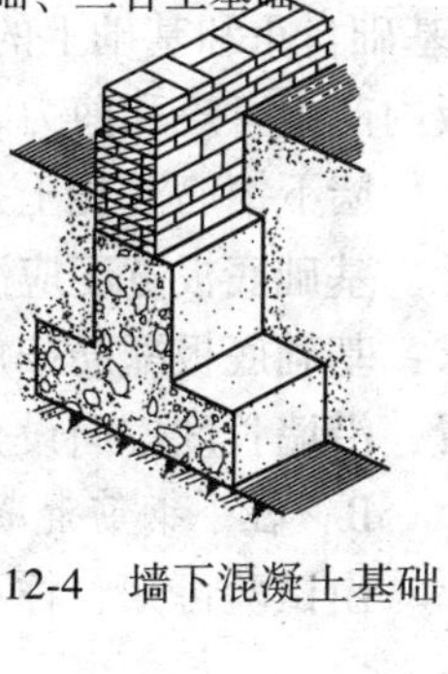

图 12-4 墙下混凝土基础

量较大，造价比砖、石基础高。有时为了节约混凝土用量，可掺入少于基础体积 30% 的毛石做成毛石混凝土基础。掺入的毛石尺寸不得大于 300mm，使用前需冲洗干净。

12.1.2　扩展基础

在基础内部应力满足基础材料强度要求的前提下，通过将基础向侧边扩展成较大底面积，使上部结构传来的荷载扩散分布于较大的底面积上，以满足地基承载力和变形的要求。这种能起到压力扩散作用的柱下钢筋混凝土独立基础和墙下钢筋混凝土条形基础称为扩展基础。这种基础整体性、耐久性、抗冻性较好，抗弯、抗剪强度大，适用于基础底面积大而又必须浅埋时，在基础设计中经常采用。

墙下钢筋混凝土条形基础一般做成无肋式，当地基土的压缩性不均匀时，为了增加基础的刚度和整体性，减少不均匀沉降，可采用带肋的条形基础，如图 12-5 所示。

现浇柱下常采用钢筋混凝土坡形或阶梯形独立基础（见图 12-6～图 12-8），预制柱下一般采用杯形独立基础。

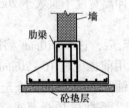

图 12-5　带肋条形基础

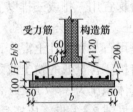

图 12-6　坡形条形基础

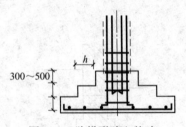

图 12-7　阶梯形独立基础

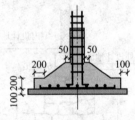

图 12-8　坡形独立基础

12.1.2.1　扩展基础的受力特点

A　墙下钢筋混凝土条形基础

基础底板的受力情况如同受地基净反力作用的倒置悬臂板，在地基净反力的作用下（基础自重和基础上的土重所产生的均布压力与其相应的地基反力相抵消），将在基础底板内产生弯矩和剪力。

墙下钢筋混凝土条形基础通常受均布荷载作用，计算时沿墙长度方向取 1m 为计算单元。基础底板宽度应满足地基承载力的有关规定；基础底板高度应满足混凝土抗剪强度要求；基础底板配筋按危险截面的抗弯计算确定。基础底板的受力钢筋沿基础宽度 b 方向设置，沿墙长度方向设分布钢筋，放在受力钢筋上面。

B　柱下钢筋混凝土独立基础

由试验可知，柱下钢筋混凝土独立基础有两种破坏形式。

（1）第一种破坏形式。在地基净反力作用下，基础底板在两个方向均发生向上的弯曲，相当于固定在柱边的梯形悬臂板，下部受拉，上部受压。若危险截面内的弯矩值超过底板的抗弯强度时，底板就会发生弯曲破坏。为了防止发生这种破坏，需在基础底板下部配置足够的钢筋。

（2）第二种破坏形式。当基础底面积较大而厚度较薄时，基础将发生冲切破坏。基础从柱的周边开始沿 45°斜面拉裂（当基础为阶梯形时，还可能从变阶处开始沿 45°斜面拉裂），形成冲切角锥体。为了防止发生这种破坏，基础底板要有足够的高度。

因此，柱下钢筋混凝土独立基础的设计，除按地基承载力条件确定基础底面积外，还应按此计算确定基础底板高度和基础底板配筋。

12.1.2.2　扩展基础的构造要求

A　墙下钢筋混凝土条形基础

（1）当基础高度大于 250mm 时，可采用锥形截面，坡度 $i \leqslant 1 : 3$，边缘高度不宜小于 200mm；当基础高度小于 250mm 时，可采用平板式；若为阶梯形基础，每阶高度宜为 300~500mm。当地基较软弱时，可采用有肋板增加基础刚度，改善不均匀沉降，肋的纵向钢筋和箍筋一般按经验确定。

（2）基础垫层的厚度不宜小于 70mm；垫层混凝土强度等级应为 C10。

（3）基础底板受力钢筋的最小直径不宜小于 10mm；间距不宜大于 200mm，也不宜小于 100mm。分布钢筋的直径不小于 8mm；间距不大于 300mm；每延米分布钢筋的面积应不小于受力钢筋面积的 1/10。当有垫层时钢筋保护层厚度不小于 40mm；无垫层时不小于 70mm。

（4）混凝土强度等级不应低于 C20。

（5）钢筋混凝条形基础底板在 T 形及十字形交接处，底板横向受力钢筋仅沿一个主要受力方向通长布置，另一方向的横向受力钢筋可布置到主要受力方向底板宽度 1/4 处；在拐角处底板横向受力钢筋应沿两个方向布置。

B　柱下钢筋混凝土独立基础

柱下钢筋混凝土独立基础，除应满足柱下钢筋混凝土条形基础的一般构造要求外，还应满足如下要求：

（1）当基础边长大于或等于 2.5m 时，底板受力钢筋的长度可取边长的 0.9 倍，并宜交错布置，如图 12-9 所示。

（2）锥形基础的顶部为安装柱模板，需每边放出 50mm。对于现浇柱基础，若基础与柱不同时浇筑，在基础内需预留插筋，插筋的数量、直径以及钢筋种类应与柱内纵向钢筋相同。插筋深入基础内的锚固长度见《建筑地基基础设计规范》（GB 50007—2011）有关规定，一般伸至基础底板钢筋网上，端部弯直钩并上下至少应有两道箍筋固定。插筋与柱筋的接头位置，连接方式等应符合有关规定要求，如图 12-9 所示。

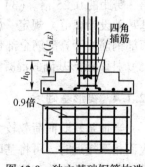

图 12-9　独立基础钢筋构造

（3）预制钢筋混凝土柱与杯口基础的连接，应符合《建筑地基基础设计规范》（GB 50007—2011）的有关规定。

12.1.3　柱下条形基础

当地基较软弱而荷载较大，若采用柱下单独基础，基础底面积必然很大，易造成基础之间互相靠近或重叠，或地基土不均匀、各柱荷载相差较大需增强基础的整体性，防止过大的不均匀沉降时，可将同一排柱基础连通，就成为柱下条形基础。柱下条形基础常在框架结构中采用，一般设在房屋的纵向。若荷载较大且土质较弱时，为了增强基础的整体刚度，减小不均匀沉降，可在柱网下纵横方向均设置条形基础，形成柱下十字形基础。

12.1.3.1　柱下条形基础的受力特点

柱下条形基础由肋梁和翼板组成，其截面呈倒 T 形。肋梁的截面相对较大且配置一定数量的纵筋和腹筋，具有较强的抗弯及抗剪能力；翼板的受力特点与墙下钢筋混凝土条形基础相似，如图 12-10 所示。

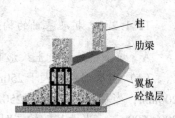

图 12-10　柱下条形基础

柱下条形基础在上部结构传来的荷载作用下产生地基反力，由于沿梁全长作用的墙重及基础自重与其产生的相应地基反力所抵消，故作用在基础梁上的地基净反力只有柱传来的轴向力所产生。在比较均匀的地基上，上部结构刚度较好，荷载分布较均匀，且条形基础梁的高度不小于 1/6 柱距时，地基反力可按直线分布，条形基础梁的内力可按连续梁计算（即倒梁法）；当不满足上述条件时，宜按弹性地基梁计算。对交叉条形基础，交叉点上的柱荷载，可按交叉梁的刚度或变形协调的要求进行分配。

倒梁法是近似法，是以柱作为基础梁的不动铰支座，在地基净反力作用下按倒置的普通连续梁计算内力。其计算结果与实际情况略有差异，故在设计计算时需作必要的调整。

12.1.3.2　柱下条形基础的构造

除满足前述扩展基础的构造要求外，还应符合下列规定：（1）柱下条形基础梁的高度宜为柱距的 1/4~1/8，翼板厚度不应小于 200mm。当翼板厚度大于 250mm 时，宜采用变厚度翼板，其坡度宜小于或等于 1 : 3。（2）条形基础的端部宜向外伸出，其长度宜为第一跨距的 0.25 倍。（3）现浇柱与条形基础梁的交接处，其平面尺寸不应小于《建筑地基基础设计规范》规定。（4）条形基础梁顶部和底部的纵向受力钢筋除满足计算要求外，顶部钢筋按计算配筋全部贯通，底部通长钢筋不应少于底部受力钢筋截面总面积的 1/3。（5）柱下条形基础的混凝土强度等级，不应低于 C20。

12.1.4　筏形基础

当地基软弱而荷载较大，采用十字形基础仍不能满足要求，或者十字交叉基础宽度较大而相互接近时，可将基础底板连成一片而成为筏形基础。筏形基础的整体性好，能调整基础各部分的不均匀沉降。

筏形基础分为平板式和梁板式两种类型，其选型应根据工程地质、上部结构体系、柱距、荷载大小以及施工条件等因素确定。平板式筏基是在地基上做一整块钢筋混凝土底板，柱子直接支立在底板上（柱下筏板）或在底板上直接砌墙（墙下筏板）。梁板式筏基如倒置的肋形楼盖，若梁在底板的上方称为上梁式，在底板的下方称为下梁式。

12.1.4.1　筏形基础的受力特点

当地基土比较均匀，上部结构刚度较好，梁板式筏基的高跨比或平板式筏基板的后跨比不小于 1/6，且相邻柱荷载及柱间距的变化不超过 20% 时，筏形基础可不考虑整体弯曲而仅考虑局部弯曲作用。其内力可按基底反力直线分布进行计算，计算时基底反力应扣除底板自重及其上填土的自重，即将地基净反力作为荷载，按"倒楼盖法"计算。当不能满足上述要求时，筏基内力应按弹性地基梁板方法进行分析计算。

按基底反力直线分布计算的梁板式筏基，其基础梁的内力可按连续梁分析，除满足正截面受弯和斜截面受剪承载力外，还应满足底层柱下基础梁顶面的局部受压承载力的要求；基础底板除满足正截面受弯承载力外，其厚度还应满足受冲切承载力和受剪承载力的要求。

按基底反力直线分布计算的平板式筏基，对柱下筏板可按柱下板带和跨中板带分别进行内力分析；对墙下筏板可按连续单向板或双向板计算。平板式筏基的板厚应满足受冲切承载力和受剪承载力的要求，当筏板变厚度时，还应验算变厚度处筏板的受剪承载力。

有抗震设防要求时，应符合现行规范有关规定的要求。

12.1.4.2　筏形基础的构造要求

筏形基础的构造要求如下：（1）筏形基础的混凝土强度等级不应低于 C30。当有地下室时应采用防水混凝土，防水混凝土的抗渗等级应按现行《地下工程防水技术规范》选用，但不应小于 0.6MPa。（2）采用筏形基础的地下室，其钢筋混凝土外墙厚度不应小于 250mm，内墙厚度不应小于 200mm。墙体内应设置双向钢筋，竖向和水平钢筋的直径不应小于 12mm，间距不应大于 300mm。（3）对 12 层以上建筑的梁板式筏基，其底板厚度与最大双向板格的短边净跨之比不应小于 1/14，且板厚不应小于 400mm。（4）地下室底层柱、剪力墙与梁板式筏基的基础梁连接的构造应符合规范的要求。（5）梁板式筏基的底板和基础梁的配筋除满足计算要求外，纵横方向的底部钢筋还应有 1/2~1/3 贯通全跨，且其配筋率不应小于 0.15%，顶部钢筋按计算配筋全部贯通。（6）平板式筏基的柱下板带中，柱宽及其两侧各 0.5 倍板厚且不大于 1/4 板跨的有效宽度范围内，其钢筋配置量不应小于柱下板带钢筋数量的一半。柱下板带和跨中板带的底部钢筋应有 1/3~1/2 贯通全跨，且配筋率不应小于 0.15%；顶部钢筋应按计算配筋全部贯通。（7）筏板的厚度一般不宜小于 400mm。当筏板的厚度大于 2000mm 时，宜在板厚中间部位设置直径不小于 12mm、间距不大于 300mm 的双向钢筋网。（8）筏板与地下室外墙的接缝、地下室外墙沿高度处的水平接缝应严格按施工缝要求施工，必要时可设通常止水带。（9）筏形基础地下室施工完毕后，应及时进行基坑回填工作。回填基坑时，应先清除基坑中的杂物，并应在相对的两侧或四周同时回填并分层夯实。

12.1.5　箱形基础

箱形基础是由现浇钢筋混凝土底板、顶板、纵横外墙与内墙组成的箱形整体结构。根据建筑物高度对地基稳定性的要求和使用功能的需要，箱形基础的高度可为一层或多层，并可利用中空部分构成地下室，用作人防、停车场、地下商场、储藏室、设备层等。这种基础的刚度大、整体性好，适用于地基软弱、上部结构荷载大的高层建筑。

12.1.5.1　箱形基础的受力特点

箱形基础的受力是个比较复杂的问题，理论研究和实测资料表明，上部结构的刚度对基础内力有较大影响。当上部结构为现浇剪力墙结构体系时，上部结构刚度大，箱基变形以局部变形为主，顶板和底板均按局部弯曲的内力设计。顶板按普通楼盖实际荷载，分别计算跨中与支座弯矩；底板按倒楼盖计算。当上部结构为框架结构体系时，上部结构刚度较差，箱基的整体弯曲和局部弯曲同时存在，顶板和底板应将整体弯曲和局部弯曲两种应力叠加进行设计。

12.1.5.2　箱形基础的构造要求

箱形基础的构造要求如下：（1）箱形基础的墙体水平截面总面积不宜小于箱基外墙外包尺寸水平投影面积的 1/10。对基础平面长宽比大于 4 的箱形基础，其纵墙水平截面面积不应小于箱基外墙外包尺寸水平投影面积的 1/18。（2）箱形基础的高度应满足结构的承载力、刚度和使用功能的要求，一般不宜小于箱基长度的 1/20，且不宜小于 3m。（3）箱形基础的顶板、底板及墙体的厚度，应满足受力情况、整体刚度和防水的要求。无人防设计要求的箱基，底板不应小于 300mm，顶板不应小于 200mm，外墙厚度不应小于 250mm，内墙厚度不应小于 200mm。（4）箱形基础的顶板和底板钢筋除符合计算要求外，纵横方向支座钢筋应有 1/3～1/2 的钢筋连通，且连通钢筋的配筋率分别不小于 0.15%（纵向）、0.10%（横向）；跨中钢筋按实际需要的配筋全部连通。（5）箱形基础的顶板、底板及墙体均应采用双层双向配筋。墙体的竖向和水平钢筋直径均不应小于 10mm，间距均不应大于 200mm。除上部为剪力墙外，内外墙的墙顶处宜配置两根直径不小于 20mm 的通长构造钢筋。（6）箱形基础上部结构底层柱纵向钢筋伸入箱形基础墙体的长度：对柱下三面或四面有箱形基础墙的内柱，除柱四角纵向钢筋直通到基底外，其余钢筋可伸入顶板底面以下 40 倍纵向钢筋直径处；对外柱、与剪力墙相连的柱及其他内柱的纵向钢筋应直通到基底。（7）箱形基础对混凝土强度等级的要求同筏形基础。

12.1.6　桩基础

桩基础是一种承载性能好、适应范围广的深基础。但桩基础的造价一般较高、工期较长、施工比一般浅基础复杂。就房屋建筑工程而言，桩基础适用于上部土层软弱而下部土层坚实的场地。桩基础由承台和桩身两部分组成。通过承台把多根桩，再传至深层较坚实的土层中。

12.1.6.1　桩基础的类型

A　按承载性状分类
按承载性状桩的分类如图 12-11 所示。

（1）摩擦型桩：1）摩擦桩。桩顶荷载主要由桩侧阻力承受，桩端阻力很小可以忽略不计的桩。适用于软弱土层较厚，桩端无较硬的土层作为持力层。2）端承摩擦桩。桩顶荷载由桩侧阻力和桩端阻力共同承受，但大部分荷载由桩侧阻力承受的桩。

（2）端承型桩：1）端承桩。桩顶荷载主要由桩端阻力承受，桩侧阻力很小可以忽略

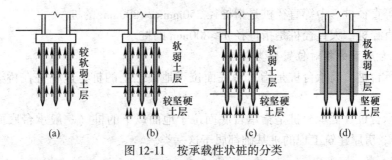

图 12-11　按承载性状桩的分类

（a）摩擦型桩；（b）端承摩擦桩；（c）摩擦端承桩；（d）端承桩

不计的桩。适用于桩通过软弱土层，桩端支撑在坚硬土层或岩石上。2）摩擦端承桩。桩顶荷载主要由桩端阻力和桩端阻力共同承受，但大部分荷载由桩端阻力承受的桩。

B　按桩身材料分类

（1）混凝土桩。按桩的制作方法又可分为预制混凝土桩和灌注混凝土桩两类，是目前工程上普遍采用的桩。

（2）钢桩。常见的是型钢和钢管两类，其抗弯强度高、施工方便，但造价高、易腐蚀，目前我国采用较少。

（3）组合材料桩。组合材料桩是指用两种不同材料组合而成的桩，如钢管内填充混凝土或上部为钢桩，下部为混凝土等形式。

C　按桩的制作方法分类

（1）预制桩。预制桩是指将预先制作成型，通过各种机械设备把它沉入地基至设计标高的桩。常见的沉桩方法有锤击法、振动法、静压法等。

（2）灌注桩。灌注桩是指在建筑工地现场成孔，并在现场向孔内灌注混凝土的桩。常见的成孔方法有沉管灌注桩、钻孔灌注桩、冲孔灌注桩、扩底灌注桩等。

D　按成桩方法分类

成桩方法是指将桩置入土中的方法，按成桩过程的挤土效应可分为：

（1）挤土桩。挤土桩是指成桩过程中，桩孔中的土未取出，全部挤压到桩的四周，使桩周土的工程性质发生变化的桩，打入或压入的预制混凝土桩、沉管灌注桩、爆扩灌注桩等。

（2）部分挤土桩。部分挤土桩是指成桩过程中，对桩周土的挤压作用轻微，桩周土的工程性质变化不大的桩，如预钻孔打入式预制桩、开口钢管桩、型钢桩等。

（3）非挤土桩。非挤土桩是指成桩过程中，将桩孔的土取出，对桩周土无挤压作用的桩，如钻孔灌注桩、人工挖孔灌注桩等。

E　按桩的使用功能分类

（1）竖向抗压桩。竖向抗压桩是指主要承受上部结构传来垂直荷载的桩。

（2）水平受荷桩。水平受荷桩是指主要承受水平荷载的桩。

（3）竖向抗拔桩。竖向抗拔桩是指主要承受上拔荷载的桩。

（4）复合受荷桩。复合受荷桩是指承受竖向、水平荷载均较大的桩。

F　按桩径大小分类

（1）小直径桩。小直径桩是指桩径 $d \leqslant 250\text{mm}$ 的桩。

（2）中等直径桩。中等直径桩是指桩径 250mm<d<800mm 的桩。

（3）大直径桩。大直径桩是指桩径 $d \geqslant$ 800mm 的桩。

G　按承台底面的相对位置分类

（1）高承台桩。高承台桩是指承台底面位于地面之上的桩。这种桩在桥梁、港口等工程中常用。

（2）低承台桩。低承台桩是指承台底面位于地面以下的桩（一般承台底面埋置于冻结深度以下）。房屋建筑工程的桩基础都属于这一类。

12.1.6.2　桩基础的受力特点

A　单桩的受力特点

单桩在上部结构传来竖向荷载作用下，桩顶竖向荷载由桩侧阻力或桩端阻力承受。地基上将产生附加应力，导致地基上压缩变形，引起桩体沉降；桩体本身在桩顶竖向荷载和土体阻力的共同作用下，将产生轴向压缩变形。因此设计时，除满足单桩承载力的要求外，还应对桩身材料进行强度验算（对预制桩，还应进行运输、起吊、打桩等过程的强度验算）。单桩竖向承载力特征值应通过现场静荷载试验或其他原位测试等方法确定。

单桩的水平承载力特征值取决于桩的材料强度、截面刚度、入土深度、土质条件、桩顶水平位移允许值和桩顶嵌固情况等因素，应通过现场水平荷载试验确定。当作用于桩顶的外力主要为水平力时，应根据使用要求对桩顶变位的限制，对桩基的水平承载力进行验算。

当桩基承受拔力时，应对桩基进行抗拔验算及桩身抗裂验算。

B　群桩基础的受力特点

当建筑物上部荷载远大于单桩竖向承载力时，通常由多根桩组成群桩，共同承受上部荷载。对 2 根以上桩组成的桩基础均可成为群桩。

图 12-11（b）为端承摩擦桩应力分布。桩顶轴向荷载由桩侧阻力和桩端阻力共同承受；每根桩的桩顶轴向荷载但因桩的间距小，桩间摩擦阻力无法充分发挥作用，同时桩端产生应力叠加。因此，群桩基础的承载力小于单桩承载力与桩数的乘积，这种现象称为群桩效应。把群桩基础竖向承载力与单桩竖向承载力之和的比值称为群桩效应系数。设计计算时，用它来体现群桩平均承载力比单桩降低或提高的幅度。试验表明，群桩效应系数与桩距、桩数、桩径、桩的入土深度、桩的排列、承台宽度及桩间土的性质等因素有关，其中以桩距为主要因素。当桩距较小时，地基应力重叠现象严重，群桩效应系数降低；当桩距大于 6 倍桩径时，地基应力重叠现象较轻，群桩效应系数较高。

对于端承桩，由于桩底持力层刚硬，桩与桩相互作用的影响很小，可以不考虑群桩效应（即群桩效应系数等于 1），认为群桩竖向承载力为各单桩竖向承载力之和。

C　承台的受力特点

桩承台的作用包括以下 3 个方面：

（1）把多根桩连接成整体，共同承受上部荷载。

（2）把上部结构荷载传递到各根桩的顶部。

（3）桩承台为现浇钢筋混凝土结构，相当于一个浅基础，其本身具有类似于浅基础的承载能力（即桩承台效应）。

　　桩承台在上部结构与桩顶荷载的作用下，受到弯曲、剪切、冲切及局部受压作用。其内力可按简化计算方法确定，并按《建筑地基基础设计规范》（GB 50007—2011）要求进行抗弯、抗剪、抗冲切及局部受压的强度计算。

12.1.6.3　桩基础的构造要求

　　桩基础的构造要求如下：（1）摩擦型桩（包括摩擦桩和端承摩擦桩）的中心距不宜小于桩身直径的3倍；扩底灌注桩的中心距不宜小于扩底直径的1.5倍，当扩底直径大于2m时，桩端净距不宜小于1m。在确定桩距时还应考虑施工工艺中挤土等效应对邻近桩的影响。（2）扩底灌注桩的扩底直径，不应大于桩身直径的3倍。（3）桩底进入持力层的深度，根据地质条件、荷载及施工工艺确定，宜为桩身直径的1~3倍。在确定桩底进入持力层深度时，还应考虑特殊土、岩溶以及震陷液化等影响。嵌岩灌注桩周边嵌入完整和较完整的未风化、微风化、中风化硬质岩体的深度不宜小于0.5m。（4）布置桩位时宜使桩基承载力合力点与竖向永久荷载合理作用点重合。（5）预制桩的混凝土强度等级不应低于C30；灌注桩不应低于C20；预应力桩不应低于C40。（6）桩的主筋应经计算确定。打入式预制桩的最小配筋率不宜小于0.8%；静压预制桩的最小配筋率不宜小于0.6%；灌注桩最小配筋率不宜小于0.2%~0.65%（小直径桩取大值）。（7）配筋长度。受水平荷载和弯矩较大的桩，配筋长度应通过计算确定；桩基承台下存在淤泥、淤泥质土或液化土层时，配筋长度应穿过淤泥、淤泥质土层或液化土层；坡地岸边的桩、8度及8度以上地震区的桩、抗拔桩、嵌岩端承桩应通长配筋；桩径大于600mm的钻孔灌注桩，构造钢筋的长度不宜小于桩长的2/3。（8）桩顶嵌入承台内的长度不宜小于50mm。主筋伸入承台内的锚固长度不宜小于钢筋直径的30倍（Ⅰ级筋）和35倍（Ⅱ、Ⅲ级筋）。对于大直径灌注桩，当采用一柱一桩时，应满足《建筑地基基础设计规范》（GB 50007—2011）有关要求。（9）在承台及地下室周围的回填中，应满足填土密实性的要求。（10）桩基承台的构造要求见《建筑地基基础设计规范》（GB 50007—2011）。

任务 12.2　识读基础施工图

12.2.1　基础施工图的图示方法

　　基础图是建筑物地下部分承重结构的施工图，包括基础平面图和表示基础构造的基础详图，以及必要的设计说明。基础施工图是施工放线、开挖基础（坑）、基础施工、计算基础工程量的依据。

12.2.1.1　基础平面图

　　基础平面图的剖视位置在室内地面（正负零）处，一般不得因对称而只画一半。被剖切的墙身（或柱）用粗实线表示，基础底宽用细实线表示，如图12-12所示。其主要内容如下：（1）图名、比例，表示建筑朝向的指北针。（2）与建筑平面图一致的纵横定位轴线及其编号。一般外部尺寸只标注定位轴线的间隔尺寸和总尺寸。（3）基础的平面布置和内部尺寸，即基础墙、基础梁、柱、基础底面的形状、尺寸及其与轴线的关系。（4）

以虚线表示暖气、电缆等沟道的路线位置，穿墙管洞应分别标明其尺寸、位置与洞底标高。(5) 剖面图的剖切线及其编号，对基础梁、柱等注写基础代号，以便查找详图。

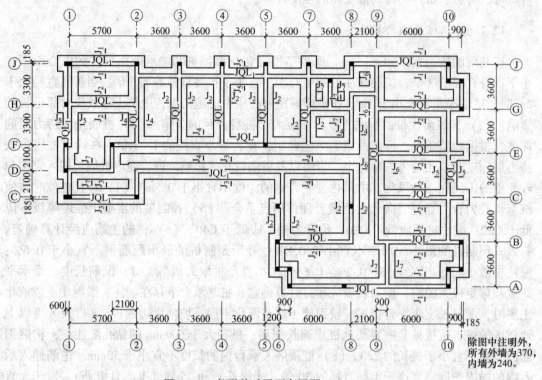

图 12-12　条形基础平面布置图 (1：100)

12.2.1.2　基础详图

不同类型的基础，其详图的表示方法有所不同。如条形基础的详图一般为基础的垂直剖面图；独立基础的详图一般应包括平面图和剖面图。基础详图的主要内容如下：(1) 图名、比例。(2) 基础剖面图中轴线及其编号，若为通用剖面图，则轴线圆圈内可不编号。(3) 基础剖面的形状及详细尺寸。(4) 室内地面及其底面的标高，外墙基础还需注明室外地坪之相对标高。如有沟槽者还应标明其构造关系。(5) 钢筋混凝土基础应标注钢筋直径、间距及钢筋编号。现浇基础还应标注预留插筋、搭接长度与位置及箍筋加密等。对桩基础应表示承台、配筋及桩尖埋深等。(6) 防潮层的位置及做法，垫层材料等（也可用文字说明）。

条形基础剖面示意如图 12-13 所示。

12.2.1.3　基础设计说明

设计说明一般是说明难以用图示表达的内容和易用文字表达的内容，如材料的质量要求、施工注意事项等，由设计人员根据具体情况编写。一般包括以下内容：(1) 对地基土质情况提出注意事项和有关要求，概述地基承载力、地下水位和持力层土质情况。(2) 地基处理措施，并说明注意事项和质量要求。(3) 对施工方面提出验槽、钎探等事项的

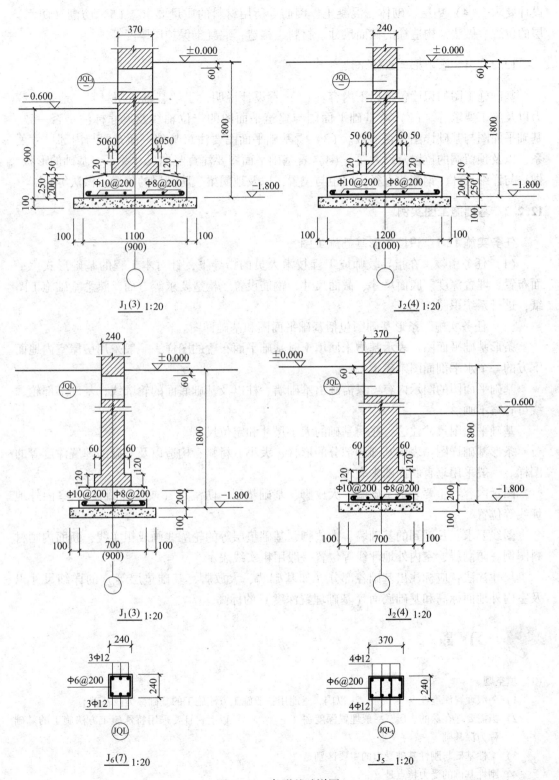

图 12-13　条形基础详图

设计要求。（4）垫层、砌体、混凝土、钢筋等所用材料的质量要求。（5）防潮（防水）层的位置、做法，构造柱的截面尺寸、材料、构造，混凝土保护层厚度等。

12.2.1.4　基础施工图的识读

基础施工图的识读包括以下内容：（1）看设计说明，了解基础所用材料、地基承载力以及施工要求等。（2）看基础平面图与建筑平面图的定位轴线及尺寸标注是否一致，基础平面图与基础详图是否一致。（3）看基础平面图要注意基础平面布置与内部尺寸关系，以及预留洞的位置及尺寸等。（4）看基础平面图要注意竖向尺寸关系，基础的形状、做法与详细尺寸，钢筋的直径、间距与位置，以及地圈梁、防潮层的位置、做法等。

12.2.2　基础施工图实例

任务实施 12-1　识读条形基础施工图

（1）任务引领。在指导教师或工程技术人员的指导下，针对本工程的基础形式、平面布置、埋置深度、底面尺寸、截面尺寸、钢筋设置、构造要求等方面，熟悉基础施工图纸，进行系统识图。

（2）任务实施。条形基础图包括基础平面图和基础详图。

条形基础平面图：表示基槽未回填土时基础平面布置的图样，一般采用房屋室内地面下方的一个水平剖面图来表示。

基础平面图的图示内容：只需画出基础墙、柱以及基础底面的轮廓线，基础细部轮廓线可省略不画。

基础平面图尺寸注法：注明基础的大小尺寸和定位尺寸。

条形基础详图：表示基础各部分的形状、大小、材料、构造以及基础的埋置深度等的图样。一般采用垂直断面图来表示。

图示内容：主要表示基础墙、大放脚、基础垫层、防潮层（或基础圈梁）、室内外地坪线等位置。

图线要求：凡剖到的基础墙、大放脚、基础垫层等的轮廓线画成粗实线，断面内画材料图例。防潮层、室内外地坪线等位置一般用粗实线表示。

尺寸注法：应标注出基础各部分（如基础墙、大放脚、基础垫层等）的详细尺寸以及室内外地面标高和基础底面（基础埋置深度）的标高。

 习　题

（1）填空题。

　1）一般埋置深度在（　　　　　）以内，且能用一般施工方法施工的基础称为浅基础。

　2）当需要埋在深的土层，一般埋置深度在（　　　　　）以上，且要采用特殊施工方法施工的基础称为深基础。

　3）柔性基础与刚性基础受力的主要区别是（　　　　　）。

　4）刚性基础的受力特点是（　　　　　）、（　　　　　）。

（2）选择题。

　1）混凝土保护层厚度是指（　　　　　）。

A　钢筋中心至构件混凝土表面的距离　　　　B　钢筋外边缘至构件混凝土表面的距离

C　钢筋内边缘至构件混凝土表面的距离　　　D　箍筋中心至构件混凝土表面的距离

2）砖基础的采用台阶式、逐级向下放大的做法，一般为每2皮砖挑出（　　　）的砌筑方法。

A　1/4砖　　　　　　B　1/2砖　　　　　　C　3/4砖　　　　　　D　1皮砖

3）在保证建筑物安全和正常使用的前提下，比较施工、设计、经济，一般选用（　　　）。

A　深基础　　　　　　　　　　　　　　　B　人工基础

C　天然地基上的浅基础　　　　　　　　　D　天然地基上的深基础

4）锥形基础的边缘高度，不宜小于（　　　）。

A　100mm　　　　　　B　200mm　　　　　C　300mm　　　　　D　400mm

5）当柱下钢筋混凝土独立基础的边长和墙下钢筋混凝土条形基础的宽度大于或等于（　　　）m时，底板受力钢筋的长度可取边长或宽度的0.9倍，并宜交错布置。

A　2　　　　　　　　B　2.1　　　　　　　C　2.2　　　　　　　D　2.5

6）扩展基础底板受力钢筋的保护层的厚度，当有垫层时不小于（　　　），无垫层时不小于（　　　）。

A　40mm　　　　　　B　50mm　　　　　　C　60mm　　　　　　D　70mm

7）毛石基础每一阶梯伸出的宽度不宜大于（　　　）。

A　100mm　　　　　　B　200mm　　　　　C　300mm　　　　　D　400mm

8）砖基础其砌筑方式有"两皮一收"和"二一间隔收"两种。每层收进（　　　）砖长。

A　1/4　　　　　　　B　1/3　　　　　　　C　1/2　　　　　　　D　1

9）扩展基础包括（　　　）。

A　柱下钢筋混凝土独立基础　　　　　　　B　柱下钢筋混凝土条形基础

C　墙下钢筋混凝土条形基础　　　　　　　D　柱下十字交叉基础

E　筏形基础

10）桩基础由（　　　）等部分组成。

A　承台　　　　　　　B　桩身　　　　　　C　桩头　　　　　　　D　桩帽

E　钢筋

11）桩基础按承载性状可分为（　　　）。

A　预制桩　　　　　　B　摩擦型桩　　　　　C　端承型桩　　　　　D　部分挤土桩

E　挤土桩

(3) 职业素养提升。

1）目的。进一步认识各种基础，具备识读基础施工图的能力。通过职业素养提升环节，使学生了解企业实际，体验企业文化，从而建立起对即将从事的职业的认识，利于职业素养的提升。

2）时间与内容。

①时间。课程职业素养提升宜安排在课余时间，2~4学时为宜。

②场所。基坑施工现场。

③内容。

职业认识：认识浅基础、深基础及其他新型基础，了解各基础之间的区别、构造要求、常见基础尺寸等；熟悉基础的构造要求，包括尺寸、配筋等要求；认识基础类型、钢筋的布置形式等。

识读图纸：在施工现场，针对基础施工图纸，结合实际工程，在工程技术人员的或指导教师的指导下识读基础施工图，增强感性认识。

参 考 文 献

[1] 杨太生. 建筑结构基础与识图 [M].3 版. 北京：中国建筑工业出版社，2013.

[2] 李前程，安学敏. 建筑力学 [M]. 北京：中国建筑工业出版社，2011.

[3] 杨星钊. 建筑力学与结构 [M]. 北京：经济日报出版社，2009.

[4] 张永平. 建筑力学与结构 [M]. 哈尔滨：哈尔滨工业大学出版社，2013.

[5] 吴承霞，宋贵彩. 建筑力学与结构 [M]. 北京：北京大学出版社，2013.

[6] 赵西安. 现代高层建筑结构设计 [M]. 北京：北京科学出版社，2000.

[7] 冯朝印，刘青宜. 建筑力学与结构 [M]. 郑州：黄河水利出版社，2013.

[8] 中国建筑科学研究院. GB 50010—2010 混凝土结构设计规范 [S]. 北京：建筑工业出版社，2010.

[9] 中国建筑科学研究院. GB 50009—2012 建筑结构荷载规范 [S]. 北京：建筑工业出版社，2012.

[10] 中国建筑科学研究院. GB 50011—2010 建筑抗震设计规范 [S]. 北京：建筑工业出版社，2010.

[11] 中国建筑科学研究院. GB 50003—2011 砌体结构设计规范 [S]. 北京：建筑工业出版社，2011.

[12] 中国建筑科学研究院. JCJ3—2010 高层建筑混凝土结构技术规程 [S]. 北京：建筑工业出版社，2010.

[13] 中国建筑科学研究院. JC 861—2000 混凝土小型空心砌块灌孔混凝土 [S]. 北京：建筑工业出版社，2000.

[14] 中国建筑科学研究院. GB 50007—2011 建筑地基基础设计规范 [S]. 北京：建筑工业出版社，2011.

[15] 中国建筑西南设计研究院. 钢筋混凝土过梁 [M]. 北京：中国计划出版社，2013.

[16] 中国建筑标准设计研究院. 混凝土结构施工图平面整体表示方法制图规则和构造详图 [M]. 北京：中国计划出版社，2016.